国家示范院校重点建设专业

机电一体化技术专业课程改革系列教材

机电系统执行器应用
——电机与电控技术

◎ 主　编　蒋永明　蓝旺英
◎ 副主编　卢　彦　刘明高
◎ 主　审　陶有抗

中国水利水电出版社
www.waterpub.com.cn

内 容 提 要

本书是针对高职教育的特点，在总结多年的理论教学经验和生产实践经验的基础上编写而成的。全书共分7章，包括直流电机、变压器、交流电动机、常用控制电机、常用低压电器、电动机的基本电气控制电路、常用生产机械的电气控制，每章配有小结、思考题与习题，以便学生课后学习和练习。

本书按照高职教育机电一体化技术及相关专业培养目标的要求，在内容编写上遵循学生的认知规律，内容顺序从常用设备和元件的工作原理到生产机械上的实际应用，力求取材的实用性、内容的典型性，突出分析方法，培养分析能力。本书以必须、够用为原则，减少理论推导，由浅入深，突出实用能力的培养。

本书适用于高职高专院校电气类专业、机电类专业以及相关专业，也可作为相关工程技术人员，特别是维修人员的参考用书。

图书在版编目（CIP）数据

机电系统执行器应用 ：电机与电控技术 / 蒋永明，蓝旺英主编. -- 北京 ：中国水利水电出版社，2010.3(2022.7重印)
（国家示范院校重点建设专业、机电一体化技术专业课程改革系列教材）
ISBN 978-7-5084-7311-6

Ⅰ. ①机… Ⅱ. ①蒋… ②蓝… Ⅲ. ①电机－高等学校：技术学校－教材②电气控制－高等学校：技术学校－教材 Ⅳ. ①TM3②TM921.5

中国版本图书馆CIP数据核字(2010)第039795号

书　　名	国家示范院校重点建设专业 机电一体化技术专业课程改革系列教材 **机电系统执行器应用——电机与电控技术**
作　　者	主　编　蒋永明　蓝旺英 副主编　卢　彦　刘明高 主　审　陶有抗
出版发行	中国水利水电出版社 （北京市海淀区玉渊潭南路1号D座　100038） 网址：www.waterpub.com.cn E-mail：sales@mwr.gov.cn 电话：(010) 68545888（营销中心）
经　　售	北京科水图书销售有限公司 电话：(010) 68545874、63202643 全国各地新华书店和相关出版物销售网点
排　　版	中国水利水电出版社微机排版中心
印　　刷	北京印匠彩色印刷有限公司
规　　格	184mm×260mm　16开本　12.25印张　298千字
版　　次	2010年3月第1版　2022年7月第2次印刷
印　　数	2001—3500册
定　　价	**36.00**元

前言

本书是国家示范院校重点建设专业——机电一体化技术专业的课程改革与建设成果之一。在编写过程中根据高职教育的特点和要求，面向当前高职院校生源状况，结合教育教学改革精神，着重处理好教材的知识传授和能力培养两者之间的关系。在原理分析中以定性为主，在应用技术上突出实用性和分析方法。

本书在内容组织上以必须、够用为度，淡化理论、突出应用；内容结构上循序渐进，语言文字精炼，内容简洁、好学易学。配有典型例题，各章附有丰富的思考题与习题，便于学生掌握和巩固所学知识。通过本课程的学习，使学生具有对工厂常用电气控制设备运行、维护、安装、调试及选用的能力，具有对常用生产机械电气控制电路工作过程的分析能力，具有对常用生产机械电气控制电路常见故障的诊断能力。教学中可根据不同专业的需要，取舍相关的章节内容。

本书由蒋永明、蓝旺英任主编，卢彦、刘明高任副主编。编写分工如下：安徽水利水电职业技术学院蒋永明编写第 5 章、第 6 章，安徽水利水电职业技术学院蓝旺英编写第 3 章、第 4 章，安徽中天电力电子有限公司卢彦编写第 2 章，合肥安明电力安装公司刘明高编写第 7 章，安徽水利水电职业技术学院黄均安编写第 1 章。

本书在编写过程中，参阅了同行专家编著的教材和相关企业的设备资料，得到安徽水利水电职业技术学院教务处领导的大力支持，同时还得到国家电网天成公司、合肥安明电力安装公司、金德电力设备公司、合肥锻压公司的积极参与和大力帮助，在此表示最诚挚的感谢。

由于时间紧张，作者水平有限，本书难免有一些疏漏，不足之处在所难免，恳请广大师生和读者提出意见和建议。

编者

2010 年 1 月

目录

第1章　直　流　电　机

直流电机是直流发电机和直流电动机的总称。直流电机是可逆的，即一台直流电机既可作为发电机运行，又可作为电动机运行。当用作发电机时，将机械能转换为电能；当用作电动机时，将电能转换为机械能。直流发电机和直流电动机在结构上没有差别。

直流电动机和交流电动机相比，具有良好的起动性能和调速性能，因此广泛应用于对调速性能要求较高的机械设备上，如矿井卷扬机、挖掘机、大型机床、电力机车、船舶推进器、纺织及造纸机械等。

本章主要介绍直流电机的结构、工作原理和机械特性，在此基础上进一步分析直流电动机的起动、调速和制动方法。

1.1　直流电机的结构和工作原理

1.1.1　直流电机的结构

直流电机主要由定子和转子（电枢）两大部分构成。定子和电枢之间的间隙称为气隙。定子的主要作用是产生主磁场并作为机械支撑，它主要由主磁极、换向磁极、机座和电刷装置组成。电枢的作用是产生感应电动势和电磁转矩，它主要由电枢铁芯、电枢绕组、换向器、转轴和风扇组成。直流电机的径向剖面图如图1.1所示。下面分别介绍各主要部件的结构和作用。

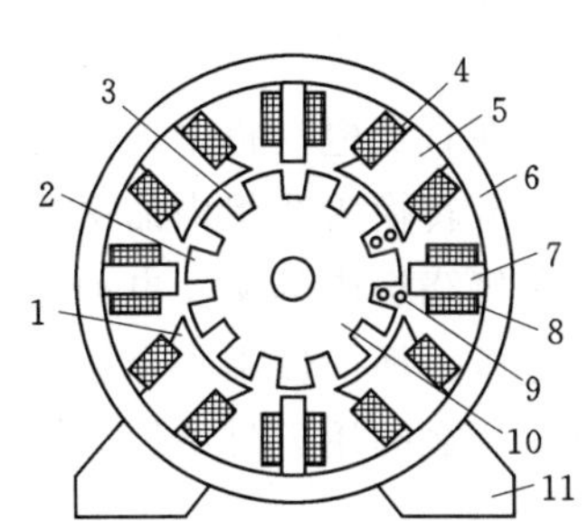

图1.1　直流电机径向剖面图

1—极靴；2—电枢齿；3—电枢槽；4—励磁绕组；5—主磁极；6—机座；7—换向磁极；8—换向磁极绕组；9—电枢绕组；10—电枢铁芯；11—地脚

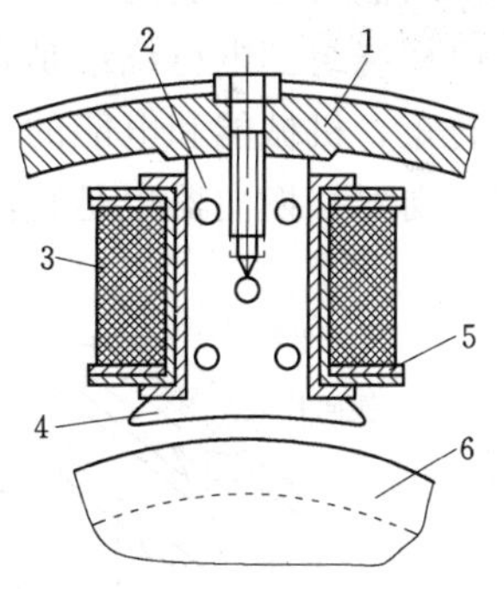

图1.2　主磁极

1—机座；2—极身；3—励磁绕组；4—极靴；5—框架；6—电枢

1. 定子

(1) 主磁极。主磁极的作用是产生主磁场，它由主磁极铁芯和绕组构成，如图1.2所示。为减小涡流损耗，主磁极铁芯一般采用1～1.5mm厚的低碳钢板冲片叠压而成。主磁极铁芯上绕有励磁绕组。

（2）换向磁极。换向磁极的作用是产生附加磁场，用以改善换向，使电动机运行时电刷下不产生有害的火花。它由换向磁极铁芯和换向磁极绕组两部分构成。

（3）机座。机座是直流电机的外壳，一方面用来固定主磁极、换向磁极和端盖等，另一方面也是电机磁路的一部分，这部分磁路称为定子磁轭。为保证良好的机械强度和导磁性能，机座一般采用铸钢制造或用厚钢板卷制焊接而成。

（4）电刷装置。电刷装置的作用是用来固定电刷，并使电刷与旋转的换向器保持滑动接触，将电枢绕组与外电路接通，使电流经电刷输入电枢或从电枢输出。电刷装置由电刷、刷握、刷杆、刷杆座以及汇流条等构成，如图1.3所示。

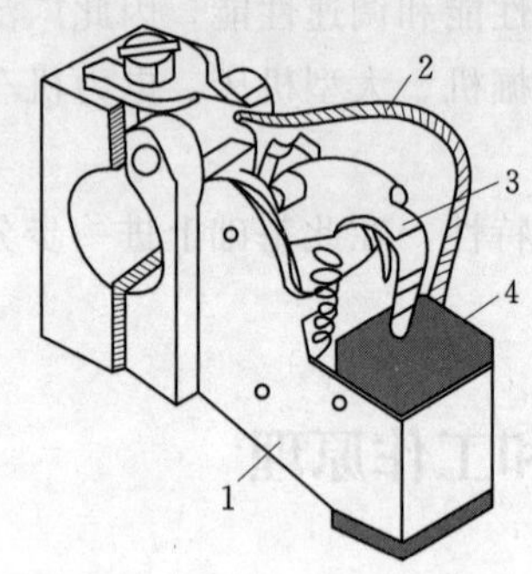

图1.3 电刷装置

1—刷握；2—汇流条；3—压紧弹簧；4—电刷

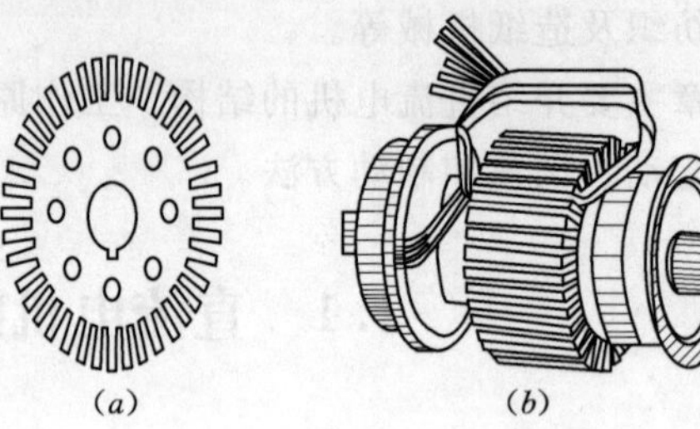

图1.4 电枢结构

(*a*) 电枢铁芯冲片；(*b*) 电枢铁芯装配图

2. 转子（电枢）

（1）电枢铁芯。电枢铁芯是电机主磁路的一部分。为减少损耗，提高电机的效率，电枢铁芯用0.35～0.5mm厚涂有绝缘漆的硅钢冲片叠压而成，如图1.4(*a*)所示。如图1.4(*b*)所示是电枢铁芯的装配图。

（2）电枢绕组。电枢绕组是直流电机结构中重要而复杂的部分，感应电动势、电流和产生电磁转矩，机械能和电能的相互转换都在这里进行。

（3）换向器。换向器也是直流电机的重要部件，在直流电动机中，它的作用是将电刷两端的直流电转换为绕组内的交流电；在直流发电机中，它将绕组内的交变电动势转换为电刷两端的直流电压。换向器由多个相互绝缘的换向片组成。换向片之间用云母绝缘，换向器结构如图1.5所示。

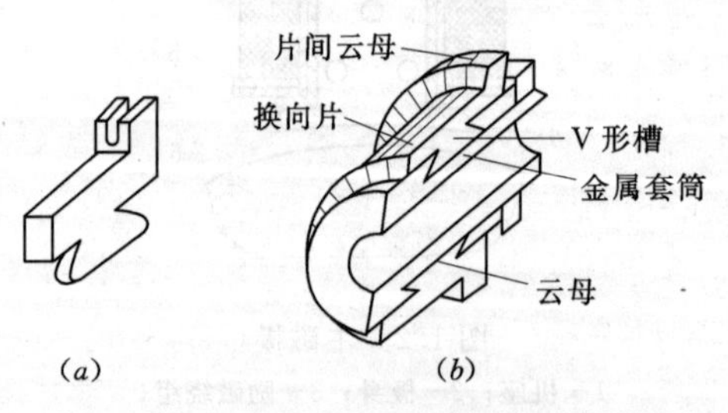

图1.5 换向器

(*a*) 换向片；(*b*) 金属套筒换向器

（4）转轴。转轴是支撑电枢铁芯和输出（或输入）机械转矩的部件，它必须具有足够的刚度和强度，以保证负载时气隙均匀及转轴本身不致断裂。转轴一般用圆钢加工而成。

1.1.2 直流电机的工作原理

1. 直流发电机的工作原理

如图1.6所示为一台两极直流发电机工作原理简图。定子是两个在空间固定的主磁极N、S。在两个主磁极之间，有一个可以转动的铁质圆柱体就是电枢，电枢上面固定一个线圈，有效边为 ab、cd。线圈的两个出线端分别接到两个半圆形铜质换向片上，两个换向片构成的圆柱体就是一个最简单的换向器。它固定在转轴上，随轴一起转动。为了使线圈与外电路接通，换向器与空间固定的电刷 A 和 B 相接触。

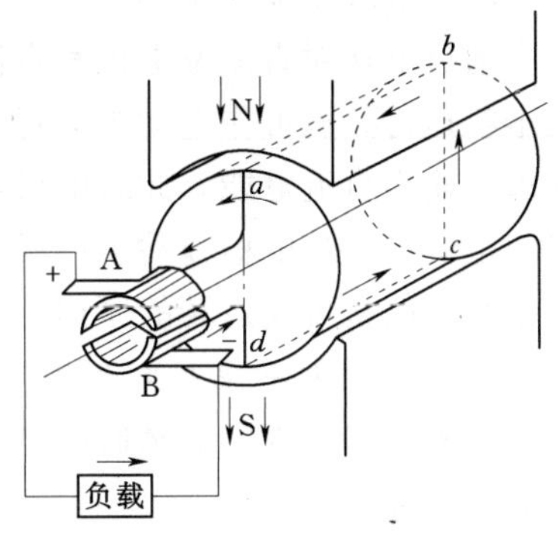

图 1.6 直流发电机工作原理图

当发电机的电枢由原动机拖动逆时针恒速旋转时，根据电磁感应定律，线圈的 ab、cd 边将切割磁力线而感应电动势，感应电动势的方向可用右手定则确定，如图 1.6 所示。瞬时，线圈 ab 边处于 N 极下，其电动势方向为 $b \to a$，并通过换向片引到电刷 A，因此电刷 A 的极性为正，线圈 cd 边处于 S 极下，电动势的方向为由 $d \to c$，所以电刷 B 的极性为负。当电枢逆时针转过 180°后，线圈 cd 边电动势的方向变为由 $c \to d$，ab 边电动势的方向变为由 $a \to b$。虽然两个线圈边电动势的方向都发生改变，但由于 cd 边通过换向片变为与电刷 A 接触，电刷 A 仍为正极性。同理可分析出电刷 B 仍为负极性。随着电枢连续旋转，线圈的每个有效边交替切割 N 极和 S 极磁力线而感应出交变电动势，但由于进入到 N 极下的线圈边总是和电刷 A 相接触，进入到 S 极下的线圈边总是和电刷 B 相接触，因此电刷 A 始终是正极性，电刷 B 始终是负极性，所以在电刷 A、B 之间引出的是方向不变的直流电动势。

2. 直流电动机的工作原理

把如图 1.6 所示直流发电机的原动机撤掉，使电刷 A、B 两端接于直流电源，如图 1.7 所示。该直流电机就会运行在电动工作状态，并且把输入的直流电能转换为机械能输出。

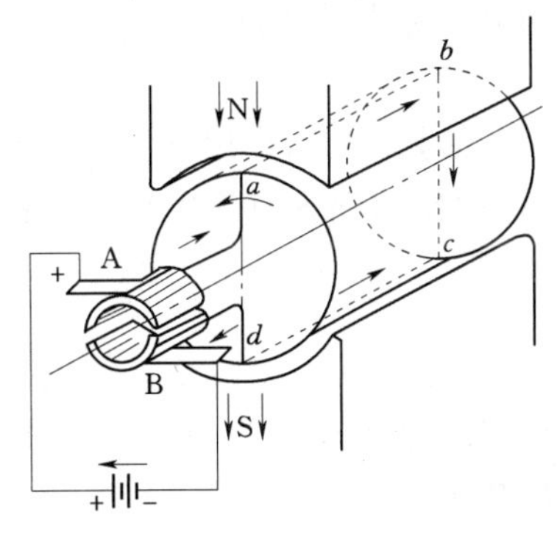

图 1.7 直流电动机工作原理图

由图 1.7 可以看出，当电刷 A 接直流电源的正极，电刷 B 接负极时，电流将从电刷 A 通过换向片流入线圈 $abcd$，并从电刷 B 流出。N 极下线圈有效边的电流方向是由 $a \to b$；S 极下线圈边电流方向是由 $c \to d$。根据电磁力定律，线圈的 ab 边和 cd 边将分别受到电磁力的作用，电磁力的方向可按左手定则确定。如图 1.7 所示瞬时，线圈 ab 边的受力方向为自右向左，cd 边的受力方向为自左向右，两个电磁力对转轴形成逆时针方向作用的力矩，即电磁转矩。在电磁转矩的作用下，电枢将沿逆时针方向转动。当电枢转过 180°时，线圈的 ab 边转到 S 极下，cd 边转到 N 极下，此时线圈两个有效边的电流方向将变为由 $d \to c$ 和由 $b \to a$。按左手定则可确定，此时进入 N 极下的 cd 边所受电磁力的方向为自右向左，进入 S 极下的 ab 边所受电磁力的方向为自左向右，因此电磁转矩的作用方向仍为逆时针。由此可看出，由于电刷 A 总是通过换向片和进入 N 极下的线圈边相连接；电刷 B 总是通过换向片和进入 S 极下的线圈边相连接，在电刷两端所接电源极性不变时，电流总是通过电刷 A 流入 N 极下的线圈边，再沿 S 极下的线圈边经电刷 B 流向电源。因此电磁力和电磁转矩的方向能始终保持不变，从而使电机沿逆时针方向连续旋转。

3. 直流电机的可逆性

通过上述对直流发电机和直流电动机工作原理的分析可看出，同一台直流电机既可作发电机运行，也可作电动机运行。当用原动机拖动电枢旋转即输入机械功率时，在电刷两端就会输出直流电能，此时电机作发电机运行；当在电刷两端接直流电源即输入直流电能时，电机将通过电枢拖动生产机械旋转从而输出机械能，电机又作电动机运行。以上所述就是直流电机可逆运转的原理。

4. 直流电机的电枢电动势

电枢绕组切割气隙磁通而产生的感应电动势简称为电枢电动势。其单根导体感应电动势的有效值为

$$E_c = BLv \tag{1-1}$$

式中：v 为导体运动的线速度，m/s；B 为磁感应强度，T；L 为导体的有效长度，m。

直流电机的电枢绕组由许多导体按一定规律连接，保证所有导体的感应电动势都是叠加的，即电枢电动势与每根导体中的感应电动势成正比。导体运动的线速度 v 与电枢绕组的转速 n 成正比。由于习惯上用磁通来表示各个电量，根据电枢绕组的结构、绕制规律和电磁感应的有关知识推导出感应电动势的表达式为

$$E_a = C_e \Phi n \tag{1-2}$$

式中：C_e 为电枢电动势常数，与电动机的结构有关；Φ 为一个磁极下的总磁通；n 为电动机的转速。

由式（1-2）可以看出，电枢电动势与每极磁通 Φ 和转速 n 成正比，对于直流电动机，电枢电动势的方向与电枢电流方向相反，所以电枢电动势也称为反电势。

5. 直流电机的电磁转矩

直流电动机的电磁转矩 T_M 是由电枢绕组通入直流电后，在主磁场的作用下使得电枢绕组的导体受到力 F 的作用而形成的。根据电磁力定律，电枢绕组通入直流电后，每根有效导体受到的力可以表示为

$$F = BIL \tag{1-3}$$

式中：B 为电磁感应强度，与每极磁通 Φ 成正比；L 为每根有效导体的长度，取决于电机的结构，是个定值；I 为每根导体中的电流，与电枢电流 I_a 成正比。

直流电动机受到的电磁转矩 T 是由所有有效的导体所受电磁力共同产生的，正比于电磁力 F，根据电磁感应的有关知识推导出电磁转矩的表达式为

$$T_M = C_T \Phi I_a \tag{1-4}$$

式中：C_T 为电磁转矩常数，与电机结构有关；Φ 为一个磁极下的总磁通，Wb；I_a 为电枢电流，单位为 A；T_M 为电磁转矩，N·m。

由式（1-4）可以看出，电磁转矩 T_M 与一个磁极下的总磁通 Φ 和电枢电流 I_a 成正比，其方向取决于 Φ 和 I_a 的方向。

对于同一台电机，电动势系数 C_e 和电磁转矩常数 C_T 之间的关系为

$$C_T = 9.55 C_e$$

直流电动机的额定转矩 T_N 的计算公式和交流电动机相同，即

$$T_N = 9.55\frac{P_N}{n_N} \tag{1-5}$$

其中，T_N 的单位为 N·m；P_N 为额定功率，W；n_N 为额定转速，r/min。

1.2　直流电机的励磁方式和铭牌

1.2.1　直流电机的励磁方式

主磁极励磁绕组中通入直流电流产生的磁场称为主磁场。励磁绕组的供电方式称为励磁方式。根据励磁方式的不同，直流电机分为他励和自励两类。他励直流电机的励磁绕组与电枢绕组之间无电的联系，由独立电源给励磁绕组供电，如图 1.8（*a*）所示。自励直流电机的励磁电流由自身供给，根据励磁绕组与电枢绕组的联结关系，又可以分为并励、串励和复励三种。并励直流电机的励磁绕组与电枢绕组并联，励磁绕组上所加的电压就是电枢电路两端的电压，如图 1.8（*b*）所示。对并励直流电动机 $I=I_a+I_f$，并励直流发电机 $I_a=I+I_f$。串励直流电机的励磁绕组与电枢绕组串联，如图 1.8（*c*）所示，这种直流电动机的励磁电流就是电枢电流，即 $I_f=I_a$。复励直流电机的主磁极上装有两个励磁绕组，一个与电枢绕组并联，称为并励绕组；另一个与电枢绕组串联，称为串励绕组。这两个励磁绕组若产生的磁动势方向相同称为积复励，否则称为差复励；按两个励磁绕组的接线不同，有长复励和短复励两种，两种联结方式分别如图 1.8（*d*）、（*e*）所示。

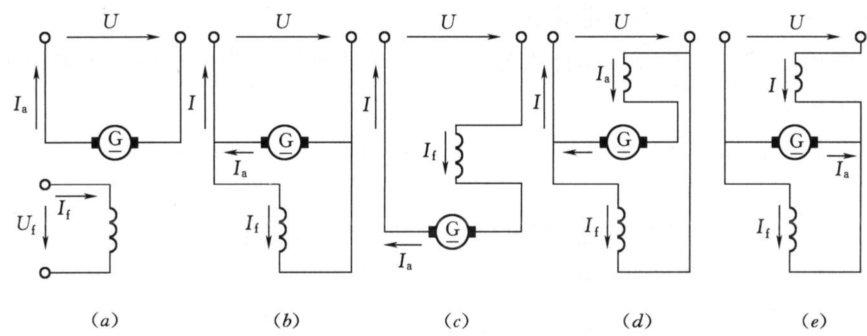

图 1.8　直流电机的励磁方式

（*a*）他励；（*b*）并励；（*c*）串励；（*d*）长复励；（*e*）短复励

励磁绕组所消耗的功率虽然仅占直流电机额定功率的 1%～3%，但是直流电机的性能随着励磁方式的不同将产生很大差别。一般自动控制系统所用的直流电动机主要是他励直流电动机。这主要是因为当改变他励直流电动机的电枢电压进行调速控制时，不影响其磁场，使其具有良好的控制特性。

1.2.2　直流电机的铭牌

为了保证电机安全而有效地运行，电机制造厂都对它所生产电机的工作条件加以规定。电机按制造工厂规定条件工作的情况，叫额定工作情况。表征电机额定工作情况的各种数据叫做额定值。这些数据都列在电机的铭牌上，是使用和选择电机的依据，因此使用前一定要详细了解。某直流电机的铭牌数据见表 1.1。

表 1.1 直流电动机的铭牌

直 流 电 动 机			
型　　号	Z3—95	产品编号	7009
结构类型		励磁方式	他励
功率	30kW	励磁电压	220V
电压	220V	工作方式	连续
电流	160.5A	绝缘等级	定子 B 转子 B
转速	750r/min	重量	685kg
标准编号	JB1104－68	出厂日期	年　月　日

(1) 型号。型号可表明每一种产品的性能、用途和结构特点。国产直流电机型号采用汉语拼音大写字母和阿拉伯数字的组合来表示。其中汉语拼音大写字母表示电机的结构特点和用途等，阿拉伯数字则表示电机的尺寸及规格。如型号 Z3—95 的含义为：Z 表示直流电动机，3 表示第三次改型设计；第一个数字 9 表示机座号，第二个数字 5 表示铁芯长度。

(2) 额定功率 P_N。指电机在额定运行状态时的输出功率，对发电机是指出线端输出的电功率，等于额定电压与额定电流的乘积，即 $P_N=U_NI_N$；对电动机是指其轴上输出的机械功率，等于额定电压与额定电流之积再乘以机械效率，即 $P_N=U_NI_N\eta_N$。额定功率单位为 W 或 kW。其中，η_N 为额定效率。

(3) 额定电压 U_N。指额定运行状况下，直流发电机的输出电压或直流电动机的输入电压，单位为 V。

(4) 额定电流 I_N。指额定负载时允许电机长期输入（电动机）或输出（发电机）的电流，单位为 A。

(5) 额定转速 n_N。指电机在额定电压和额定负载时的旋转速度，单位为 r/min。

【例 1.1】 一台直流发电机的额定数据如下：$P_N=200\text{kW}$，$U_N=230\text{V}$，$n_N=1450\text{r/min}$，$\eta_N=90\%$，求该发电机的额定电流和输入功率各为多少？

解
$$P_N=U_NI_N$$
$$I_N=\frac{P_N}{U_N}=\frac{200\times10^3}{230}=869.6\ (\text{A})$$
$$P_1=\frac{P_N}{\eta_N}=\frac{200}{0.9}=222.2\ (\text{kW})$$

【例 1.2】 一台直流电动机额定数据如下：$P_N=160\text{kW}$，$U_N=220\text{V}$，$n_N=1500\text{r/min}$，$\eta_N=90\%$，求额定电流和输入功率各为多少？

解
$$P_N=U_NI_N\eta_N$$
$$I_N=\frac{P_N}{U_N\eta_N}=\frac{160\times10^3}{0.9\times220}=808\ (\text{A})$$
$$P_1=\frac{P_N}{\eta_N}=\frac{160}{0.9}=177.8\ (\text{kW})$$

1.3 直流电动机的基本平衡方程式和机械特性

1.3.1 直流电动机的基本平衡方程式

直流电动机的励磁方式不同，平衡方程式也有所差别。他励直流电动机的平衡方程式如下。

1. 电动势、转矩平衡方程式

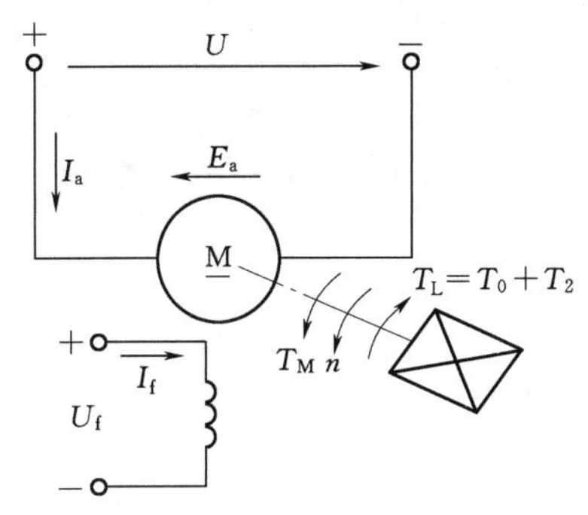

图 1.9 他励直流电动机的运行原理图

在写直流电动机稳态运行时的基本平衡方程式之前，按电动机的运行惯例规定好正方向，如图 1.9 所示为他励直流电动机的运行原理图。图 1.9 中 U 为直流电动机的电枢电压，I_a 是电枢电流，E_a 为电枢绕组的感应电动势，T_M 为电磁转矩，T_0 为电动机的空载转矩，T_2 为电动机转轴上的输出转矩，T_L 为负载转矩，n 是电动机电枢的转速。

根据图 1.9，可写出直流电动机稳态运行时的电动势平衡方程式和转矩平衡方程式

$$U=E_a+I_aR_a \tag{1-6}$$

$$T_M=T_L=T_2+T_0 \tag{1-7}$$

2. 功率平衡方程式

根据以上转矩平衡方程式和电动势平衡方程式，可以得到功率平衡方程式。将式（1-6）乘以电枢电流 I_a 得

$$UI_a=E_aI_a+I_a^2R_a$$

则

$$P_1=P_M+p_{cua} \tag{1-8}$$

式中：$P_1=UI_a$ 为从电网输入的电功率；$P_M=E_aI_a$ 为电磁功率；$p_{cua}=I_a^2R_a$ 为电枢回路的总铜耗。

将转矩平衡方程式（1-7）两边同乘以角速度 Ω，得

$$T_M\Omega=T_2\Omega+T_0\Omega$$

则

$$P_M=P_2+p_0 \tag{1-9}$$

式中：$P_M=T_M\Omega$ 为电磁功率；$P_2=T_2\Omega$ 为输出的机械功率；$p_0=T_0\Omega=p_m+p_{Fe}$ 为空载损耗功率（包括机械摩擦和铁损耗）。

若考虑少量的附加损耗 p_{ad}，可得功率平衡方程式为

$$P_1=P_2+p_{cua}+p_m+p_{Fe}+p_{ad}=P_2+\sum p \tag{1-10}$$

式中：总损耗 $\sum p=p_{cua}+p_m+p_{Fe}+p_{ad}$。

直流电动机的效率为输出功率 P_2 和输入功率 P_1 之比，即

$$\eta=\frac{P_2}{P_1}=1-\frac{\sum p}{P_2+\sum p} \tag{1-11}$$

他励直流电动机机的功率流程如图 1.10 所示。

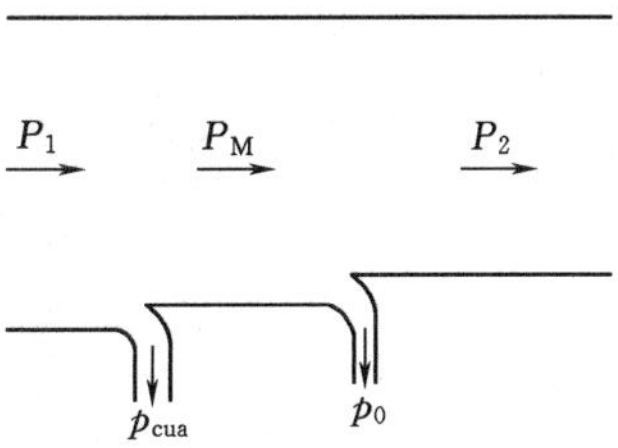

P_1 P_M P_2 p_{cua} p_0

图 1.10 他励直流电动机的功率流程图

1.3.2 直流电动机的机械特性

电动机的机械特性主要是描述电动机的转速 n 与其电磁转矩 T_M 之间的关系，通常用

$n=f(T_M)$ 曲线表示。机械特性是描述电动机运行性能的主要特性，是分析直流电动机起动、调速和制动原理的一个重要依据。直流电动机的励磁方式不同，其机械特性有很大差别，在直流拖动中，他励直流电动机应用比较广泛，因此我们着重对他励直流电动机的机械特性进行比较全面的分析。

1. 他励电动机的机械特性

他励直流电动机的原理图如图 1.11 所示。运用前面推出的几个基本平衡方程式和有关公式，即可导出机械特性方程式。

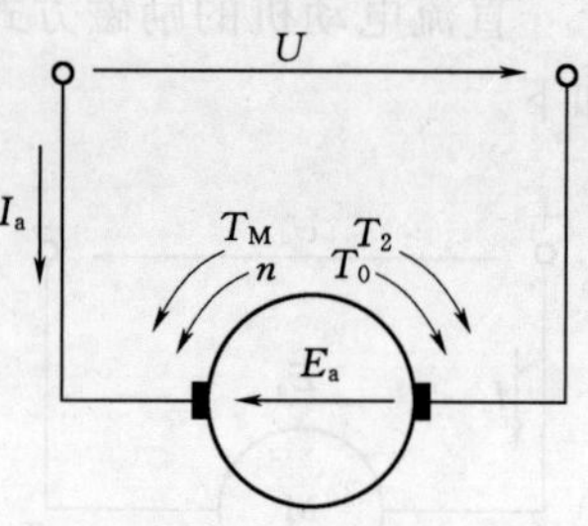

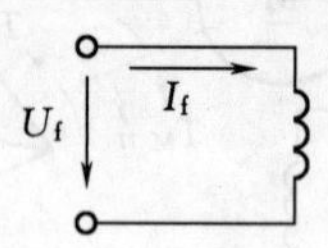

图 1.11　他励直流电动机的原理图

将式 $E_a=C_e\Phi n$ 代入 $U=E_a+I_aR_a$，得出转速特性方程式为

$$n=\frac{U}{C_e\Phi}-\frac{R_a}{C_e\Phi}I_a \tag{1-12}$$

由式 $T_M=C_T\Phi I_a$ 得

$$I_a=\frac{T_M}{C_T\Phi} \tag{1-13}$$

将式（1-13）代入式（1-12）得机械特性方程式为

$$n=\frac{U}{C_e\Phi}-\frac{R_a}{C_eC_T\Phi^2}T_M \tag{1-14}$$

假定电源电压 U、磁通 Φ、电枢回路电阻 R 都为常数，则式（1-14）可写为

$$n=n_0-\beta T_M \tag{1-15}$$

其中
$$n_0=\frac{U}{C_e\Phi},\beta=\frac{R_a}{C_eC_T\Phi^2}$$

式中：n_0 为电动机的理想空载转速，因为它是在理想空载（$T_M=0$）时的电动机的转速；β 为机械特性的斜率。

当改变电枢回路的附加电阻或磁通时，就改变了特性曲线的斜率。

2. 他励直流电动机的固有机械特性

在 $U=U_N$，$\Phi=\Phi_N$ 和电枢回路串接电阻 $R_{ad}=0$ 的条件下，电动机的机械特性称为固有机械特性。根据固有特性的定义，可得固有特性方程式为

$$n=\frac{U_N}{C_e\Phi_N}-\frac{R_a}{C_eC_T\Phi_N^2}T_M=n_0-\beta T_M \tag{1-16}$$

其中
$$n_0=\frac{U_N}{C_e\Phi_N},\ \beta=\frac{R_a}{C_eC_T\Phi_N^2}$$

若不计电枢反应的去磁作用，可以认为 Φ 是一个与 $T_M(I_a)$ 无关的常数，他励直流电动机固有机械特性的 β 值很小，其固有机械特性曲线是一条略微向下倾斜的直线，如图 1.12 所示。

图 1.12　他励直流电动机的固有机械特性

3. 他励直流电动机的人为机械特性

在固有机械特性方程式中，当电压 U、磁通 Φ、电枢回路电阻 R 中任意一个参数改变后而获得的特性，称为直流电动机的人为机械特性。以下分别加以讨论。

（1）电枢回路串接电阻 R_{ad} 时的人为机械特性。在 $U=$

U_N，$\Phi=\Phi_N$，$R=R_a+R_{ad}$，即在保持电压及磁通不变的条件下，电枢回路串接电阻 R_{ad} 时，人为机械特性方程式为

$$n=\frac{U_N}{C_e\Phi_N}-\frac{R_a+R_{ad}}{C_eC_T\Phi_N^2}T_M \tag{1-17}$$

由式（1-17）可知，人为特性与固有特性有相同的理想空载转速 n_0，而其特性曲线的斜率正比于串接电阻 R_{ad}，随着 R_{ad} 的增大，人为特性曲线的硬度降低，如图 1.13 所示的曲线 2、3、4 所示。取不同的 R_{ad} 值，便得到一族与固有特性相交于 n_0 的人为特性曲线。由此可见，通过在电枢回路串接适当的电阻，可以改变机械特性曲线的硬度。这将有助于分析直流电动机电枢回路串电阻起动和调速的原理。

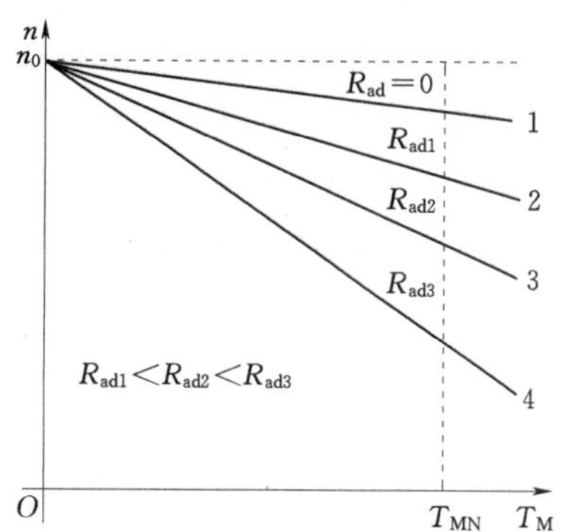

图 1.13 电枢串电阻时人为机械特性

（2）改变电枢电压时的人为机械特性。在 $\Phi=\Phi_N$，$R=R_a$ 的条件下，改变电枢电压 U 时的人为机械特性方程式为

$$n=\frac{U}{C_e\Phi_N}-\frac{R_a}{C_eC_T\Phi_N^2}T_M=n_0-\beta T_M \tag{1-18}$$

可见，改变电压时，特性曲线的斜率 β 保持不变，而 n_0 则随电压成正比变化。一般要求外加电压不超过电动机的额定值，所以只能减小电枢电压。因此人为机械特性如图 1.14 所示，是一组硬度不变的、低于固有特性的平行线。

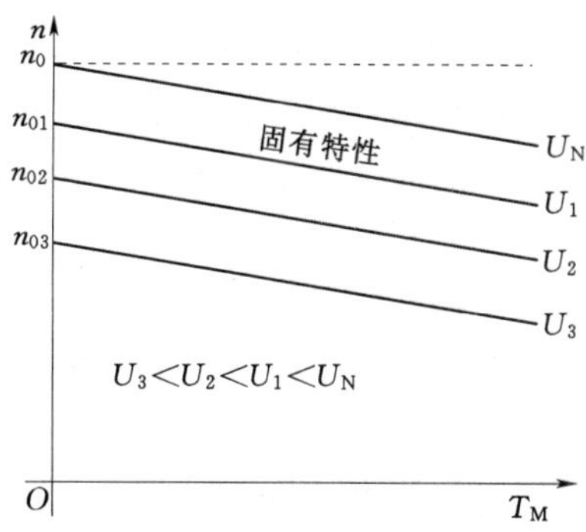

图 1.14 改变电压时的人为机械特性

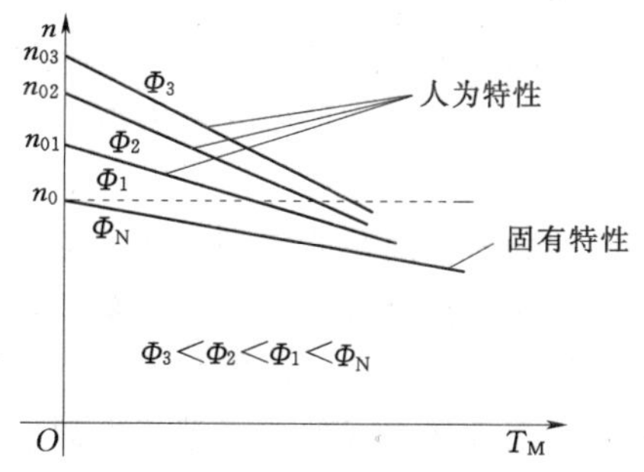

图 1.15 改变磁通时的人为机械特性

（3）改变磁通 Φ 时的人为机械特性。一般电动机在额定磁通下运行时，电动机的磁路已接近饱和，因此，改变磁通实际上只能减弱磁通。在 $U=U_N$，$R=R_a$，减弱磁通时的人为机械特性方程式为

$$n=\frac{U_N}{C_e\Phi}-\frac{R_a}{C_eC_T\Phi^2}T_M=n_0-\beta T_M \tag{1-19}$$

由式（1-19）可以看出，理想空载转速与磁通成反比，减弱磁通时，理想空载转速 n_0 升高，斜率增加，使特性曲线变软，如图 1.15 所示。

1.4 直流电动机的起动和反转

1.4.1 直流电动机的起动

所谓电动机的起动，是指电动机接通电源后，转速由零上升到稳定转速的过程。对直流电动机起动的要求是，要在保证起动转矩足够大的前提下，尽量减小起动电流。

直流电动机的起动方法有：全压起动、降压起动和电枢回路串电阻起动。

1. 全压起动

全压起动就是直流电动机在额定电压下直接起动。起动时，电枢电流为

$$I_a=\frac{U_N-E_a}{R_a}=\frac{U_N-C_e\Phi n}{R_a}=I_{st} \tag{1-20}$$

起动瞬间，转速 $n=0$，因而 $E_a=0$。又由于 R_a 非常小，所以起动电流很大，可达额定电流的 10～20 倍。这样大的起动电流是电动机过载能力所不允许的。它可能造成：电枢绕组绝缘损坏，甚至烧断绕组；换向火花增大，烧坏换向器；对电源造成很大的冲击，波及同一电网上的其他设备。另外，直接起动时的起动转矩为

$$T_{st}=C_T\Phi I_{st}$$

由于起动电流 I_{st}本身很大，所以起动转矩也很大，很大的起动转矩对电动机的机械传动部分产生很大的冲击力，造成机械性损伤。因此，只有容量很小的电动机，才采用全压起动。稍大容量的电动机起动时必须采取措施限制起动电流。

直流电动机一般采取降低电源电压和电枢回路串接电阻的起动方法。

2. 降压起动

从上边的分析可知，电动机起动瞬间，$n=0$，$E_a=0$，$I_a=U/R_a$。如果降低电源电压，就可以减小起动电流。随着转速的上升，反电动势 E_a 逐渐增大，将电源电压逐步升到额定值，使电动机达到额定转速。在整个起动过程中，利用自动控制装置，使电压连续升高，保持电枢电流为最大允许电流，从而使系统在较大的加速转矩下迅速起动。这是一种比较理想的起动方法。

降压起动的优点是既限制了起动电流，起动过程又平稳、能量损耗小。缺点是必须有单独的可调压直流电源、起动设备复杂、初期投资大，多用于要求经常起动的场合和大中型电动机的起动，实际使用的直流伺服系统多采用这种起动方法。目前，广泛应用的是大功率半导体器件所组成的可控整流电源，它不仅可以用于直流电动机的调速，而且还可用于降压起动。

3. 电枢回路串电阻起动

这种方法比较简便，同样可将起动电流限制在容许的范围内，但在起动过程中，要将起动电阻 R_{st}分段切除。

为什么要将起动电阻分段切除呢？这是因为当电动机转动起来后，产生了反电动势 E_a，这时电动机的起动电流应为

$$I_{st}=\frac{U_N-E_a}{R_a+R_{st}}=\frac{U_N-C_e\Phi n}{R_a+R_{st}} \tag{1-21}$$

随着转速的升高，E_a 增大，I_{st}也就减小，起动转矩 T_{st}随之减小。这样，电动机的动态转

矩以及加速度也就减小，使起动过程拖长，并且不能加速到额定转速。最理想的情况是保持电动机加速度不变，即让电动机作匀加速运动，电动机的转速随时间成正比例地上升。这就要求电动机的起动转矩与起动电流在起动过程中保持不变。要满足这个要求，由式（1-21）可以看出，随着电动机转速的增加，应将起动电阻均匀平滑地切除。起动电阻分段数目越多，起动的加速过程越平滑。但是为了减少控制电器数量及设备投资，提高工作的可靠性，段数不宜过多，只要将起动电流的变化保持在一定的范围内即可。

电阻分段起动（以3级起动为例）的起动电路和机械特性如图1.16所示。图中 R_a 为电枢内电阻；r_1、r_2、r_3 为各级起动电阻；R_1、R_2、R_3 为各级电枢总电阻。

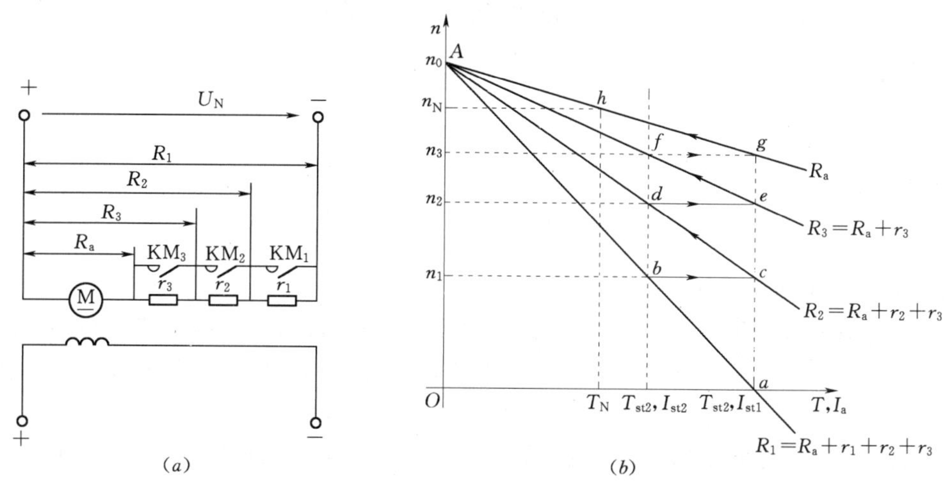

图1.16　他励直流电动机电枢串电阻起动电路及其机械特性

（a）起动电路；（b）机械特性

起动开始瞬间，电枢电路接入全部起动电阻，电动机工作在图1.16（b）中的 a 点，由于这时电动机转速和反电动势为零，因此起动电流最大值为

$$I_{st} = \frac{U_N}{R_1} = \frac{U_N}{R_a + r_1 + r_2 + r_3} \tag{1-22}$$

一般取最大起动电流 $I_{st1} = (1.8 \sim 2.5) I_N$。选定 I_{st1} 后，第一级串电阻人为特性可用两点绘制（$I_a = 0$，$n = n_0$；$I_a = I_{st1}$，$n = 0$），即得到图1.16（b）中 A、a 两点和直线 $\overline{Aa}$。

电动机转动起来后，随着转速和反电动势的增加，起动电流和起动转矩将减小，它们沿着特性曲线 $\overline{Aa}$ 的箭头所指的方向变化。当转速高至 n_1，而电流降到图中 b 点的数值（即切换电流 I_{st2}）时，图1.16（a）中接触器 KM_1 的常开触点应闭合，第一段起动电阻 r_1 便被短路切除。一般取 $I_{st2} = (1.1 \sim 1.2) I_N$，使得在起动过程中，电动机的转矩始终大于额定的负载转矩。

由于切换瞬间电动机转速和反电动势还来不及变化，起动电流将随起动电阻的减小而增加。如被切除的第一段电阻 r_1 选择适当，应使起动电流又升高到 I_{st1}。在此瞬间便由特性曲线 $\overline{Aa}$ 中的 b 点沿水平方向过渡到特性曲线 $\overline{Ac}$ 上的 c 点，c 点的坐标由 $I_a = I_{st1}$，$n = n_1$ 决定，连接 $\overline{Ac}$，便得到与 R_2 对应的人为特性曲线 $\overline{Ac}$。于是转速和电流又沿直线 $\overline{Ac}$ 变化，当变化到 d 点时，切除第二段起动电阻 r_2，依此类推。如 I_{st1} 和 I_{st2} 选择适当，当最后一

段电阻被切除后，电动机就恰能过渡到固有特性曲线上，即过 f 点的水平线与 $I_a=I_{st1}$ 的垂直线相交于固有特性曲线 g 点上。然后，电动机就沿着固有特性加速，直到 $T_{st}=T_N$ 时，电动机起动过程结束，进入稳定工作状态，如电动机拖动额定负载，便稳定在固有特性曲线的 h 点（$n=n_N$）上。

【例 1.3】 一台并励直流电动机，$P_N=10\text{kW}$，$U_N=220\text{V}$，$I_N=55\text{A}$，$R_a=0.2\Omega$，若直接起动，起动电流为多少？若采用电枢回路串电阻起动，将起动电流降为额定值的 2 倍，则应串多大的起动电阻？

解 直接起动时，起动电流为

$$I_{st}=\frac{U_N}{R_a}=\frac{220}{0.2}=1100\ (\text{A})$$

电枢回路串电阻起动时，起动电流为

$$I_{st}=\frac{U_N}{R_a+R_{st}}=2I_N$$

则起动电阻

$$R_{st}=\frac{U_N}{2I_N}-R_a=\frac{220}{2\times55}-0.2=1.8\ (\Omega)$$

1.4.2 直流电动机的反转

直流电动机的 n 和 T_M 同方向，要改变直流电动机的转向，必须改变电磁转矩 T_M 的方向。由式 $T_M=C_T\Phi I_a$ 和左手定则可知，改变电磁转矩的方向有两种方法：或者改变磁通的方向，或者改变电流的方向。如果两者同时改变，则电磁转矩的方向不变。因此要改变电动机的转向，可单独改变电枢电流的方向（即改变电源的极性），或者单独改变励磁电流的方向。对并励电动机而言，通常采用电枢反接使电动机反向。这是因为励磁电路具有很大的电感，在换接时将会产生很高的电动势，可能把励磁绕组的绝缘击穿。改变串励电动机的旋转方向，一般采用磁场反向。

1.5 直流电动机的调速

直流电动机转速特性方程式为

$$n=\frac{U}{C_e\Phi}-\frac{R_a}{C_e\Phi}I_a$$

由上式可见，直流电动机的调速方法有：改变电枢回路电阻调速，改变磁通调速，改变电枢端电压调速。

1. 电枢回路串电阻调速

如前所述，电枢电压 U 不变，串入不同的电阻可得一组与固有特性相交于 n_0 的特性曲线，因为串入电阻后的特性都比固有特性软，所以只能获得由额定转速向下的调速。

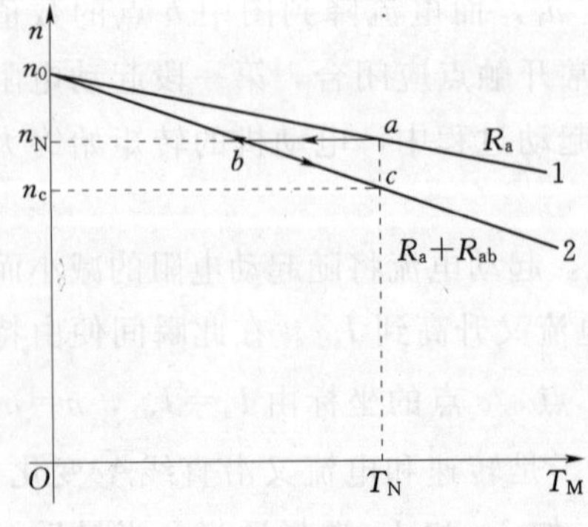

图 1.17 电枢串电阻调速的机械特性

在他励直流电动机的电枢回路中串入 R_{ad} 调速的机械特性如图 1.17 所示。设调速前，电动机带额定负载运行于固有特性曲线 1 的 a 点，对应转速为 n_N，电枢电流为 I_N，由于转速不能跃变，反电动势 $E_a=$

$C_e\Phi n$ 也不会跃变，电枢电流将随着电阻的串入而减小，使电磁转矩 $T_M=C_T\Phi I_a$ 减小，这时运行点由固有特性曲线 a 点过渡到人为特性曲线 2 的 b 点。这时电动机电磁转矩小于负载转矩，转速将沿着特性曲线 2 下降。在转速下降的同时，电动势 E_a 随之减小，电枢电流及电磁转矩又重新增大。当电枢电流及电磁转矩增加到原来与负载转矩相平衡方程式的数值时，电动机便稳定运行在转速较额定值低的人为机械特性曲线 2 的 c 点上。

这种调速方法的缺点是：由于所串电阻体积大，只能实现有级调速，调速的平滑性差；低速时，特性较软，稳定性较差；因为电枢电流不变，电阻损耗随电阻成正比变化，转速越低，需串入的电阻越大，电阻损耗越大，效率越低。但这种调速方法具有设备简单、操作方便的优点，适于作短时调速，在起重和运输牵引装置中得到广泛的应用。

2. 改变电枢电压调速

改变电枢电压的人为机械特性已在前面讨论过，它是一根平行于固有机械特性的直线。这里要说明改变电压调速的过程。设电动机的磁通保持额定值不变，电枢电路不串外接电阻，负载转矩为额定值不变。调速前，电动机稳定工作在图 1.18 所示固有机械特性曲线 1 的 a 点上。这时如将加在电枢两端的电压降低（对应于人为机械特性的电压），在此瞬间电动机的转速由于惯性作用而来不及变化，电动势 E_a 也来不及变化，由式（1－6）可知，电枢电流 I_a 将减小，必将导致电磁转矩 T_M 变小，电动机将从 a 点瞬时过渡到人为机械特性曲线 2 上的 b 点。这时电动机电磁转矩小于负载转矩，转速将下降。在转速下降的同时，电动势 E_a 随之减小，电枢电流及电磁转矩又重新增大。当电枢电流及电磁转矩增加到原来与负载转矩相平衡方程式的数值时，电动机便稳定在人为机械特性曲线 2 的 c 点上。

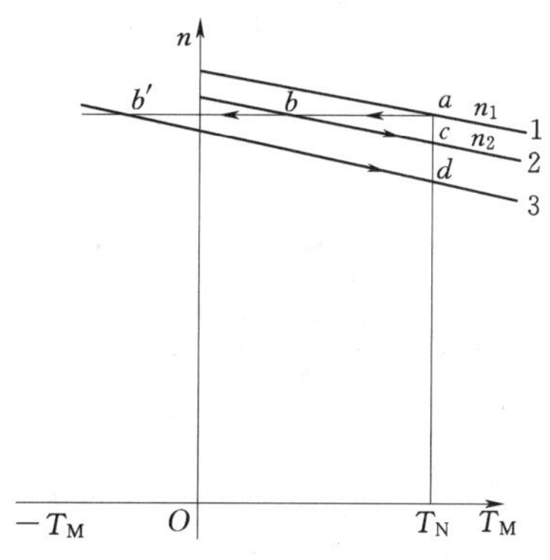

图 1.18 改变电枢电压调速时的机械特性

如果电枢电压下降幅度较大，使 $U<E_a$ 时，I_a 为负值，电动机便过渡到回馈发电制动状态，从固有机械特性曲线 1 的 a 点瞬时地过渡到另一人为机械特性曲线 3 上的 b'点。这时系统的动能将变为电能回馈电网。电动机在电磁制动转矩和负载阻转矩作用下，转速下降。随后，电动机的转矩和转速变化将沿着人为机械特性曲线 3，从 b'点过渡到 d 点，并以 n_d 的转速稳定运行于 d 点。

这种调速方法的主要优点有：电压调节可以很细，实现无级调速，平滑性很好；由于特性没有软化，相对稳定性较好；可以调节至较低的转速，因此调速范围较广；调速过程能量损耗较小。

3. 改变磁通调速

改变磁通调速也称为弱磁调速。弱磁调速时的机械特性方程式为

$$n=\frac{U_N}{C_e\Phi}-\frac{R_a}{C_eC_T\Phi^2}T_M=n_0-\beta T_M$$

当磁通 Φ 减小时，理想空载转速 $n_0=\dfrac{U_N}{C_e\Phi}$将升高，同时特性的斜率 $\beta=\dfrac{R_a}{C_eC_T\Phi^2}$将增大，使特性变软。但一般 n_0 比 βT_M 增加得快，因此在一般情况下，磁通的减弱使转速上

升，即弱磁调速是从额定转速向上调速。

改变磁通调速方法的优点是调速级数多，平滑性好；控制设备体积小，投资少，能量损耗小。其主要缺点是只能使转速升高而不能降低。因为正常工作时，$\Phi=\Phi_N$，磁路已趋饱和，所以只能采取弱磁调速的方法。而弱磁使转速升高又受到换向和机械强度的限制，因此在实际应用中受到限制。在实际应用中仅作为一种辅助方法和降压调速配合使用。

【例 1.4】 一台直流他励电动机的额定数据为：$U_N=220V$，$P_N=46kW$，$I_N=230A$，$n_N=580r/min$，$R_a=0.045\Omega$，当额定负载时，试求：

(1) 要使电动机以 350r/min 运行，如何实现？

(2) 若减小励磁使磁通减小 15%，求电动机的转速和电枢电流是多少？

解 (1) 因所求的电动机转速小于额定转速，所以可用降低电源电压或电枢回路串两种方法实现。

1) 用降低电源电压的方法，额定电压时电动势平衡方程式为

$$U_N=E_a+I_NR_a=C_e\Phi n_N+I_NR_a$$

则

$$C_e\Phi=\frac{U_N-I_NR_a}{n_N}=\frac{220-231\times0.045}{580}=0.3614\ (V/min)$$

通过降压方式减速时

$$U=E_a+I_NR_a=C_e\Phi n+I_NR_a=0.3614\times350+231\times0.045=136.9\ (V)$$

2) 电枢回路串电阻方法调速时，电动势平衡方程式为

$$U_N=E_a+I_N(R_a+R_{ad})=C_e\Phi n+I_N(R_a+R_{ad})$$

则

$$R_{ad}=\frac{U_N-C_e\Phi n}{I_N}-R_a=\frac{220-0.3614\times350}{231}-0.045=0.36\ (\Omega)$$

(2) 因为调速前后转矩不变，则

$$T_M=C_T\Phi_NI_N=C_T\Phi I_a$$

$$I_a=\frac{\Phi_N}{\Phi}I_N=\frac{1}{0.85}\times231=272\ (A)$$

求得弱磁后的转速为

$$n=\frac{U_N}{C_e\Phi}-\frac{R_a}{C_e\Phi}I_a=\frac{220}{0.85\times0.3614}-\frac{0.045}{0.85\times0.3614}\times272=676\ (r/min)$$

可见弱磁调速时，若保持转矩不变，电枢电流将增大。

1.6 直流电动机的制动

许多生产机械为了提高生产效率和产品质量，要求电动机能迅速、准确地停车或反向运转，为达此目的，要对电动机进行制动。

制动的方法有机械（用抱闸）制动和电气制动两种。电气制动是使电动机产生一个与旋转方向相反的电磁转矩。电磁制动的优点是制动转矩大，制动强度控制比较容易。直流电动机的电气制动方法有三种：①能耗制动；②反接制动；③回馈制动。

1. 能耗制动

能耗制动的方法是将正在运转的电动机电枢两端从电源断开（励磁绕组仍接电源），并立刻在电枢两端接入一制动电阻，这样电动机就从电动状态变为发电状态，将其动能转

变为电能消耗在电阻上，故称为能耗制动。他励直流电动机能耗制动的原理图和机械特性如图 1.19 所示。

如图 1.19（a）所示为电动状态运行，开关合在 1 的位置。电动势、电流、转矩和转动方向如图中所示。如将开关倒合到 2 的位置，电动机被切断电源而接入一个制动电阻 R_Z。这时在系统惯性作用下，电机继续旋转，励磁仍然保持不变。在电动势作用下，变为发电状态，把旋转系统所贮存的动能变为电能，消耗在制动电阻和电枢内阻中，故称为能耗制动状态。由于此时作用于电动机的电网电压 $U=0$，则电机的电流为

$$I_a=\frac{U-E_a}{R_a+R_Z}=-\frac{E_a}{R_a+R_Z} \tag{1-23}$$

负号表示电流方向与电动运行状态的方向相反，因为电动机的励磁电路仍然接在电源上，磁通不变，所以制动时电流所产生的电磁转矩和原来的方向相反，变为制动转矩，使电动机很快减速直至停转，制动状态原理如图 1.19（b）所示。

在能耗制动时，因 $U=0$，则 $n_0=0$，电动机的机械特性方程式为

$$n=-\frac{R_a+R_Z}{C_e\Phi}I_a=-\frac{R_a+R_Z}{C_eC_T\Phi^2}T_M \tag{1-24}$$

从式（1-24）可知，能耗制动时，机械特性曲线为通过原点的直线，它的斜率 $-\beta=-\frac{R_a+R_Z}{C_eC_T\Phi^2}$，与电枢回路总电阻成正比。因为能耗制动时转速方向未变，电流和转矩方向变为负（以电动状态为正）。所以，它的机械特性曲线在第二象限，如图 1.19（c）所示。图 1.19（c）中还绘出不同制动电阻时的机械特性。可以看出，在一定的转速下，电枢总电阻越大，制动电流和制动转矩越小。因此，在电枢电路中串接不同的电阻值，可满足不同的制动要求。

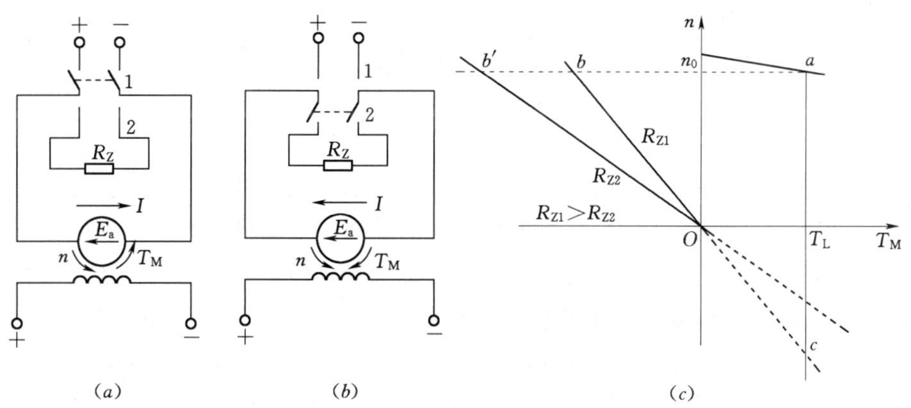

图 1.19 能耗制动的原理图和机械特性

（a）电动状态原理图；（b）能耗制动状态原理图；（c）能耗制动的机械特性

能耗制动的优点是：制动减速较平稳可靠；控制线路较简单；当转速减至零时，制动转矩也减小到零，便于实现准确停车。其缺点是：制动转矩随转速下降成正比地减小，影响到制动效果。能耗制动适用于不可逆运行，制动减速要求较平稳的情况。

2. 反接制动

电源反接制动原理图如图 1.20（a）所示。当接触器 KM_1 触点闭合时，电动机以电

动状态运行，旋转方向和电动势方向如图中实线箭头所示，电流 I_a 和电磁转矩 T_M 方向用虚线箭头表示。若 KM_1 触点断开，KM_2 触点闭合，这时加到电枢绕组两端的电源电压极性便和电动运行时相反，因为这时磁场和转向不变，电动势方向不变。于是外加电压与电动势方向相同，这样，电枢电流

$$I_a=\frac{-U-E_a}{R_a+R_Z}=-\frac{U+E_a}{R_a+R_Z} \tag{1-25}$$

变为负值，电磁转矩 T_M 方向也随之改变［如图 1.20（*a*）所示中的实线箭头］，起到制动作用，使转速迅速下降。

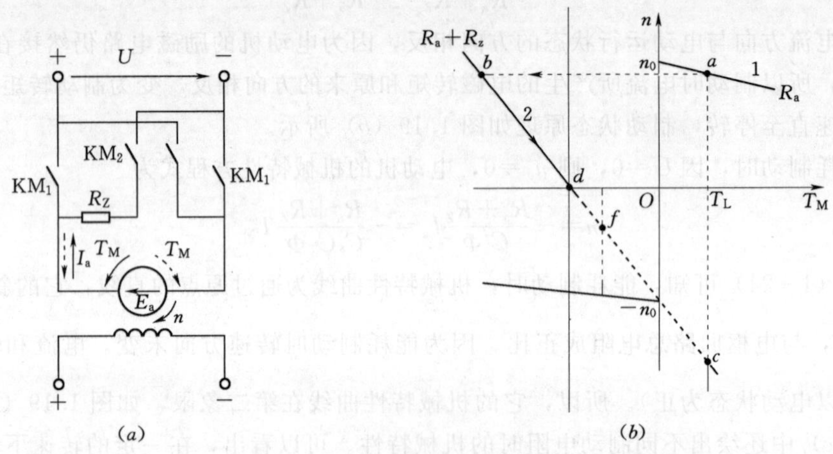

图 1.20　电源反接制动的原理图和机械特性

（*a*）原理图；（*b*）机械特性曲线

因为制动时接于电动机的电源电压方向改变，所以电源反接的机械特性方程式为

$$n=-\frac{U}{C_e\Phi}-\frac{R_a+R_Z}{C_eC_T\Phi^2}T_M \tag{1-26}$$

其中，T_M 应以负值代入。

电源反接过程的机械特性曲线如图 1.20（*b*）所示。在制动前，电动机运行在固有特性曲线的 *a* 点上，当串入电阻 R_Z 并将电源反接的瞬间，电动机工作点变到电源反接的人为特性曲线 2 的 *b* 点上，电动机的电磁转矩 T_M 变为制动转矩，使电机工作点沿特性曲线 2 开始减速。当转速降至零时，如果是反抗性负载，当 $T_M \leqslant T_L$ 时，电动机便停止旋转；当 $T_M > T_L$ 时，在反向的电磁转矩作用下，电机将反向起动，进入反向电动运行状态，如图 1.20 中 *df* 段。要避免电动机反转，必须在 $n=0$ 瞬间切断电源，并使机械抱闸动作，保证电动机准确停车。

反接制动的优点是：制动转矩较恒定，制动作用比较强烈，制动快。其缺点是：所产生的冲击电流大，需串入相当大的电阻，故能量损耗大，转速为零时，若不及时切断电源，会自行反向加速。这种方法适用于要求正反转运转的系统中，它可使系统迅速制动，并随之立即反向起动。

3. 回馈制动

当直流电动机轴上受到和转速方向一致的外加转矩的作用时，将使电动机加速超过理

想空载转速，即 $n>n_0$。此时电枢电动势大于电源电压，即 $E_a=C_e\Phi n>U=C_e\Phi n_0$，而电枢电流 $I_a=\dfrac{U-E_a}{R_a}=\dfrac{C_e\Phi n_0-C_e\Phi n}{R_a}<0$。于是电枢电流改变了方向，电磁转矩 T_M 成为制动转矩。电动机由电动状态变为发电状态，把外力输入的机械能变成电能回馈给电网，因此电动机的这种运行状态称作为回馈制动。

回馈制动适用于位能负载的稳定高速下降，在调速过程开始可能出现过渡性回馈制动状态。例如，当起重机下放重物或电车下坡时，电动机转速都可能超过 n_0，这时电动机将处于回馈制动状态。

回馈制动的优点是：不需要改接线路即可从电动状态自行转换到制动状态，将轴上的机械功率变为电功率反馈回电网，简便可靠而经济。缺点是：只有当 $n>n_0$ 时才能产生回馈制动，故不能用来使电动机停车，所以其应用范围较窄。

本 章 小 结

1. 直流电机是直流发电机和直流电动机的总称。直流电机由定子和转子（电枢）组成。定子的主要作用是建立主磁场；转子（电枢）的主要作用是产生电磁转矩和感应电动势，实现能量转换。

2. 直流电机的铭牌数据包括额定功率、额定电压、额定电流、额定转速及额定励磁电压、电流等，它们是正确选择和使用电机的依据，必须充分理解每个额定值的意义。

直流电机的励磁方式有他励、并励、串励和复励。直流电机的磁场是由励磁电流和电枢电流共同产生的，电机空载时，只有励磁电流建立的主磁场；负载时，电枢绕组有电枢电流流过，产生电枢磁场。电枢电流产生的电枢磁场对主磁场的影响称为电枢反应。电枢反应不仅使主磁场发生畸变，而且还有一定的去磁作用。

无论是电动机还是发电机，负载运行时，电枢绕组都产生感应电动势和电磁转矩。电枢电动势 $E_a=C_e\Phi n$，电磁转矩 $T_M=C_T\Phi I_a$。

3. 直流电动机的平衡方程式表达了电机内部各物理量的电磁关系。各物理量之间的关系可用电压平衡方程式、转矩平衡方程式和功率平衡方程式表示。

根据平衡方程式，可以求得直流电动机的转速特性和机械特性。励磁方式不同，电机的运行特性和机械特性也不同。他励与并励直流电动机的励磁电流基本不变，其机械特性曲线同属硬特性。

4. 直流电动机的起动方法有直接起动、降低电枢端电压和电枢回路串电阻起动。为了限制起动电流，通常采用降低电枢端电压和电枢串电阻两种起动方式。直流电动机要求在起动时先加励磁电压，后加电枢电源，且不允许在起动和运行中失去励磁，否则将出现“飞车”事故。

直流电动机的转向由电磁转矩 T_M 的方向决定，电磁转矩的方向由电枢外加电源的极性和励磁绕组所产生的磁场方向决定，改变两者之一的方向即可改变直流电动机的转向。

5. 直流电动机的调速有电枢串电阻调速、调压调速和弱磁调速三种方法。

6. 直流电动机有机械制动和电气制动两种制动方式。电气制动有能耗制动、反接制动和回馈制动三种方法。

思考题与习题

1.1 直流电机由哪几部分构成？各有什么作用？

1.2 直流发电机与直流电动机的工作原理有什么不同？

1.3 什么是直流电机运行的可逆性？

1.4 在直流电机中，为什么要用电刷和换向器，它们起什么作用？

1.5 何谓换向磁极？换向磁极应安装在电机的什么位置？

1.6 何谓电枢反应？电枢反应对气隙磁场有什么影响？

1.7 直流电机有哪几种励磁方式？在各种不同励磁方式的电机里，电机的输入、输出电流与电枢电流和励磁电流有什么关系？

1.8 直流电动机的起动方法有哪几种？简述各自的特点。

1.9 直流电动机的调速方法有哪几种？简述适用范围？

1.10 直流电动机的制动方法有哪几种？简述各自的特点。

1.11 如何改变他励、并励、串励电动机的转向？

1.12 一台并励直流电动机，$P_N=40kW$，$U_N=220V$，$n_N=3000r/min$，$I_N=206A$，$R_a=0.06\Omega$，$R_f=100\Omega$。

(1) 求直接起动时的起动电流。

(2) 若采用电枢回路串电阻起动，当起动电流为额定电流的1.5倍时，求应串入多大的电阻。

1.13 一台他励直流电动机，$U_N=230V$，$P_N=26kW$，$I_N=113A$，$n_N=960r/min$，$R_a=0.04\Omega$，负载不变。

(1) 若采用调压调速，电枢电压降低为额定电压的80%，求电机的转速和电枢电流。

(2) 若采用弱磁调速，磁通减小20%，求电机的转速和电枢电流。

第2章　变　压　器

变压器是一种静止的电器，是根据电磁感应原理工作的。它可以把一种等级的交流电压或电流变换为频率相同、数值不同的另一种等级的交流电压或电流。因其主要用途是变换电压，故称为变压器。

在电力系统中，变压器起着重要的作用。要将大功率的电能从发电厂（站）输送到远距离的用电区，需要用升压变压器把发电机发出的电压升高，再经过高压线路进行传输，以降低线路损耗；然后再用降压变压器逐步将输电电压降到配电电压，供用户使用。另外，变压器在其他领域也得到广泛的应用，如电子技术、测试技术、焊接技术等领域。

本章主要介绍一般用途电力变压器的基本结构、工作原理及工作特性，最后概略地介绍自耦变压器、互感器和电焊变压器的结构特点与工作原理。

2.1　变压器的基本结构和分类

2.1.1　基本结构

变压器作为一种静止的电气设备，其基本结构主要由两部分组成：①铁芯——变压器的磁路；②绕组——变压器的电路。此外，还装有其他附件。对于不同种类的变压器，其结构也各不相同。下面着重介绍变压器铁芯和绕组的基本结构。

1. 铁芯

铁芯是变压器的磁路部分，同时作为变压器的机械骨架。铁芯由铁芯柱和铁轭两部分组成，铁芯柱上套装变压器绕组，铁轭起连接铁芯柱使磁路闭合的作用。对铁芯的要求是导磁性能要好，磁滞及涡流损耗要尽量小，因此铁芯一般采用厚度为 0.3mm 左右的硅钢片制成。国产硅钢片有热轧硅钢片和冷轧硅钢片。20 世纪 60～70 年代我国生产的电力变压器铁芯主要采用热轧硅钢片，由于其铁损耗较大，导磁性能相应地比较差，且铁芯叠装系数低（因硅钢片两面均涂有绝缘漆），现已不用。目前国产变压器铁芯主要采用冷硅钢片，其铁损耗低，且铁芯叠装系数高（因硅钢片表面有氧化膜绝缘，不必再涂绝缘漆）。随着新材料的出现，非晶合金材料正广泛应用于变压器和磁路。

根据铁芯的结构形式变压器可分为壳式变压器和心式变压器两大类。壳式变压器是铁轭包围绕组的顶面、底面和侧面，在中间的铁芯柱上放置绕组，形成铁芯包围绕组的形状，如图 2.1 所示。图 2.1（*a*）为单相壳式变压器，图 2.1（*b*）为三相壳式变压器。心式变压器是在铁芯的铁芯柱上放置绕组，形成绕组包围铁芯的形状，而铁轭只靠着绕组的顶面和底面，如图 2.2 所示。图 2.2（*a*）为单相心式变压器，图 2.2（*b*）为三相心式变压器。壳式结构的铁芯机械强度较高，但制造工艺复杂，用材较多，通常用于低压、大电流的变压器或小容量的电源变压器。心式结构比较简单，绕组的装配及绝缘也较容易，国产电力变压器均采用心式结构。

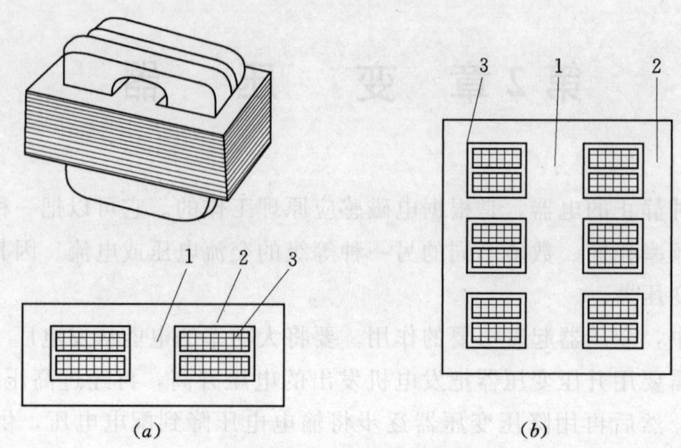

图 2.1 壳式变压器

(a) 单相壳式变压器；(b) 三相壳式变压器

1—铁芯柱；2—铁轭；3—绕组

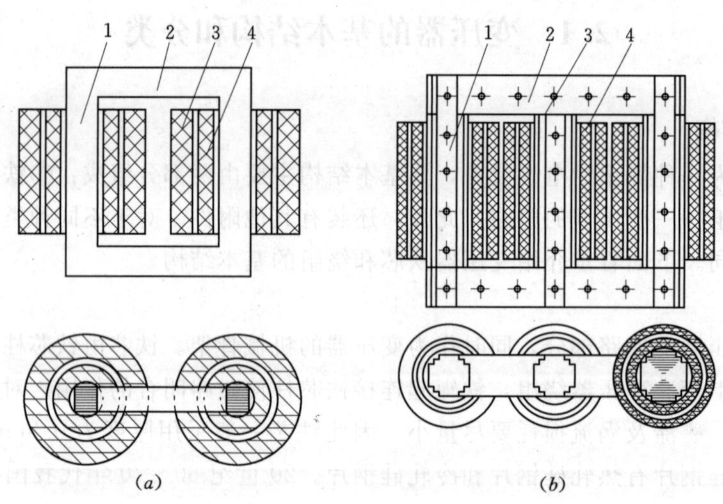

图 2.2 心式变压器

(a) 单相心式变压器；(b) 三相心式变压器

1—铁芯柱；2—铁轭；3—高压绕组；4—低压绕组

根据变压器铁芯的制作工艺，可分为叠片式铁芯和卷制式铁芯。

叠片式铁芯的制作过程是：先将硅钢片冲剪成如图 2.3 所示的形状，再将一片片硅钢片按其接口交错地插入事先绕好并经过绝缘处理的绕组中，如图 2.4 所示。或采用交叠式的叠装工艺，即把剪成条装的硅钢片用两种不同的排列法交错叠放，每层将接缝错开叠装。当采用冷轧晶粒取向硅钢片时，由于冷轧硅钢片顺碾压方向的导磁系数高，损耗小，故应采用斜切钢片的叠装方法。叠装好的铁芯其铁轭用槽钢（或焊接夹件）及螺杆固定。芯柱则用环氧无纬玻璃丝粘带绑扎。为减小铁芯磁路的磁阻以减小空载电流，要求铁芯装配时，接缝处的空气隙应越小越好。

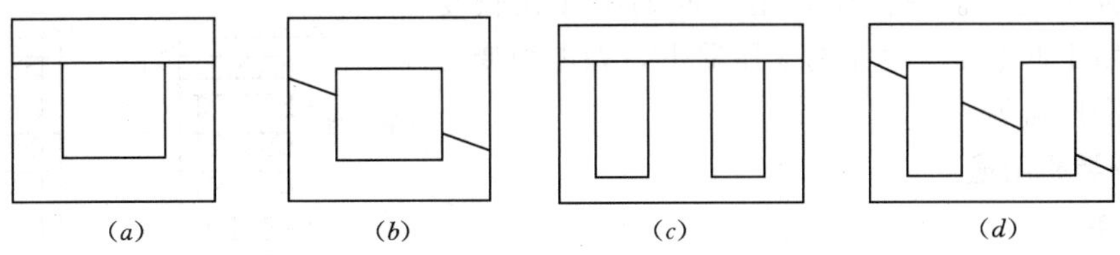

图 2.3 单相小容量变压器铁芯形式

(a) 心式口形；(b) 心式斜口形；(c) 壳式 E 形；(d) 壳式 F 形

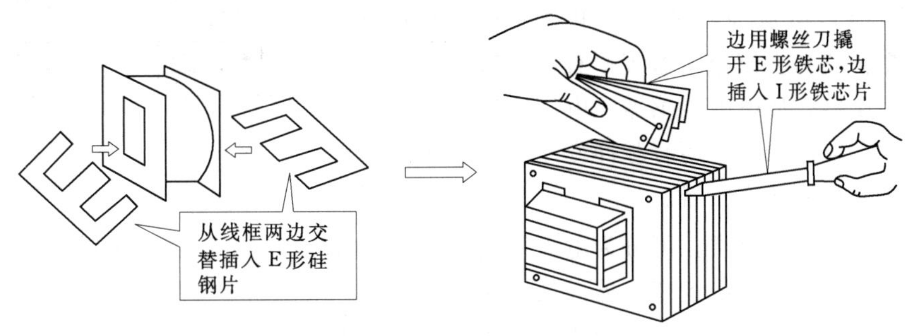

图 2.4 壳式变压器 E 形铁芯的装配

卷制式铁芯系用整张硅钢片剪裁成一定宽度的硅钢片带后再卷制成 O 形，固紧后在切割成两个 U 形。由于其制作工艺简单，正在小容量的单相变压器中逐渐普及。随着制造技术的不断成熟，用卷制铁芯的三相电力变压器（500kVA 以下）将逐步代替传统的叠片式变压器，其主要优点是重量轻、体积小、空载损耗小、噪声低、生产效率高和质量稳定。

铁芯柱的截面在小型变压器中采用方形或矩形。在容量较大的变压器中，为了充分利用绕组内圆的空间，而采用阶梯形截面。当芯柱直径大于 380mm 时，中间还留出油道以改善铁芯内部的散热条件。

铁轭的截面有矩形及阶梯形的。铁轭的截面一般比芯柱截面大 5%～10%，以减少空载电流和空载损耗。

2. 绕组

绕组是变压器的电路部分，一般用漆包圆铜线或具有绝缘的扁铜线绕制而成。接于高压电网的绕组称为高压绕组；接于低压电网的绕组称为低压绕组。根据高、低压绕组的相对位置，绕组可分为同心式和交叠式两种类型。

同心式绕组的高、低压绕组同心地套在铁芯柱上，如图 2.2 所示。为便于绝缘，一般低压绕组套在里面，但对大容量的低压大电流变压器，由于低压绕组引出线的工艺困难，往往把低压绕组套在高压绕组外面。高低压绕组与铁芯柱之间都留有一定的绝缘间隙，并以绝缘纸筒隔开。同心式绕组结构简单，制造方便，国产电力变压器均采用这种结构。在中小型电力变压器中，常见的同心式绕组形式有圆筒式、螺旋式、连续式和纠结式等。

交叠式绕组是将高压绕组及低压绕组分成为若干个线饼，交替地套在铁芯柱上，为了便于绝缘靠近上下铁轭的两端一般都放置低压绕组，如图 2.5 所示，又称为饼式绕组。高、低压绕组之间的间隙较多，绝缘比较复杂，主要用于特种变压器中。这种绕组漏抗小，机械强度高，但高低压绕组之间的绝缘比较复杂。一般用于低电压大电流的变压器上，如电炉变压器、电焊变压器等。

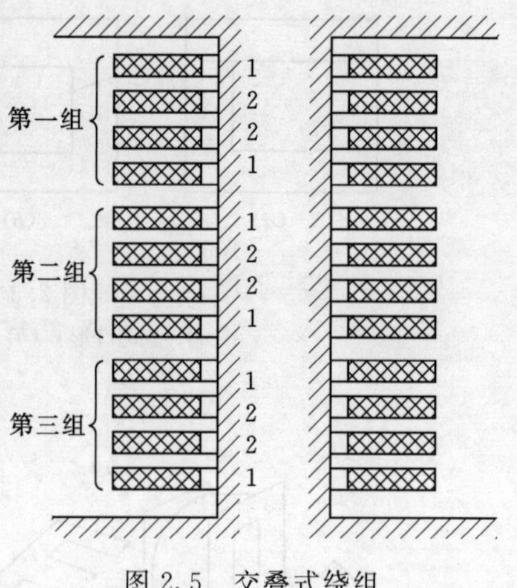

图 2.5 交叠式绕组
1—低压绕组；2—高压绕组

2.1.2 分类和用途

1. 分类

变压器种类很多，通常可按其用途、绕组数目、铁芯结构、相数和冷却方式等进行分类。

(1) 按用途分类。有用于电力系统升、降压的电力变压器；有以电流为特征的变压器，如电焊变压器、电炉变压器和整流变压器等；有以传递信息和供测量用的变压器，如电磁传感器、电压互感器和电流互感器等；在自控系统中还有脉冲变压器，音频和变频变压器等多种特殊变压器。

(2) 按绕组数目分类。可分为电力系统中最常用的两绕组变压器、用以连接三种不同电压输电线的大容量三绕组变压器以及用在电压等级变化较小场合的自耦变压器等。

(3) 按铁芯结构分类。可分为心式变压器、壳式变压器。

(4) 按相数分类。可分为单相变压器、三相变压器和多相变压器等。

(5) 按冷却方式分类。可分为干式变压器、油浸自冷变压器、油浸风冷变压器、充气式变压器和强迫油循环变压器等。

2. 用途

在电力系统中，变压器是一种非常重要的电气设备。由发电厂发出的电能在向用户输送过程中，通常需用很长的输电线，输电线路上的电压越高，则流过输电线路中的电流就越小。这不仅可以减小输电线路的截面积，节约导体材料，同时还可减小输电线路上的功率损耗。因此，目前世界各国在电能的输送与分配方面都朝建立高电压、大功率的电力网系统方向发展，以便集中输送，统一调度与分配电能。这就促使输电线路的电压由高压（110～220kV）向超高压（330～750kV）和特高压（750kV 以上）不断升级。目前我国高压输电的电压等级有 110kV、220kV、330kV 及 500kV 等多种。发电机本身由于其结构及所用绝缘材料的限制，不可能直接发出这样的高压，因此在输电时必须首先通过升压变电站，利用变压器将电压升高，再进行输送。

高压电能输送到用电区域后，为了保证用电安全和符合用电设备的电压等级要求，还必须经过各级降压变电站，通过变压器进行降压。例如工厂输、配电线路的高压有 35kV 及 10kV 等电压等级，低压有 380V、220V、110V 等电压等级。

综上所述，变压器在输、配电系统中起着非常重要的作用。在其他需要特种电源的工业企业中，变压器的应用也很广泛，如供电给整流设备、电炉等，此外在试验设备、测量设备和控制设备中也应用着各种类型的变压器。

2.1.3 铭牌数据

为保证变压器的正确使用，保证其正常工作，在每台变压器的外壳上都附有铭牌，标明其型号和主要参数。变压器的铭牌数据主要有以下参数。

1. 额定容量 S_N

在铭牌上所规定的额定状态下变压器输出能力（视在功率）的保证值，称为变压器的额定容量，单位以 VA、kVA 或 MVA 表示。对三相变压器，额定容量是指三相容量之和。

2. 额定电压 U_N

标志在铭牌上的各绕组在空载额定分接下端电压的保证值，单位以 V 或 kV 表示。对三相变压器，额定电压是指线电压。

3. 额定电流 I_N

根据额定容量和额定电压计算出的线电流称为额定电流，单位以 A 表示。

对单相变压器，一次、二次绕组的额定电流为

$$I_{N1}=\frac{S_N}{U_{N1}},\ I_{N2}=\frac{S_N}{U_{N2}} \tag{2-1}$$

对三相变压器，一次、二次绕组的额定电流为

$$I_{N1}=\frac{S_N}{\sqrt{3}U_{N1}},\ I_{N2}=\frac{S_N}{\sqrt{3}U_{N2}} \tag{2-2}$$

4. 额定频率 f_N

我国规定标准工业用电的频率为 50Hz。

此外，额定运行时变压器的效率、温升等数据均为额定值。除额定值外，铭牌上还标有变压器的相数、连接方式与组别、运行方式（长期运行或短时运行）及冷却方式等。

2.2　单相变压器的工作原理

单相变压器是指接在单相交流电源上用来改变单相交流电压的变压器，其容量一般都比较小，主要用作控制及照明。它是利用电磁感应原理，将能量从一个绕组传输到另一个绕组而进行工作的。下面分别讨论单相变压器的两种不同工作情况。

2.2.1　变压器的空载运行

变压器的一次绕组接在额定电压的交流电源上，而二次绕组开路时的运行状态称为变压器的空载运行。如图 2.6 所示是单相变压器空载运行的示意图。图中 u_1 为一次绕组电压，u_{02}为二次绕组空载电压，N_1 和 N_2 分别为一、二次绕组的匝数。

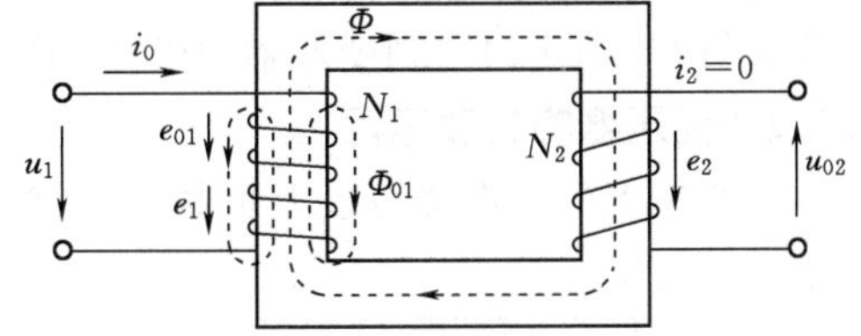

图 2.6　单相变压器空载运行示意图

1. 变压器空载运行时各物理量的关系式

当变压器的一次绕组加上交流电压 u_1 时，一次绕组内便有一个交变电流 i_0 流过。由于二次绕组是开路的，二次绕组中没有电流。此时一次绕组中的电流 i_0 称为空载电流，同时在铁芯中产生交变磁通 Φ，其同时穿过变压器的一、二次绕组，因此又称其为交变主磁通。

设

$$\Phi=\Phi_m\sin\omega t \tag{2-3}$$

则变压器一次绕组的感应电动势为

$$e_1=-N_1\frac{\mathrm{d}\Phi}{\mathrm{d}t}=N_1\Phi_m\sin\left(\omega t-\frac{\pi}{2}\right)=2\pi f\Phi_m N_1\sin\left(\omega t-\frac{\pi}{2}\right) \tag{2-4}$$

上式表明，e_1 滞后于主磁通 $\pi/2$ 电角。式中 $2\pi f\Phi_m N_1$ 为感应电动势的最大值，用 E_{1m} 表示。把 E_{1m}除以$\sqrt{2}$，则可求出变压器一次绕组感应电动势的有效值为

$$E_1=4.44f\Phi_m N_1 \tag{2-5}$$

同理，变压器二次绕组感应电动势的有效值为

$$E_2=4.44f\Phi_m N_2 \tag{2-6}$$

若忽略一次绕组中的阻抗不计，则外加电压几乎全部用来平衡电动势，即

$$\dot{U}_1\approx-\dot{E}_1 \tag{2-7}$$

在数值上，则有

$$U_1\approx E_1 \tag{2-8}$$

变压器空载时，其二次绕组是开路的，没有电流流过，二次绕组的端电压 U_{02}、感应电动势 E_2 相等，则空载运行时二次侧电路电压平衡方程为

$$\dot{U}_{02}=\dot{E}_2 \tag{2-9}$$

在数值上，则有

$$U_{02}=E_2 \tag{2-10}$$

2. 变压器的电压变换

由式（2-5）和式（2-6）可见，由于变压器一次、二次绕组的匝数 N_1 和 N_2 不相等，因而 E_1 和 E_2 大小是不相等的，变压器输入电压 U_1 和变压器二次侧电压 U_2 的大小也不相等。

变压器一次、二次绕组电压之比为

$$\frac{U_1}{U_2}=\frac{E_1}{E_2}=\frac{N_1}{N_2}=K_u \tag{2-11}$$

式中：K_u 为变压器的变压比，K_u 是变压器中最重要的参数之一。

由式（2-11）可见，变压器一次、二次绕组的电压与一次、二次绕组的匝数成正比，也即变压器有变换电压的作用。

由式（2-5）对某台变压器而言，f 及 N_1 均为常数，因此当加在变压器上的交流电压有效值 U_1 恒定时，则变压器铁芯中的磁通 Φ_m 基本保持不变。

2.2.2　变压器的负载运行

当变压器的二次绕组接上负载阻抗 Z_L，如图 2.7 所示，则变压器投入负载运行，这时二次侧绕组中就有电流 I_2 流过，I_2 随负载的大小而变化，同时一次侧电流 I_1 也随之改变。变压器负载运行时的工作情况与空载运行时将发生显著变化。

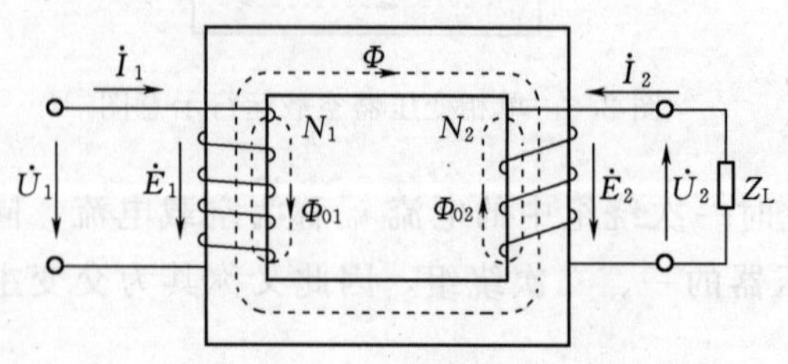

图 2.7　变压器负载运行示意图

1. 变压器负载运行时的磁动势平衡方程

二次绕组接上负载后，电动势 E_2 将在二次绕组中产生电流 I_2，同时一次绕组的电

流从空载电流 I_0 相应地增大为电流 I_1，I_2 越大 I_1 也越大。

从能量转换角度来看，二次绕组接上负载后，产生电流 I_2，二次绕组向负载输出电能。这些电能只能由一次绕组从电源吸取通过主磁通 Φ 传递给二次绕组。二次绕组输出的电能越多，一次绕组吸取的电能也就越多。因此，二次侧电流变化时，一次侧电流也会相应地变化。

从电磁关系的角度来看，二次绕组产生电流 I_2，二次侧的磁动势 N_2I_2 也要在铁芯中产生磁通，即这时铁芯中的主磁通是由一次、二次绕组共同产生的。N_2I_2 的出现，将有改变铁芯中原有主磁通的趋势。但是，在一次绕组的外加电压 U_1 及频率 f 不变的情况下，由式（2-5）和式（2-8）可知，主磁通基本上保持不变。因而一次绕组的电流由 I_0 变到 I_1，使一次绕组磁动势由 N_1I_0 变成 N_1I_1，以抵消 N_2I_2。由此可知变压器负载运行时的总磁动势应与空载运行时的总磁动势基本相等，都为 N_1I_0，即

$$N_1\dot{I}_1+N_2\dot{I}_2=N_1\dot{I}_0$$

或

$$N_1\dot{I}_1=N_1\dot{I}_0-N_2\dot{I}_2 \tag{2-12}$$

式（2-12）称为变压器负载运行时的磁动势平衡方程。它说明，有载时一次绕组建立的 $N_1\dot{I}_1$ 分为两部分，其一是 $N_1\dot{I}_1$ 用来产生主磁通 Φ，其二是 $N_1\dot{I}_1$（或 $-N_2\dot{I}_2$）来抵偿 $N_2\dot{I}_2$，从而保持磁通 Φ 基本不变。

2. 变压器的电流变换

由于变压器的空载电流 $\dot{I}_0$ 很小，特别是在变压器接近满载时，$N_1\dot{I}_0$ 相对于 $N_1\dot{I}_1$ 或 $N_2\dot{I}_2$ 而言基本上可以忽略不计，于是可得变压器一、二次绕组磁动势的有效值关系为

$$N_1I_1\approx N_2I_2$$

即

$$\frac{I_1}{I_2}\approx\frac{N_2}{N_1}=\frac{1}{K_u}=K_i \tag{2-13}$$

式中：K_i 为变压器的电流比或变流比。

由式（2-13）表明，变压器一次、二次绕组中的电流与一次、二次绕组的匝数成反比，即变压器也有变换电流的作用，且电流的大小与匝数成反比。因此，变压器的高压绕组匝数多，而通过的电流小，因此绕组所用的导线较细；反之低压绕组匝数少，通过的电流大，所用的导线较粗。

2.2.3 变压器的匹配运行

变压器不但能具有电压变换和电流变换的作用，还具有阻抗变换的作用，如图 2.8 所示。

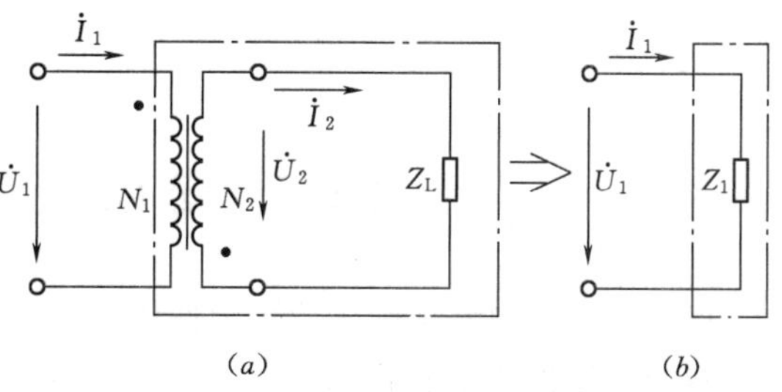

图 2.8 变压器的阻抗变换
（a）变压器电路；（b）等值电路

变压器的阻抗变换是通过改变变压器的电压比 K_u 来实现的。当变压器二次绕组接上阻抗为 Z_L 的负载后，根据图 2.8 所示，阻抗 Z_1 为

$$Z_1=\frac{U_1}{I_1} \tag{2-14}$$

从变压器的二次侧来看，阻抗 Z_L 为

$$Z_L=\frac{U_2}{I_2} \tag{2-15}$$

由此可得变压器一次、二次侧的阻抗比为

$$\frac{Z_1}{Z_L}=\frac{U_1}{I_1}\frac{I_2}{U_2}=\frac{U_1}{U_2}\frac{I_2}{I_1}=K_u^2=\left(\frac{N_1}{N_2}\right)^2 \tag{2-16}$$

由式（2-16）可知：

（1）只要改变变压器一次、二次绕组的匝数比，就可以改变变压器一次、二次侧的阻抗比，从而获得所需的阻抗匹配。

（2）接在变压器二次侧的负载阻抗 Z_2 对变压器一次侧的影响，可以用一个接在变压器一次侧的等效阻抗 $Z_1=K_u^2Z_2$ 来代替，代替后变压器一次侧的电流 I_1 不变。

在电子线路中，为了获得较大的功率输出往往对输出电路的输出阻抗与所接的负载阻抗之间有一定的要求。例如对音响设备来讲，为了能在扬声器中获得最好的音响效果（获得最大的功率输出），要求音响设备输出的阻抗与扬声器的阻抗尽量相等。但在实际上扬声器的阻抗往往只有几欧到十几欧，而音响设备等信号的输出阻抗往往很大，达到几百欧甚至几千欧以上，因此通常在两者之间加接一个变压器（称为输出变压器、线接变压器）来达到阻抗匹配的目的。

【例 2.1】 已知某音响设备输出电路的输出阻抗为 320Ω，所接的扬声器阻抗为 5Ω，现在需要接一输出变压器使两者实现阻抗匹配，试求：

（1）该变压器的变压比 K_u。

（2）若该变压器一次绕组匝数为 480 匝，问二次绕组匝数为多少？

解 （1）根据已知条件，输出变压器一次绕组的阻抗 $Z_1=320\Omega$，二次绕组的阻抗 $Z_2=5\Omega$。由式（2-16）得变压器的变压比

$$K=\sqrt{\frac{Z_1}{Z_2}}=\sqrt{\frac{320}{5}}=8$$

（2）由式（2-11）得

$$K=\frac{N_1}{N_2}$$

则变压器二次绕组匝数为

$$N_2=\frac{N_1}{K}=\frac{480}{8}=60(\text{匝})$$

2.3 变压器的工作特性

在实际应用中要正确、合理地使用变压器，需了解其运行时的工作特性及性能指标。变压器的工作特性主要有：

（1）外特性。是指电源电压和负载的功率因数为常数时，二次侧端电压随负载电流变化的规律，即 $U_2=f(I_2)$。

(2) 效率特性。是指电源电压和负载的功率因数为常数时，变压器的效率随负载电源变化的规律，即 $\eta=f(I_2)$。

变压器的电压调整率和效率体现了这两种工作特性，而且是变压器的主要性能指标，下面分别加以讨论。

2.3.1 变压器的外特性和电压调整率

变压器负载运行时，由于变压器内部存在电阻和漏抗，故当二次绕组中流过负载电流时，变压器的二次绕组将产生阻抗压降，使二次侧端电压随负载电流的变化而变化。另一方面，由于一次绕组电流随二次绕组电流的变化而变化，故使一次绕组漏阻抗上的压降也相应改变，一次绕组电动势和二次绕组电动势也会有所改变，这也会影响二次绕组输出电压的大小。

变压器负载运行时的外特性 $U_2=f(I_2)$ 可以通过实验的方法进行绘制，如图 2.9 所示。由图 2.9 可知，当负载的功率因数 $\cos\varphi_2=1$ 时，U_2 随 I_2 的增加而下降得并不多；当功率因数 $\cos\varphi_2$ 降低时，即在纯电阻和感性负载时，U_2 随着 I_2 增加而下降的程度加大，这是因为滞后的无功电流对变压器磁路中的主磁通的去磁作用更为显著，而使 E_1 和 E_2 有所下降的缘故；但当 $\cos\varphi_2$ 为负值时，即在容性负载时，超前的无功电流有助磁作用，主磁通会有所增加，E_1 和 E_2 亦会相应加大，使得 U_2 会跟随 I_2 的增大而增大，外特性上翘。以上叙述表明，负载的功率因数对变压器外特性的影响是很大的。

在图 2.9 中，纵坐标用 U_2/U_{2N} 之比表示，横坐标用 I_2/I_{2N} 之比表示，使得在坐标轴上的数值都在 0～1.0 之间，或稍大于 1.0，这样做是为了便于不同容量和不同电压的变压器相互比较。

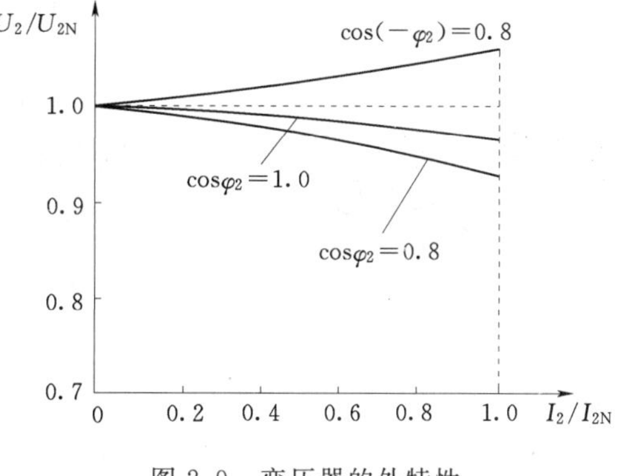

图 2.9 变压器的外特性

变压器的负载一般多为感性负载，因此当负载增大时，变压器的二次绕组电压总是下降的，其下降的程度常用电压调整率来描述。

所谓电压调整率是指，当变压器的一次侧接在额定频率额定电压的电网上，负载的功率因数为常数时，变压器空载与负载时二次侧端电压变化的相对值，用 ΔU 来表示。

$$\Delta U=\frac{U_{2N}-U_2}{U_{2N}}\times 100\% \tag{2-17}$$

式中：U_{2N} 为变压器空载时二次绕组的额定电压；U_2 为二次绕组输出额定电流时的电压。

电压调整率反映了供电电压的稳定性，是变压器的一个重要性能指标。ΔU 越小，说明变压器二次绕组输出的电压越稳定，因此要求变压器的 ΔU 越小越好。常用的电力变压器从空载到满载，电压变化率约为 3%～5%。

2.3.2 变压器的损耗与效率

变压器在能量传递过程中会产生损耗。变压器的损耗是指从电源输入的有功功率 P_1 与向负载输出的有功功率 P_2 两者之差，即 $\Delta P_{损耗}=P_1-P_2$。损耗主要包括铜损耗和铁损耗两部分。

1. 铜损耗 P_{Cu}

变压器的铜损耗包括基本铜损耗和附加铜损耗两部分。

基本铜损耗是电流在绕组中产生的直流电阻损耗。附加铜损耗包括因集肤效应使电阻变大所增加的铜耗以及漏磁通在结构部件中引起的涡流损耗等。在中小型变压器中，附加铜损耗为基本铜损耗的0.5%～5%，在大型变压器中则达到10%～20%。这些损耗都与负载电流的平方成正比，因此铜损耗又称为“可变损耗”。

2. 铁损耗 P_{Fe}

变压器的铁损耗也包括基本铁损耗和附加铁损耗两部分。

基本铁损耗是变压器铁芯中的磁滞和涡流损耗。磁滞损耗与硅钢片材料的性质、磁通密度的最大值以及频率有关。涡流损耗与硅钢片的厚度 、电阻率、磁通密度的最大值以及频率有关。附加铁损耗包括铁芯叠片间由于绝缘损伤而引起的涡流损耗等。附加铁损耗难以准确计算，一般取基本铁损耗的15%～20%。变压器的铁损耗由于一次绕组所加电压大小有关，当电源电压一定时，铁损耗基本不变，因此铁损耗又称为“不变损耗”。

3. 效率

变压器的效率 η 是指变压器的输出功率 P_2 与输入功率 P_1 之比，用百分数表示，即

$$\eta=\frac{P_2}{P_1}\times 100\%=\frac{P_1}{P_2+\Delta P_{损耗}}\times 100\% \qquad (2-18)$$

由于变压器没有旋转部件，不像电机存在有机械损耗，因此变压器的效率一般都比较高。

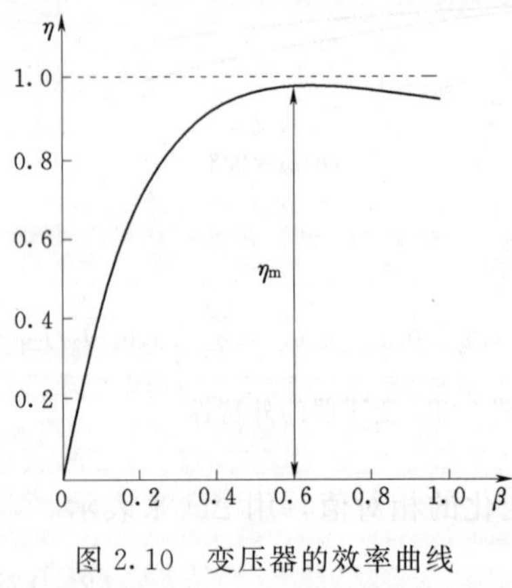

图2.10 变压器的效率曲线

变压器在不同的负载电流 I_2 时，输出功率 P_2 及铜损耗 P_{Cu} 都在变化，因此变压器的效率 η 也随着负载电流 I_2 的变化而变化，其变化规律通常用变压器的效率特性曲线来表示，如图2.10所示，图中 $\beta=\frac{I_2}{I_{2N}}$ 称为负载系数。

从效率特性曲线可以看出，当负载变化到某一数值时将出现最大效率 η_{max}，与分析直流电机的最大效率一样，当变压器的可变损耗等于不变损耗时，效率达到最大值，一般变压器的最大效率在 $\beta=0.5\sim0.7$ 范围内。

2.4 三相变压器

在电力系统中，普遍采用三相制供电方式，因而三相变压器获得最广泛的应用。三相变压器在对称负载下运行时，各相电压、电流大小相等，相位彼此相差120°，各相参数亦相等。因此，单相变压器的分析方法完全适用于三相变压器，在此不再赘述。本节主要讨论三相变压器的组成、三相变压器的绕组连接及绕组的极性与测量等问题。

2.4.1 三相变压器的组成

三相变压器按照其磁路系统的不同可以由三台同容量的单相变压器组成，称为三相变

压器组；也可由三个单相变压器合成一个三铁芯柱的三相心式变压器。

1. 三相变压器组

三相变压器组是把三个同容量的变压器根据需要将其一次、二次绕组分别接成星形或三角形。一般三相变压器组的一次、二次绕组均采用星形连接，如图 2.11 所示。

三相变压器组由于是由三台变压器按一定方式连接而成，三台变压器之间只有电的联系，而各自的磁路相互独立，互不关联。当三相变压器组一次侧施以对称三相电压时，则三相的主磁通也一定是对称的，三相空载电流也对称。

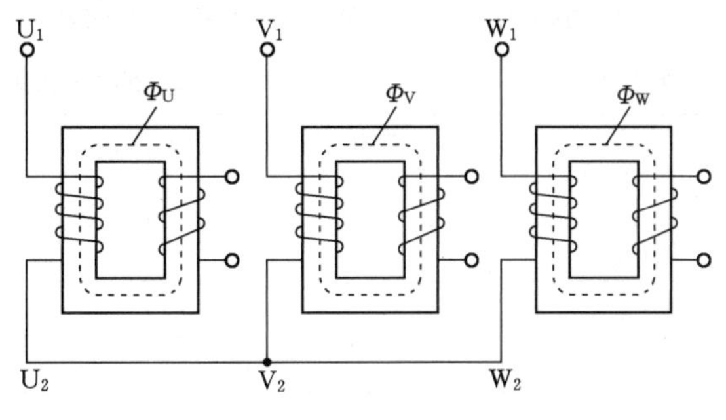

图 2.11 三相变压器组

2. 三相心式变压器

三相心式变压器是由三相变压器组演变而来的。把三个单相心式变压器铁芯合并成如图 2.12（a）所示的结构，通过中间芯柱的磁通为三相磁通的相量和。当三相电压对称时，则三相磁通总和$\dot{\Phi}_U+\dot{\Phi}_V+\dot{\Phi}_W=0$，即中间心柱中无磁通通过，可以省略，如图 2.12（b）所示。为了制造方便和节省硅钢片将三相铁芯柱布置在同一平面内，演变成为如图 2.12（c）所示的结构，这就是目前广泛采用的三相心式变压器的铁芯。由图 2.12 可见，三相心式变压器的磁路特点为：三相磁路有共同的磁轭，它们彼此关联，各项磁通要借另外两相的磁通闭合，即磁路系统是不对称的。但由于空载电流很小，它的不对称对变压器的负载运行的影响极小，可忽略不计。

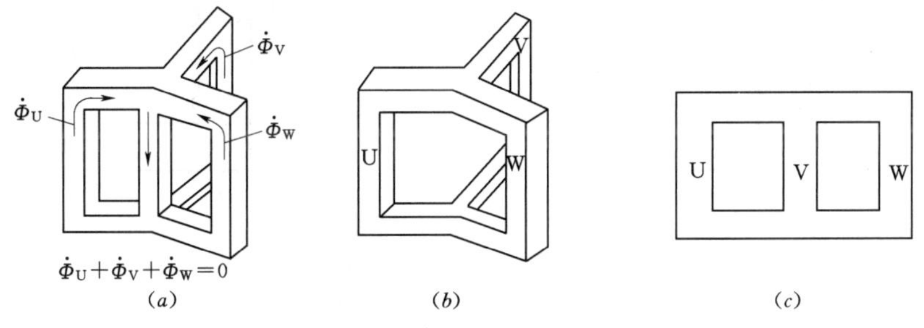

图 2.12 三相心式变压器铁芯

（a）三相铁芯合并；（b）去掉公共部分；（c）实用铁芯

3. 两类变压器的比较

比较上述两种类型磁路系统的三相变压器可以看出，在相同的额定容量下，三相心式变压器较之三相变压器组具有节省材料、效率高、价格便宜、维护方便、安装占地少等优点，因而得到广泛应用。但是对于大容量变压器来说，三相心式变压器就暴露出它的缺点，而三相变压器组是由三个独立的单相变压器组成，所以在起重、运输、安装时可以分开处理，困难就大为减小，同时还可以降低备用容量，每组只要一台单相变压器作为备用就可以了。所以对一些超高压、特大容量的三相变压器，当制造及运输有困难时，有时就采用三相变压器组。

2.4.2 三相变压器的绕组联结

三相变压器高、低压绕组的首端常用 U_1、V_1、W_1 标记和 u_1、v_1、w_1，而其末端常用 U_2、V_2、W_2 和 u_2、v_2、w_2 标记。单相变压器的高、低压绕组的首端则用 U_1、u_1 标记，其末端则用 U_2、u_2 标记，如表 2.1 所示。

表 2.1 绕组的首端和末端的标记

绕组名称	单相变压器		三相变压器		中性点
	首端	末端	首端	末端	
高压绕组	U_1	U_2	U_1、V_1、W_1	U_2、V_2、W_2	N
低压绕组	u_1	u_2	u_1、v_1、w_1	u_2、v_2、w_2	n
中压绕组	U_{1m}	U_{2m}	U_{1m}、V_{1m}、W_{1m}	U_{2m}、V_{2m}、W_{2m}	N_m

为了说明三相绕组的连接组别问题，首先要研究每相中一次、二次绕组感应电势的相位关系问题，或者称为极性问题。

1. 变压器绕组的极性及其测量

(1) 变压器绕组的极性。变压器的一次、二次绕组绕在同一个铁芯上，都被同一主磁通 Φ 所交链，故当磁通 Φ 交变时，将会使得变压器的一次、二次绕组中感应出的电动势之间有一定的极性关系，即当同一瞬间一次侧绕组的某一端点的电位为正时，二次侧绕组也必有一个端点的电位为正，这两个对应的端点，称为同极性端或同名端，通常用符号“·”表示。

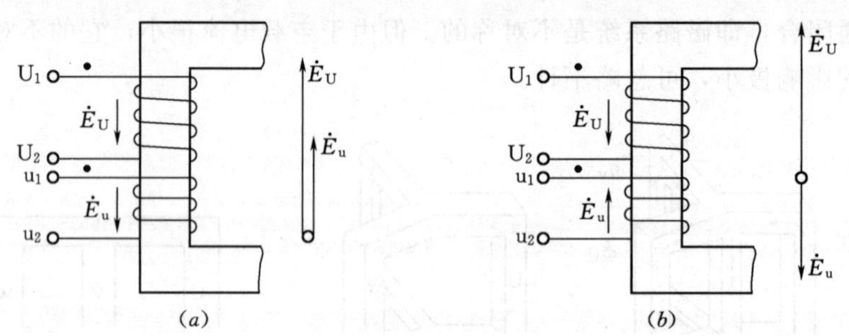

图 2.13 变压器的两种不同标记法

(*a*) 同相位；(*b*) 反相位

如图 2.13 (*a*) 所示变压器一次、二次绕组的绕向相同，引出端的标记方法也相同(同名端均在首端)。设绕组电势的正方向均规定从首端到末端（正电势与正磁通符合左手螺旋定则)，由于一次、二次绕组中的电势 $\dot{E}_U$ 与 $\dot{E}_u$ 是同一主磁通产生的，它们的瞬时方向相同，所以一次、二次绕组电势 $\dot{E}_U$ 与 $\dot{E}_u$（或电压）是相同的，其相位关系可以用相量 $\dot{E}_U$ 与 $\dot{E}_u$ 表示。

如果一次、二次绕组的绕向相反，如图 2.13 (*b*) 所示，但出线标记仍不变。由图可见，在同一瞬时，一次绕组感应电势的方向从 U_1 到 U_2，二次绕组感应电势的方向则是从 u_2 到 u_1，即 $\dot{E}_U$ 与 $\dot{E}_u$ 反相，其相位关系同样可以用相量 $\dot{E}_U$ 与 $\dot{E}_u$ 表示。

(2) 变压器同名端的判定。对一台变压器其绕组已经过浸漆处理，并且安装在封闭的

铁壳内，因此无法辨认其同名端。变压器同名端的判定可用实验的方法进行测量，测定的方法主要有直流法和交流法两种。

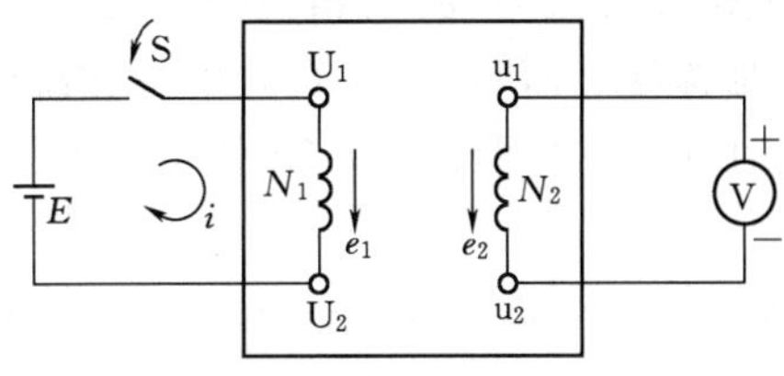

图 2.14 测定同名端的直流法

1）直流测量法。测定变压器同名端的直流法如图 2.14 所示。用 1.5V 或 3V 的直流电源，按图中所示进行连接，直流电源接在高压绕组上，而直流电压表接在低压绕组的两端。当开关 S 闭合瞬间，高压绕组 N_1、低压绕组 N_2 分别产生电动势 e_1 和 e_2。

若电压表的指针向正方向摆动，则说明 e_1 和 e_2 同方向。则此时 U_1 和 u_1、U_2 和 u_2 为同名端。

若电压表的指针向反方向摆动，则说明 e_1 和 e_2 反方向。则此时 U_1 和 u_2、u_1 和 U_2 为同名端。

2）交流测量法。测定变压器同名端的交流法如图 2.15 所示。图中将变压器一次、二次绕组各取一个接线端子连接在一起，如图中的接线端子 2 和 4，并且在一个绕组上（图中为 N_1 绕组）加一个较低的交流电压 U_{12}，再用交流电压表分别测量出 U_{12}、U_{13}、U_{34} 各个电压值，如果测量结果为：$U_{13}=U_{12}-U_{34}$，则说明变压器一次、二次绕组 N_1、N_2 为反极性串联，由此可知，接线端子 1 和接线端子 3 为同名端。若测量结果为 $U_{13}=U_{12}+U_{34}$，则接线端子 1 和接线端子 4 为同名端。

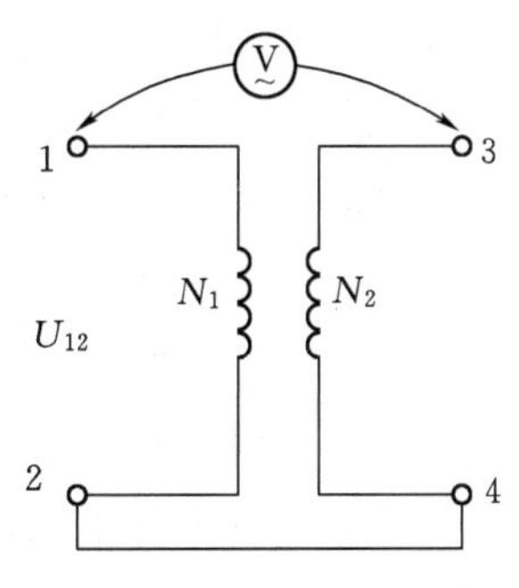

图 2.15 测定同名端的交流法

2. 三相变压器绕组的连接方法

在三相电力变压器中，不论是高压绕组，还是低压绕组我国均采用星形连接与三角形连接两种方法。

三相电力变压器的星形连接是把三相绕组的末端 U_2、V_2、W_2（或 u_2、v_2、w_2）连接在一起，而把它们的首端 U_1、V_1、W_1（或 u_1、v_1、w_1）分别用导线引出接三相电源，构成星形连接（Y 接法）用字母“Y”或“y”表示，如图 2.16（*a*）所示。

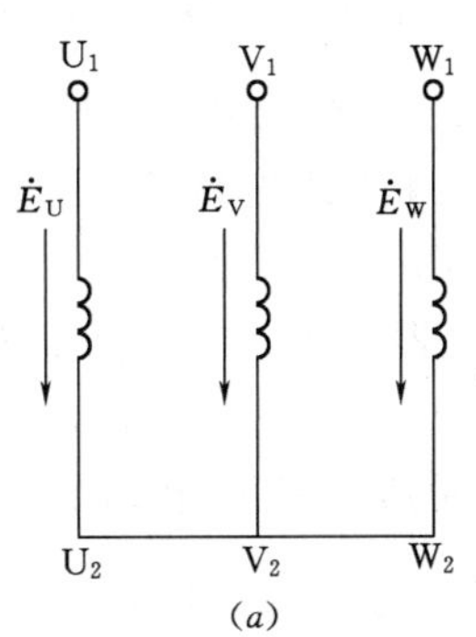

(*a*)

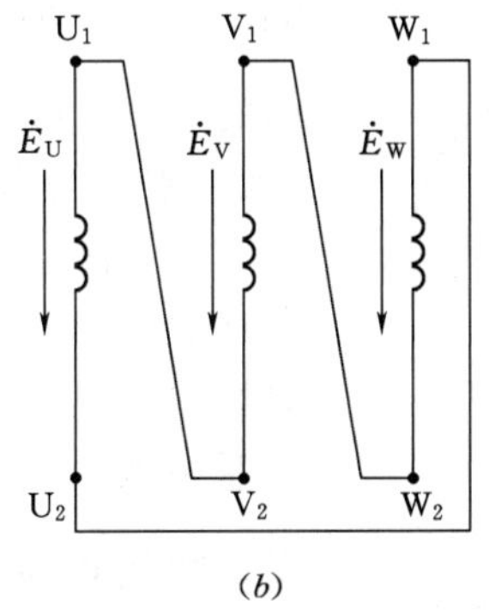

(*b*)

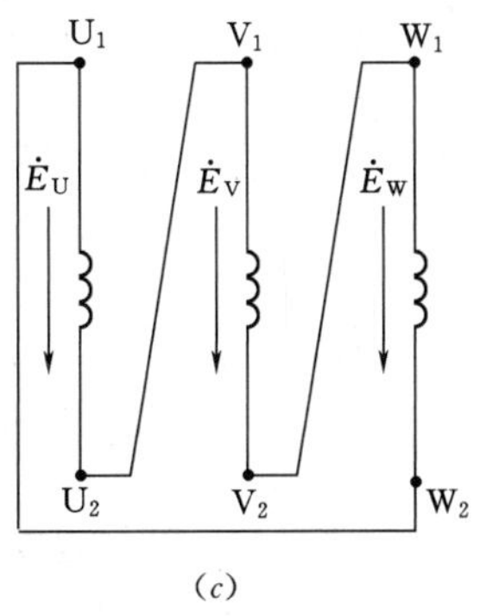

(*c*)

图 2.16 三相绕组连接方法

（*a*）星形连接；（*b*）三角形逆序连接；（*c*）三角形顺序连接

三相电力变压器的三角形连接是把一相绕组的首端和另外一相绕组的末端连接在一起，顺次连接成为一闭合回路，然后从首端 U_1、V_1、W_1（或 u_1、v_1、w_1）分别用导线引出接三相电源，如图 2.16（*b*）、（*c*）所示。其中图 2.16（*b*）的三相绕组按 U_2W_1、W_2V_1、V_2U_1 的次序连接，称为逆序（逆时针）三角形连接。而图 2.16（*c*）的三相绕组按 U_2V_1、W_2U_1、V_2W_1 的次序连接，称为顺序（顺时针）三角形连接，用字母“D”或“d”表示。

三相变压器一次、二次绕组不同接法的组合有 Y,y、YN,d、Y,yn、D,y、D,d 等，其中最常用的组合形式有三种，即 Y,yn、YN,d 和 Y,d。不同形式的组合，各有优缺点。对于高压绕组来说，接成星形最为有利，因为它的相电压只有线电压的 $1/\sqrt{3}$，当中性点引出接地时，绕组对地的绝缘要求降低了。

大电流的低压绕组，采用三角形连接可以使导线截面比星形连接时小 $1/\sqrt{3}$，方便于绕制，所以大容量的变压器通常采用 Y,d 或 YN,d 连接。容量不太大而且需要中性线的变压器，广泛采用 Y,yn 连接，以适应照明与动力混合负载需要的两种电压。

3. 三相变压器的连接组别

三相电力变压器其不同的接法中一次绕组的线电压与二次绕组线电压之间的相位关系是不同的，这就是所谓的三相变压器的连接组别。其不仅与绕组的同名端和首末端的标记有关，而且还与三相绕组的连接方式有关。在标志三相变压器的一、二次绕组线电动势的相位关系时，用时钟表示法进行表示，即规定一次绕组线电势 $\dot{E}_{UV}$ 为长针，永远指向时间“12 点”，二次绕组线电势 $\dot{E}_{uv}$ 为短针，它指向时间上的几点，则该数字为三相变压器连接组别的标号。

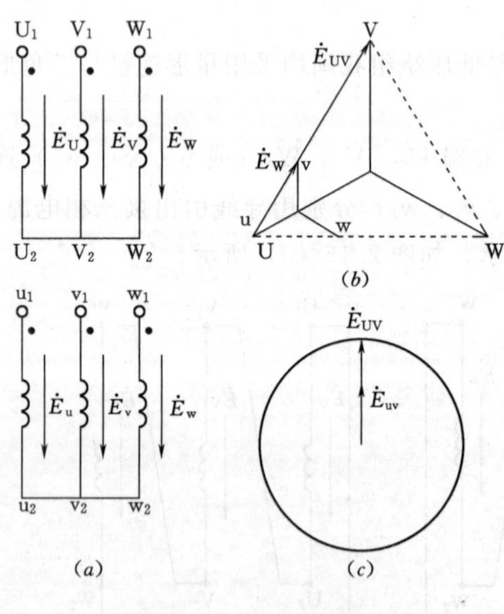

(*a*) (*b*) (*c*)

图 2.17 Y,y0 连接组

（*a*）接线图；（*b*）相星图；（*c*）时钟表示

（1）Y,y0 连接组。如图 2.17（*a*）所示为三相变压器 Y,y0 连接时的接线图。图中变压器一次、二次绕组均采用星形连接，并且一次、二次绕组的首端都为同名端，故一次、二次侧相互对应的相电动势之间相位相同，因此一次、二次侧的线电动势之间的相位也相同，如图 2.17（*b*）所示。这时，如果把 $\dot{E}_{UV}$ 指向时间的“12”点，则二次绕组线电动势 $\dot{E}_{uv}$ 也指向“12”点，为零点，因此其连接组别为“0”，用 Y,y0 来表示，如图 2.17（*c*）所示。若将图 2.18 的连接组中变压器一次、二次绕组的非同名端作为首端，如图 2.18（*a*）所示，这时变压器一次、二次侧对应相的相电动势正好相反，则线电动势 $\dot{E}_{UV}$ 与 $\dot{E}_{uv}$ 的相位正好相差 180°，如图 2.18（*b*）所示。这时相量 $\dot{E}_{UV}$ 指向时间的“12”点，而相量 $\dot{E}_{uv}$ 则指向时间的“6”点，因此其连接组别为“6”，用 Y,y6 来

表示，如图 2.18（c）所示。

（2）Y,d 连接组。如图 2.19 所示为 Y,d11 连接组，其中图 2.19（a）所示，三相变压器一次绕组为星形连接，二次绕组为三角形连接，且一次、二次绕组的同名端标为首端。二次绕组按照 $u_1 \rightarrow v_2 \rightarrow v_1 \rightarrow w_2 \rightarrow w_1 \rightarrow u_2 \rightarrow u_1$ 的逆序依次连接成为三角形。这时变压器一次、二次侧对应相的相电动势也同相位，但线电动势 $\dot{E}_{UV}$ 与 $\dot{E}_{uv}$ 的相位差为 330°，如图 2.19（b）所示。当 $\dot{E}_{UV}$ 指向时间的“12”点时，则 $\dot{E}_{uv}$ 指向时间的“11”点，即 $\dot{E}_{uv}$ 超前 $\dot{E}_{UV}$ 30°，因此其连接组别为“11”，用 Y,d11 表示，如图 2.19（c）所示。

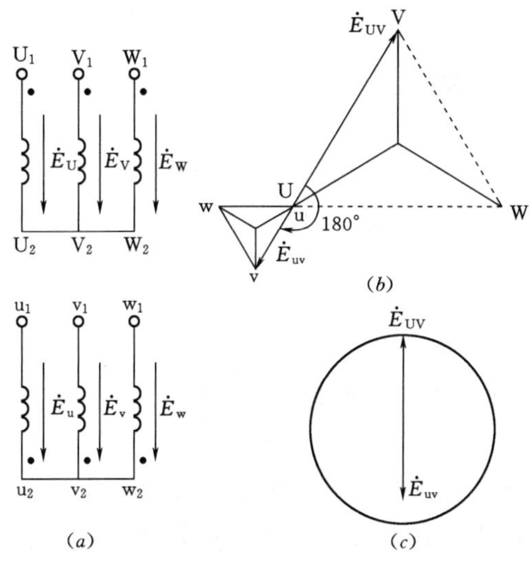

图 2.18 Y,y6 连接组
（a）接线图；（b）相星图；（c）时钟表示

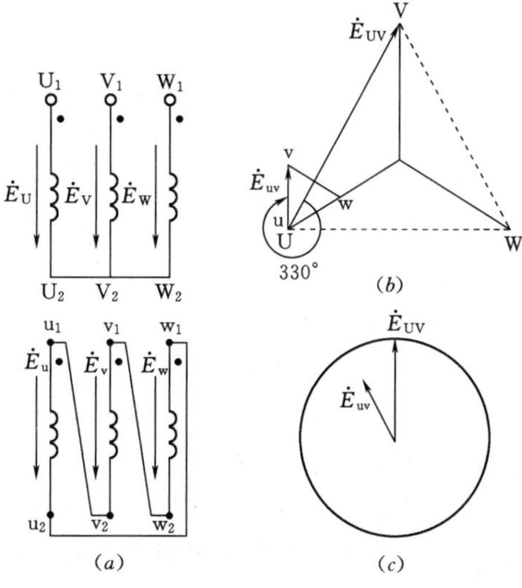

图 2.19 Y,d11 连接组
（a）接线图；（b）相星图；（c）时钟表示

若将变压器二次绕组的三角形连接改为 $u_1 \rightarrow w_2 \rightarrow w_1 \rightarrow v_2 \rightarrow v_1 \rightarrow u_2 \rightarrow u_1$ 的顺序连接，变压器的一次绕组仍采用星形连接，如图 2.20（a）所示。这时变压器的一次、二次绕组对应相的相电动势也同相，但线电动势 $\dot{E}_{UV}$ 与 $\dot{E}_{uv}$ 的相位差为 30°，如图 2.20（b）所示。当相量 $\dot{E}_{UV}$ 指向时间的“12”点时，则相量 $\dot{E}_{uv}$ 指向时间的“1”点，$\dot{E}_{uv}$ 滞后 $\dot{E}_{UV}$ 30°，因此其连接组别为“1”，用 Y,d1 表示，如图 2.20（c）所示。

不论是 Y,y 连接组还是 Y,d 连接组，如果一次绕组的三相标记不变，把二次绕组的三相标记 u、v、w 顺序改为 w、u、v（相序不变），则二次侧的各线电动势相量将分别转过

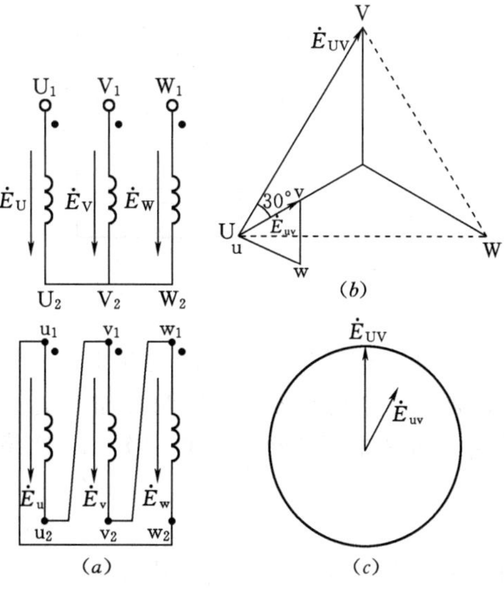

图 2.20 Y,d1 连接组
（a）接线图；（b）相量图；（c）时钟表示

120°，相当于转过4个钟点；若改标记为v、w、u，则相当于转过8个钟点。因而对Y，y连接而言，可得0、4、8、6、10、2等六个偶数连接组别；对Y，d连接而言，可得11、3、7、5、9、1等六个奇数连接组别，读者可根据相量法自行分析。

三相电力变压器连接组的种类很多，为了制造和运行方便的需要，我国规定了Y，yn0、Y，d11、YN，y0和Y，y0等4种作为三相电力变压器的标准连接组。其中前三种应用最为广泛：Y，yn0用于容量不大的三相配电变压器，其低压侧电压为400～230V，可兼供动力和照明的混合负载；Y，d11连接组别主要用于变压器二次侧电压超过400V的线路，其二次侧接成为三角形，主要是对变压器的运行有利；YN，d11的变压器连接组别主要用于高压输电线路。

2.5 其他常用变压器

在电力系统中，除大量采用双绕组变压器以外，还有其他多种特殊用途的变压器，涉及面广，种类繁多。本节主要简单介绍较常用的自耦变压器、电压互感器、电流互感器、电焊变压器的工作原理及特点。

2.5.1 自耦变压器

1. 自耦变压器的工作原理

前面介绍的普通双绕组变压器其一次、二次绕组之间互相绝缘，各绕组之间只有磁的耦合而没有电的直接联系。

自耦变压器是将一次、二次绕组合成一个绕组，其中一次绕组的一部分兼作二次绕组，它的一次、二次绕组之间不仅有磁耦合，而且还有电的直接联系，如图2.21所示。其中N_1为自耦变压器一次绕组的匝数，N_2为自耦变压器二次绕组的匝数。

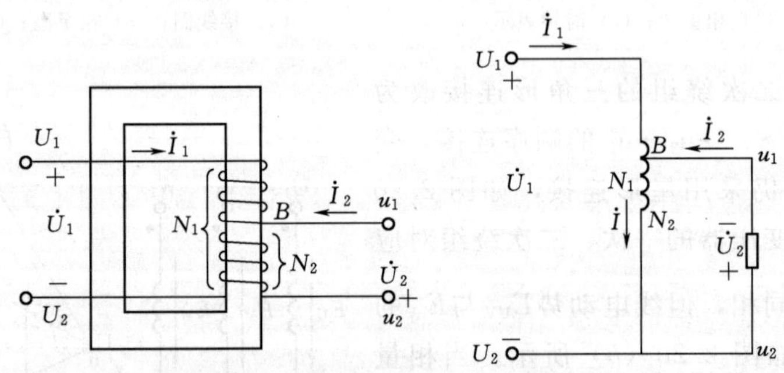

图2.21 自耦变压器工作原理

自耦变压器与前面介绍的变压器一样，也是利用电磁感应原理来进行工作。当在自耦变压器的一次绕组U_1、U_2两端加上交变电压U_1后，将会在变压器的铁芯中产生交变的磁通，同时在自耦变压器的一次、二次绕组中产生感应电动势E_1、E_2。

$$U_1 \approx E_1 = 4.44 f N_1 \Phi_m \tag{2-19}$$

$$U_2 \approx E_2 = 4.44 f N_2 \Phi_m \tag{2-20}$$

由此可得自耦变压器的电压比k为

$$k = \frac{E_1}{E_2} = \frac{N_1}{N_2} \approx \frac{U_1}{U_2} \tag{2-21}$$

由上式可知，只要改变自耦变压器的匝数 N_2，则可调节其输出电压的大小。

2. 自耦变压器的特点

自耦变压器具有结构简单、节省用铜量、效率比一般变压器高等优点。其缺点是一次侧、二次侧电路中有电的联系，可能发生把高电压引入低压绕组的危险事故，很不安全，因此要求自耦变压器在使用时必须正确接线，且外壳必须接地，并规定安全照明变压器不允许采用自耦变压器结构形式。变压器的变压比一般不能选择过大，在实际应用中，要求自耦变压器的电压比一般不超过 1.5。在电力系统中，可用自耦变压器把 110kV、150kV、220kV 和 330kV 的高压电力系统连接成大规模的动力系统。大容量的异步电动机降压起动，也可用自耦变压器降压，以减小起动电流。

低压小容量的自耦变压器，其二次绕组的接头 C 常做成沿线圈自由滑动的触头，它可以平滑地调节自耦变压器的二次绕组电压，这种自耦变压器称为自耦调压器。为了使滑动接触可靠，这种自耦变压器的铁芯做成圆环形，在铁芯上绕组均匀分布，其滑动触点由碳刷构成，调节滑动触点的位置既可改变输出电压的大小，自耦调压器的外形图和电路原理图如图 2.22 所示。

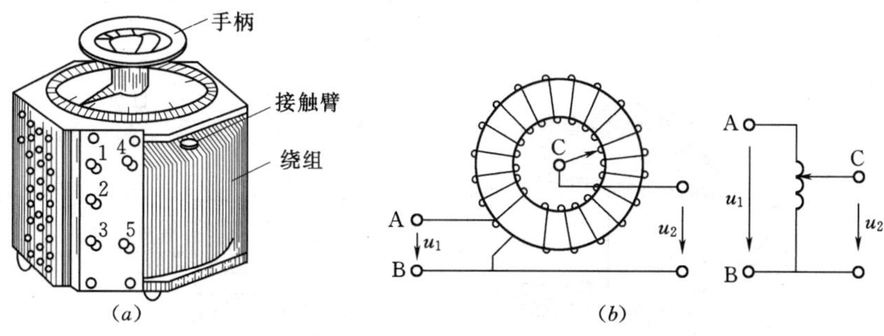

图 2.22 自耦调压器

(a) 外形图；(b) 电路原理图

2.5.2 电压互感器

电压互感器属于仪用互感器的范畴。主要用来与仪表和继电器等低压电器组成二次回路，对一次回路进行测量、控制、调节和保护。在电工测量中主要用来按比例变换交流电压。

电压互感器的结构形式与工作原理和单相降压变压器基本相同，如图 2.23 所示。

电压互感器的一次绕组匝数为 N_1，其绕组匝数较多，与被测电路进行并联；电压互感器的二次绕组匝数为 N_2，其绕组匝数较少，与电压表进行并联。其电压比为

$$\frac{U_1}{U_2}=\frac{N_1}{N_2}=K_u \qquad (2-22)$$

K_u 一般标在电压互感器的铭牌上，只要读出电压互感器二次侧电压表的读数 U_2，则被测电压为

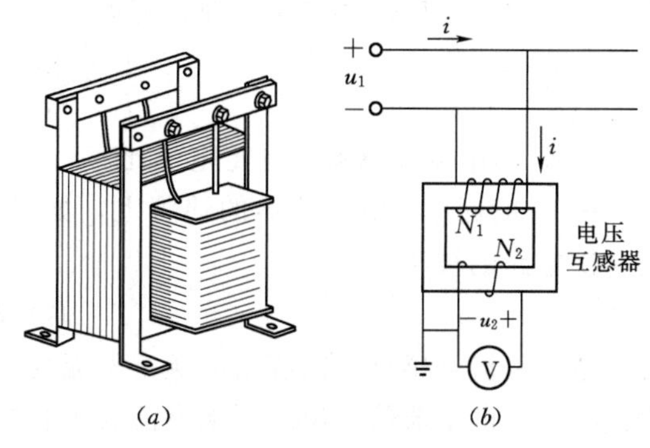

图 2.23 电压互感器

(a) 外形图；(b) 电路原理图

$$U_1 = K_u U_2 \tag{2-23}$$

通常电压互感器二次绕组的额定电压均选用为 100V。为读数方便起见，仪表按一次绕组额定值刻度，这样可直接读出被测电压值。电压互感器的额定电压等级 6000/100V、10000/100V 等。

使用电压互感器时必须注意以下事项：

(1) 电压互感器的二次绕组在使用时绝不允许短路。如二次绕组短路，将产生很大的短路电流，导致电压互感器烧坏。

(2) 为保证操作人员的安全，电压互感器的铁芯和二次绕组的一端必须可靠接地。

(3) 电压互感器具有一定的额定容量，在使用时，二次侧不宜接入过多的仪表，否则超过电压互感器的定额，使电压互感器内部阻抗压降增大，影响测量的精确度。

2.5.3 电流互感器

电流互感器也属于仪用互感器的范畴。同样用来与仪表和继电器等低压电器组成二次回路，对一次回路进行测量、控制、调节和保护。在电工测量中主要用来按比例变换交流电流。

电流互感器的基本结构与工作原理和单相变压器相类似，如图 2.24 所示。

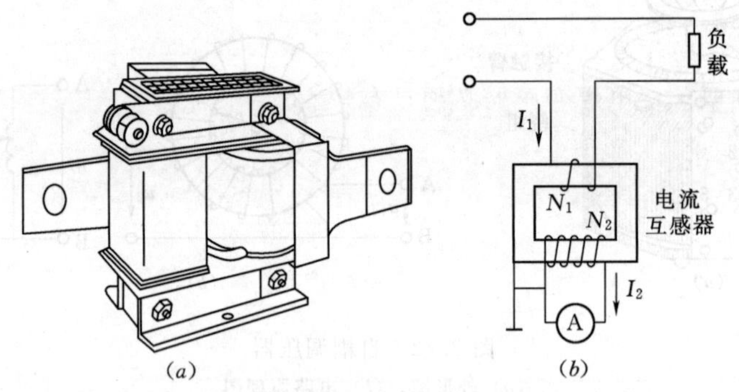

图 2.24 电流互感器

(a) 外形图；(b) 电路原理图

电流互感器的一次绕组 N_1 串联在被测的交流电路中，导线粗，匝数少；电流互感器的二次绕组 N_2 导线细，匝数多，一般与电流表、电能表或功率表的电流线圈串联构成闭合回路。根据变压器的工作原理，可得

$$\frac{I_1}{I_2} = \frac{N_2}{N_1} = \frac{1}{K_u} = K_i \tag{2-24}$$

式中：K_i 为电流互感器的额定电流比。

K_i 一般标在电流互感器的铭牌上，如果测得电流互感器二次绕组的电流表读数 I_2，则一次电路的被测电流为

$$I_1 = K_i I_2 \tag{2-25}$$

通常电流互感器二次绕组的额定电流均选用为 5A。当与测量仪表配套使用时，电流表按一次侧的电流值标出，即从电流表上直接读出被测电流值。电流互感器额定电流等级有 100/5A、500/5A、2000/5A 等。

使用电流互感器时，需注意以下事项：

（1）电流互感器的二次侧绝不允许开路。因为如果二次侧开路，则电流互感器处于空载运行状态，这时电流互感器一次绕组通过的电流就成为励磁电流，使铁芯中的磁通和铁损耗猛增，导致铁芯发热烧坏绕组；另外电流互感器产生的很大的磁通将在二次绕组中感应出很高的电压，危及人身安全或破坏绕组绝缘。因此在二次绕组中装卸仪表时，必须先将二次绕组短路。

（2）电流互感器的二次侧必须可靠接地，以保证工作人员及设备的安全。

2.5.4 电焊变压器

交流弧焊机具有结构简单、使用年限长、维护方便、效率高、节省电能和材料、焊接时不产生磁偏吹等优点，因此得到广泛应用。交流弧焊机从结构上来看，本质上就是一台特殊的降压变压器，通称为电焊变压器。为了保证电焊的质量和电弧的稳定燃烧，对电弧变压器有如下几点要求：

（1）电焊变压器应具有 60～75V 的空载电压，以保证容易起弧，为了操作者的安全，电压一般不超过 85V。

（2）电焊变压器应具有迅速下降的外特性，以适应电弧特性的要求。

（3）为了适应不同的焊件和不同的焊条，还要求能够调节焊接电流的大小。

（4）短路电流不应过大，一般不超过额定电流的两倍，在工作中电流要比较稳定，以免损坏电焊机。

为了满足上述要求，电焊变压器必须具有较大的阻抗，而且可以进行调节。电焊变压器的一次、二次绕组一般分装在两个铁芯柱上，使绕组的漏抗比较大。改变漏抗的方法很多，常用的有磁分路法和串联可变电抗法。

目前国内生产的交流弧焊机品种很多，其结构多种多样，但基本原理大致相同，下面以 BX1 系列交流弧焊机为例介绍其基本结构及工作原理。

BX1 系列交流弧焊机为单相磁分路式降压变压器。如图 2.25（*a*）所示，中间为可动铁芯，两边为固定铁芯，铁芯窗口高而宽，以增大变压器的漏抗。一次侧为筒形绕组装在一个铁芯柱上，二次绕组分成两部分，一部分装在一次绕组外面，另一部分兼作电抗线圈装在另一侧固定铁芯柱上。

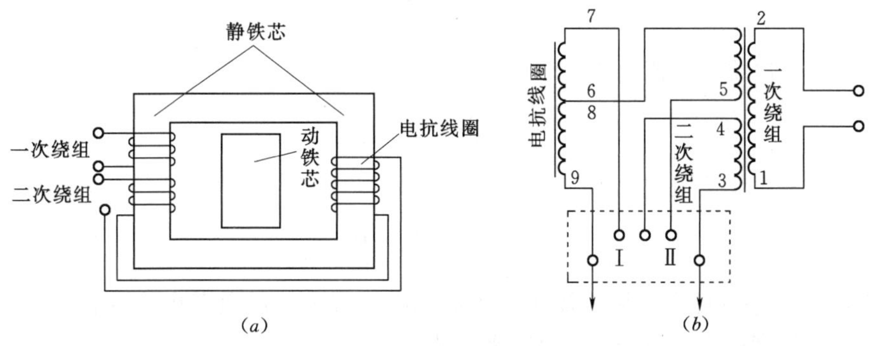

图 2.25　磁分路动铁芯式交流弧焊机原理示意图

（*a*）结构示意图；（*b*）电路接线图

BX1 系列交流弧焊机电路接线如图 2.25（*b*）所示。交流电焊机空载时，由于无焊接电流通过，电抗线圈不产生电压降，故形成较高的空载电压，便于引弧。焊接时，二次绕组有焊接电流通过，同时在铁芯内产生磁通，该磁通经过可动铁芯又回到二次绕组构成回路，该磁通成为漏磁通，可动铁芯成为漏磁通的闭合回路。由于铁芯磁阻很小，因此漏磁通很大。因漏磁通在二次绕组内感应出一个反电动势，所以电压就下降。短路时，二次电压几乎全部被反电动势抵消，这样就限制了短路电流，获得下降的外特性。

BX1系列交流弧焊机两侧装有接线板，其中焊机一侧为一次侧接线板，而另一侧为二次侧接线板。焊接电流的调节有粗调和细调两种。粗调是靠更换二次侧接线板的连接片位置，从而改变二次绕组和电抗线圈的匝数来实现的。细调则是通过转动交流电焊机中部的手柄，从而改变动铁芯的位置，即改变漏磁分路的大小。当可动铁芯远离固定铁芯时，漏磁减小，焊接电流增加；反之，当可动铁芯靠近固定铁芯时，漏磁增大，焊接电流减小。

本 章 小 结

本章介绍了变压器的基本结构、工作原理、工作特性以及其他特殊用途的变压器等。主要内容如下：

1. 变压器作为一种静止的电器设备，主要由铁芯和绕组两部分组成。铁芯构成变压器的磁路部分，绕组构成变压器的电路部分，铁芯主要由铁芯柱和铁轭两部分组成，要求导磁性能要好，损耗要尽量小。根据高、低压绕组的相对位置绕组可分为同心式和交叠式两种类型。要求绝缘性能要好，漏抗小、机械强度高。

2. 变压器的铭牌数据是安全、正确使用变压器的主要依据。铭牌数据主要有：额定容量、额定电压、额定电流、额定效率、使用条件、允许温升、绕组连接方式等。

3. 变压器空载运行时，一次绕组流过的电流为空载电流，一般都很小，仅为其额定电流的3%～8%。负载运行时，二次绕组产生电流，同时一次绕组的电流由空载电流相应增大，二次绕组电流增大，则一次绕组电流随之增大。

4. 变压器在运行时可实现电压变换、电流变换和阻抗变换。

（1）一、二次绕组电压比为

$$\frac{U_1}{U_2}=\frac{E_1}{E_2}=\frac{N_1}{N_2}=K_u$$

（2）一、二次绕组电流比为

$$\frac{I_1}{I_2}=\frac{N_2}{N_1}=\frac{1}{K_u}=K_i$$

（3）一、二次绕组阻抗比为

$$\frac{Z_1}{Z_2}=\left(\frac{N_1}{N_2}\right)^2=K_u^2$$

5. 变压器的外特性主要用来描述变压器二次侧端电压随负载电流变化的规律，其特性曲线下降的程度可用电压调整率 ΔU 来描述。

$$\Delta U=\frac{U_2N-U_2}{U_2N}\times 100\%$$

ΔU 越小，表明变压器输出电压越稳定。因此要求变压器的 ΔU 越小越好。常用的电力变压器从空载到满载，电压变化率约为3%～5%。

6. 变压器的损耗包括铜损耗和铁损耗。变压器的效率为

$$\eta=\frac{P_2}{P_1}\times100\%=\frac{P_2}{P_2+\Delta P_{损耗}}\times100\%$$

当变压器的可变损耗等于不变损耗时，效率最高。

7. 三相变压器可分为三相变压器组和三相心式变压器两大类。三相心式变压器用料省，效率高，价格便宜，维护方便。三相变压器组可降低备用容量，运输方便。

8. 三相变压器的绕组连接主要有星形和三角形两种方法，根据变压器一、二次绕组线电压的相位关系，常用的三相电力变压器的连接组别主要有 Y,yn0、Y,d11、YN,d11、YN,y0、Y,y0 等五种。

9. 自耦变压器一次、二次绕组之间不仅有磁的耦合，而且还有电的直接联系，其输出功率一部分是通过电磁感应原理从一次绕组传递到二次绕组，而另一部分功率则是通过电路直接从一次侧传递到自耦变压器的二次侧，这是普通双绕组变压器所不具备的。自耦变压器具有一系列优点：用料省、损耗小、体积小、效率高等。

10. 电压互感器和电流互感器同属于仪用互感器的范畴。在电工测量中，分别用来测量电压和电流。使用时，电压互感器二次绕组绝不允许短路，而电流互感器二次侧绝不允许开路。

11. 电焊变压器属于特殊的降压变压器。为保证电焊的质量要求其必须具有较大的阻抗，且可以调节。常用改变阻抗的方法有磁分路法和串联可变电抗法。

思 考 题 与 习 题

2.1 试叙述变压器的主要用途，它可分为哪些类别？

2.2 变压器主要由哪几部分组成？各部分的作用是什么？

2.3 为什么要标明变压器的铭牌数据？其主要参数有哪些？

2.4 变压器一次绕组的电阻一般很小，为什么在一次绕组上加上额定的交流电压，绕组不会烧坏？若在一次绕组上加上与交流电压数值相同的直流电压，会产生什么后果？这时二次绕组有无电压输出？

2.5 单相变压器空载运行与负载运行的主要区别是什么？

2.6 额定电压为 380V/220V 的单相变压器，如果不慎将低压端接到 380V 的交流电压上，会产生什么后果？

2.7 有一台单相变压器 $U_1=380\text{V}$，$I_1=0.368\text{A}$，$N_1=1000$ 匝，$N_2=100$ 匝，试求变压器二次绕组的输出电压 U_2，输出电流 I_2，电压比 K_u，电流比 K_i。

2.8 有一台单相降压变压器，其一次侧电压 $U_1=3000\text{V}$，二次侧电压 $U_2=220\text{V}$。如果二次侧接用一台 $P=25\text{kW}$ 的电阻炉，试求变压器一次绕组电流 I_1，二次绕组电流 I_2。

2.9 某晶体管收音机的输出变压器，其一次绕组匝数 $N_1=240$ 匝，二次绕组匝数 $N_2=60$ 匝，原配接有音圈阻抗为 4Ω 的电动式扬声器。现要改接 16Ω 的扬声器，二次绕组匝数如何变化？

2.10 什么是变压器的外特性？一般希望变压器的外特性曲线呈什么形状？

2.11 什么是变压器的电压调整率？对变压器的电压调整率有什么要求？

2.12 某一台单相降压变压器，额定容量 $S_2=50\text{kV}\cdot\text{A}$，额定电压 $U_{1N}=10000\text{V}$，$U_{2N}=230\text{V}$。当此变压器向 $R=0.824\Omega$，$X_L=0.618\Omega$ 的负载供电时正好满载。求变压器一次、二次绕组中的额定电流 I_{1N}、I_{2N} 和电压调整率 ΔU。

2.13 为什么变压器的铜损耗又称为可变损耗，铁损耗又称为不变损耗？

2.14 什么是变压器的效率？其变化规律是什么？

2.15 一台单相变压器 $S_N=50\text{kVA}$，$U_1=10\text{kV}$，$U_2=0.4\text{kV}$，不计损耗，求 I_1 及 I_2。若该变压器的实际效率为98%，在 U_1 和 U_2 保持不变的情况下，实际的 I_1 将比前面计算得到的数值大还是小？为什么？

2.16 试叙述三相变压器组和三相心式变压器的组成，各自具有哪些基本特征？

2.17 什么是变压器绕组的同名端？变压器同名端的测定方法有哪些？

2.18 三相变压器绕组的连接方法有哪几种？如何判定三相变压器绕组的连接组别？常用的连接组别有哪些？

2.19 试叙述自耦变压器的工作原理，自耦变压器具有哪些基本特征？

2.20 在一台容量为15kVA的自耦变压器中，已知 $U_1=220\text{V}$，$N_1=150$ 匝。如果要使输出电压 $U_2=210\text{V}$，应该在绕组的什么地方有抽头？满载时 I_1 和 I_2 各是多少？此时一次、二次绕组公共部分的电流是多少？

2.21 电压互感器的作用是什么？使用电压互感器时应注意哪些事项？

2.22 电焊变压器改变漏抗的方法有哪些？为保证电焊的质量和电弧的稳定燃烧，对电焊变压器有哪些要求？

2.23 试叙述BX1系列交流弧焊机的基本结构与工作原理。

第3章　交 流 电 动 机

交流电动机在现代各行各业以及日常生活中都有着广泛的应用。交流电动机有三相和单相之分，同步和异步之分。三相异步电动机因其结构简单、工作可靠、维护方便、价格便宜等优点，应用更为广泛，目前大部分生产机械（如各种机床、起重设备、农业机械、鼓风机、泵类等）均采用三相异步电动机来拖动。本章主要介绍三相异步电动机的结构、工作原理、运行特性、起动、调速、制动和电力拖动过渡过程，以及单相异步电动机和同步电机的基本知识。

3.1　三相异步电动机的结构和工作原理

3.1.1　三相异步电动机的结构

异步电动机由两个基本部分组成：固定部分——定子；转动部分——转子。如图3.1所示为三相异步电动机的结构分解图，其中定子主要由机座（铸铁或铸钢制成）、铁芯（相互绝缘且冲成槽的硅钢片叠成）和定子绕组（铜导线绕制成）三部分组成；转子铁芯也是由冲成槽的硅钢片叠成，槽内有端部相互短接的铝条或铜条，形成“笼形”，故称笼形转子。还有一种转子是在铁芯槽内嵌入三相绕组，并接成星形，通过集电环、电刷与外部设备相接，称为绕线式转子，如图3.2所示。绕线式转子在起动时可接入变阻器，正常运转时切除变阻器，即将三相引出线短接。

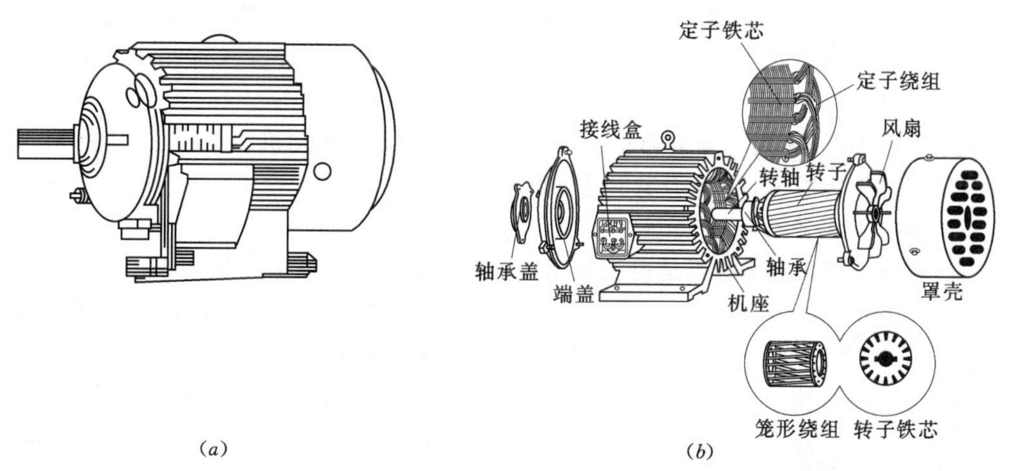

图3.1　三相异步电动机的结构
(a) 外形；(b) 内部结构

异步电动机只有定子绕组与交流电源连接，转子绕组则是自行闭合。虽然定子绕组和转子绕组在电路上是相互分开的，但两者却在同一磁路上。

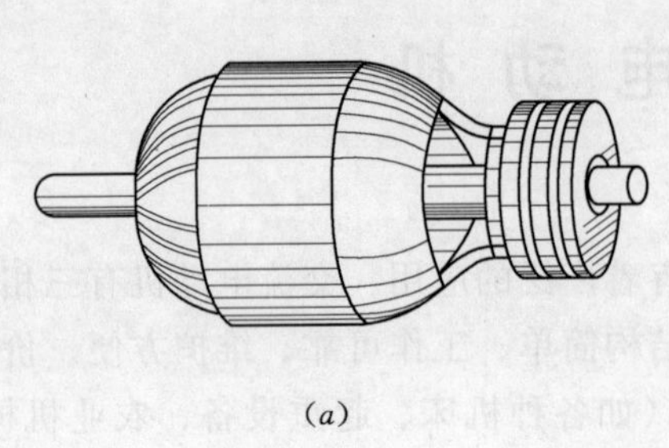

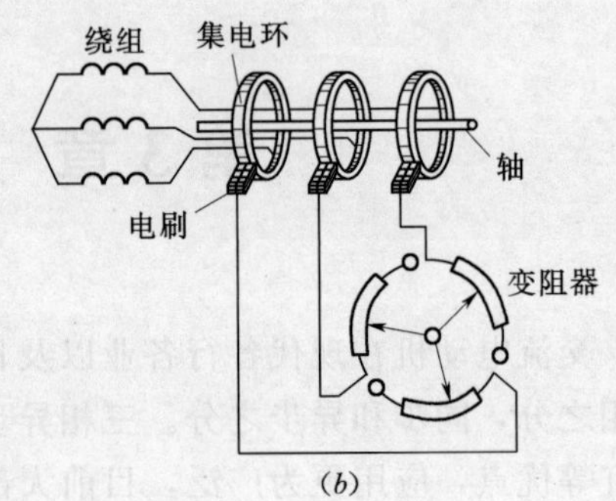

(a)　(b)

图 3.2　绕线式转子

(a) 外形；(b) 外接变阻器的等效电路

3.1.2　旋转磁场

运动的导体切割磁力线会感应电动势，如导体形成闭合回路则有感应电流；另外，流过电流的导体在磁场中受磁场力的作用而运动。应用这两点来分析一下如图 3.3 所示的情况。笼形转子在磁场 N、S之间（只画出了两根端部短接的铝导体条），当磁极向顺时针方向以 n_1 的转速转动时，铝条中将感应电动势而产生感应电流，可按右手定则判定其方向（注意这里的导体相对于磁场反时针方向运动），N 极下的导体电势方向指出纸面，S 极下的导体电势方向指进纸内，继而形成了磁场中的载流导体在磁场，载流导体与磁场相互作用，产生电磁力 F，可用左手定则判别其磁场力 F 的方向，这就产生了“电磁转矩”，使转子以 n 的速度转动起来。可以看到转子的转向和磁极的转向是一致的。但转速 n 不会等于 n_1，如果相等，导体与磁场相对速度为零，不再切割磁力线，也就不会产生感应电势、感应电流和电磁转矩，即 n 永远小于 n_1，这就是所谓的“异步”。

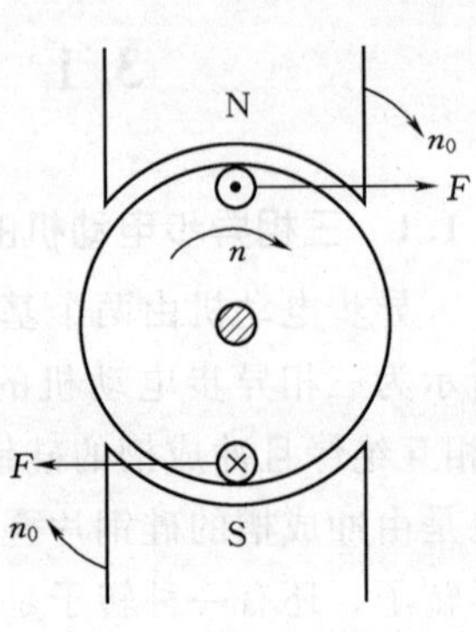

图 3.3　异步转动示意图

图 3.3 中 N、S 极是“旋转磁极”，而实际上三相异步电动机利用的是“旋转磁场”。下面分别讲述旋转磁场的产生及其转速和转向。

1. 旋转磁场的产生

三相异步电动机定子绕组是由三相组成，其各相绕组的首端分别用 U_1、V_1、W_1 表示，末端分别用 U_2、V_2、W_2 表示，连接示意图如图 3.4 所示。三相绕组 W_1W_2、U_1U_2、V_1V_2 在空间互差 120°角，接成星形。通入三相对称电流为

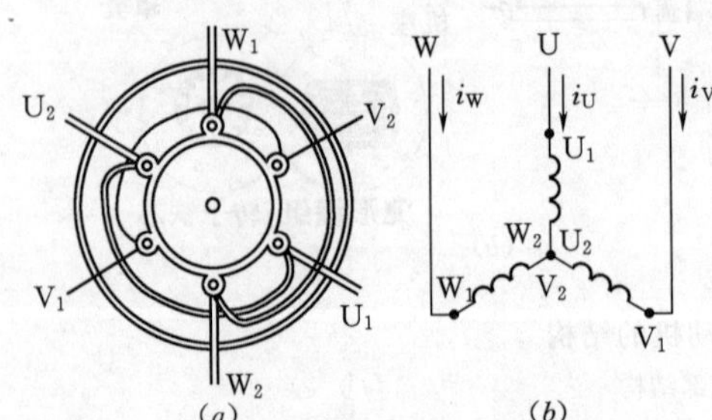

图 3.4　三相异步电动机定子绕组连接示意图

(a) 内部绕组示意图；(b) 接线原理图

$$i_U = I_m \sin\omega t$$

$$i_V = I_m \sin(\omega t - 120°)$$

$$i_W = I_m \sin(\omega t + 120°)$$

其波形如图 3.5 所示。

绕组中电流的实际方向，可由对应瞬时电流的正负来确定。为此，规定：当电流为正时，其实际方向从首端流入，从末端流出；当电流为负时，其实际方向从末端流入，从首端流出。凡电流进入端标以⊗，流出端标以⊙。

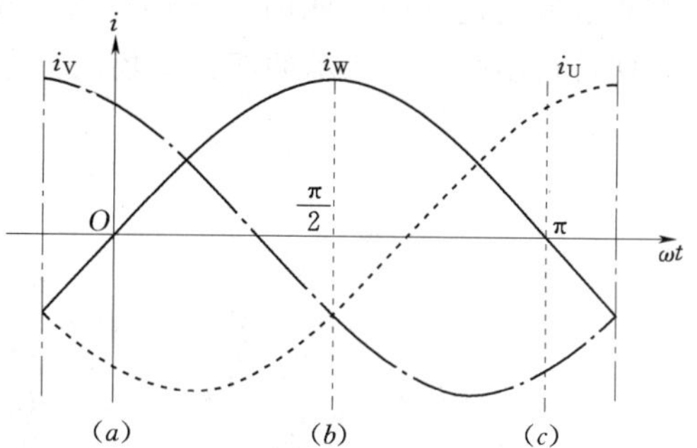

图 3.5 三相绕组中的电流波形

(a) $\omega t=0$；(b) $\omega t=\frac{\pi}{2}$；(c) $\omega t=\pi$

三相绕组各自通入电流以后，将分别产生它们自己的交变磁场，也同时产生了“合成磁场”。下面选取三个瞬间，观察一下“合成磁场”的情况：

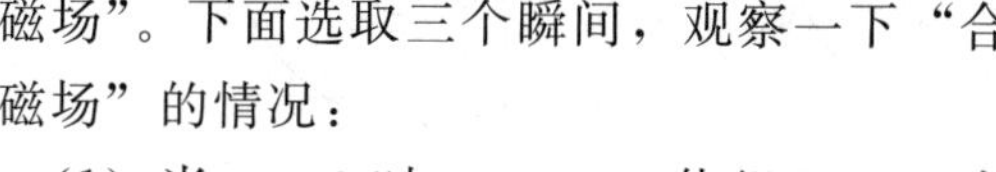

(1) 当 $\omega t=0$ 时，$i_W=0$，绕组 W_1W_2 中没有电流；i_U 是负值，即 U_1U_2 绕组内的电流为负值，电流从相尾 U_2 流入⊗，从相头 U_1 流出⊙；i_V 为正值，电流从首端 V_1 流入⊗，从末端 V_2 流出⊙，如图 3.6 (*a*) 所示。根据右手螺旋定则，可以描绘出此时的合成磁场，方向指向下方，即定子上方为 N 极，下方为 S 极。可见，用这种方式布置绕组，产生的是两极磁场，磁极对数 $P=1$。

(2) 当 $\omega t=90°$时，i_W 为正值，电流从首端 W_1 流入⊗，从末端 W_2 流出⊙；i_U 为负值，电流从末端 U_2 流入⊗，从末端 U_1 流出⊙，i_V 也是负值，电流从末端 V_2 流入⊗，从首端 V_1 流出⊙，其合成磁场如图 3.6 (*b*) 所示，它按顺时针方向在空间转了 90°。

(3) 同理可以画出 $\omega t=180°$时的合成磁场如图 3.6 (*c*) 所示。它又按顺时针方向在空间转了 90°。由上述分析不难看出，对于图 3.6 所示的定子绕组，通入三相对称电流后，将产生磁极对数 $P=1$ 的旋转磁场，且交流电若变化一个周期（360°电角度），合成磁场也将在空间旋转一周（360°空间角度）。为了看起来清楚，把图 3.6 摆在了与图 3.5 相对的时刻上，图中只画 180°，如果画完一个周期，合成磁场将再旋转半周。

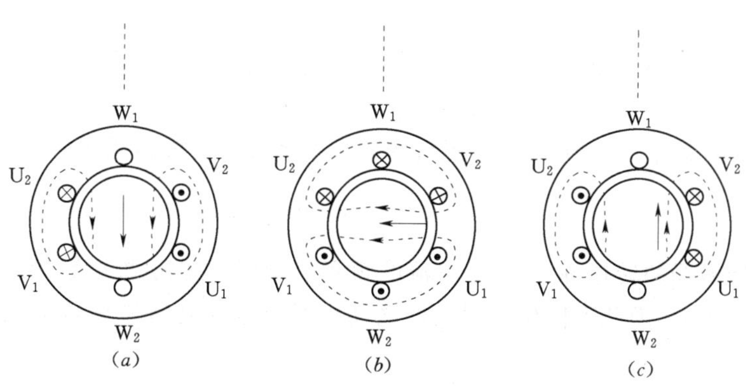

图 3.6 一对极合成磁场

旋转磁场的极对数 P 与定子绕组的布置有关，如图 3.6 每相只有一个线圈，彼此在空间互差 120°角，产生的旋转磁场只有一对磁极。如果每相绕组是由两个串联的线圈组成，如图 3.7 所示 W_1W_2 与 $W_1'W_2'$串联，首端为 W_1，末端为 W_2'；U_1U_2 与 $U_1'U_2'$串联，首端为 U_1，末端为 U_2'；V_1V_2 与 $V_1'V_2'$串联，首端为 V_1 末端为 V_2'。这时的定子铁芯至少要有 12 个槽，每相绕组站四个槽，每相中两个相隔 180°的线圈串联组成一相。当三相对称交流电流通过这些线圈时，对照图 3.5 电流波形，仍选取三个瞬间，利用前述分析方法，便可得出图 3.7 所示的四极磁场的分布情况。

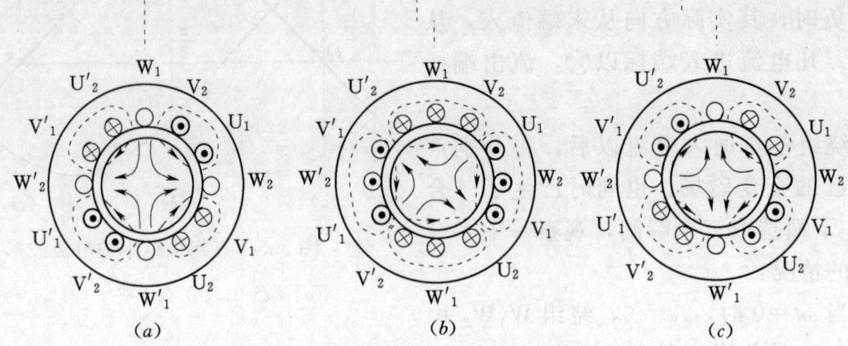

图 3.7　两对极合成磁场

例如，当 $\omega t=0$ 时，$i_W=0$，$i_U<0$，$i_V>0$，此时 W_1W_2、$W'_1W'_2$绕组内无电流，U_1U_2、$U'_1U'_2$绕组内的电流从 U'_2流入、从 U'_1流出，再从 U_2 流入，从 U_1 流出；V_1V_2、$V'_1V'_2$绕组内的电流从 V_1 流入、从 V_2 流出，再从 V'_1流入、从 V'_2流出。这时按右手螺旋定则判别合成磁场，可以看出是四个磁极，即 $P=2$，如图 3.7（*a*）所示。

当 $\omega t=90°$，$\omega t=180°$ 时，可画出与之对应的图3.7（*b*）、（*c*）。应注意，与图 3.6（$P=1$时）相比，磁极转过的空间角度有何不同。

2. *旋转磁场的转速与转向*

根据上述分析，电流变化一周时，两极（$P=1$）的旋转磁场在空间旋转一周，若电流的频率为 f_1，即电流每秒变化 f_1 周，旋转磁场的频率也为 f_1。通常转速是以每分钟的转数来计算的，若以 n_1 表示旋转磁场的转速，则

$$n_1=60f_1 \text{ r/min}$$

对于四极（$P=2$）旋转磁场，电流变化一周，合成磁场在空间只旋转了 180°（半周）故

$$n_1=60f_1/2 \text{ r/min}$$

由上述两式可以推广到具有 P 对磁极的异步电动机，其旋转磁场的转速为

$$n_1=\frac{60f_1}{P} \text{ r/min} \tag{3-1}$$

由此可见，旋转磁场的转速 n_1 决定于电流的频率 f_1 和电动机磁极对数 P。我国的电源标准频率为 $f_1=50\text{Hz}$，因此不同磁极对数的电动机所对应的旋转磁场转速也不同，分别见表 3.1

表 3.1　　不同磁极对数的电动机所对应的旋转磁场转速

P	1	2	3	4	5	6
n_0 (r/min)	3000	1500	1000	750	600	500

旋转磁场的转速 n_1 也称为“同步转速”。

在分析两极旋转磁场时，可以看到，磁场是按顺时针方向旋转的，这是因为三相绕组 U_1U_2、V_1V_2、W_1W_2 接入电源是按相序 U、V、W 通入的，即 U_1U_2 绕组的电流先达到

最大值，其次是 V_1V_2 绕组，再次是 W_1W_2 绕组，故磁场的旋转方向与通入的三相电流相序一致。如果将三根电源线中任意两根对调（例如 W、U），即图 3.7 中 W_1W_2 绕组通入 U 相电流，U_1U_2 绕组通入 W 相电流，磁场将会逆时针方向旋转，读者可自己绘图证明。

3.1.3 转动原理

如图 3.8 所示，当定子绕组接通对称三相电源后，绕组中便有三相电流通过，在空间产生了旋转磁场。

旋转磁场切割转子上的导体产生感应电势和电流，此电流又与旋转磁场相互作用产生电磁转矩，使转子跟随旋转磁场同向转动，其原理与图 3.3 所示的情况相同，即旋转磁场代替了旋转磁极。由于转子中的电流和所受的电磁力都是由电磁感应产生，所以也称为感应电动机。

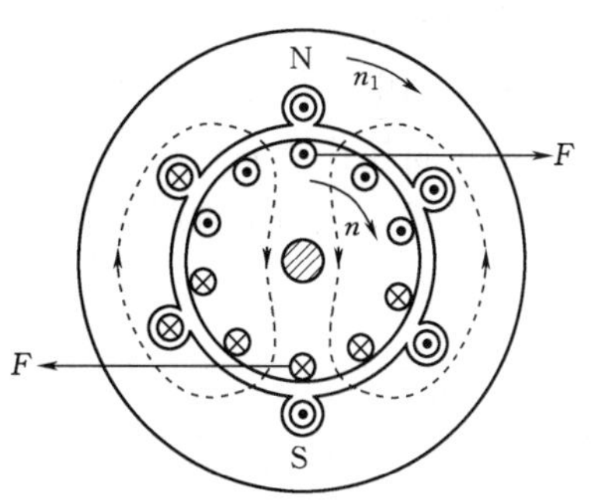

图 3.8 异步电动机转动原理

3.1.4 运行过程与转差率

如前所述，转子的转速 n 永远小于旋转磁场的转速（即同步转速）n_1，转子总是紧跟着旋转磁场以 $n<n_1$ 的转速同方向旋转。若旋转磁场的方向反转，转子也将反向转动。

通常，把同步转速 n_1 与转子转速 n 的差值和同步转速 n_1 的比值称为异步电动机的“转差率”，用 s 表示，即

$$s=\frac{n_1-n}{n_1}$$

或用百分数表示为

$$s=\frac{n_1-n}{n_1}\times 100\% \tag{3-2}$$

转差率 s 是描述异步电动机运行情况的一个重要物理量。在电动机起动瞬间，$n=0$，这时 $s=1$。理论上看，若转子以同步转速旋转（$n=n_1$），则 $s=0$。由此可见，转差率 s 的变化范围在 0～1 之间，随着转子转速的增高，转差率变小。电动机在额定情况运行时，一般转差率 $s=0.02\sim0.06$，用百分数表示则为 $s=2\%\sim6\%$。

当转子产生的电磁转矩 T 与电动机轴上所带的机械负载转矩 T_L 相等时，转子就以等速运转；如 $T>T_L$ 时，转子则加速；当 $T<T_L$ 时，转子则减速。

电动机在空载时，轴上的负载转矩是由轴与轴承之间摩擦及旋转部分受到的风阻力等所产生，其值极小，因而此时转子产生的电磁转矩亦很小，但其转速较高，接近于同步转速。

如把电动机的负载增大（即加大转子轴上的负载转矩），则在开始增大的一瞬间，转子所产生电磁转矩小于轴上的负载转矩，因而转子减速。但定子的电流频率 f_1 和极对数 P 通常均为定值，故旋转磁场的同步转速不变。随着转子转速的逐步下降，转子与旋转磁场的同步速差逐渐增大，于是，转子导线中的感应电动势和电流及其产生的电磁转矩也就随之而增大；最后当 $T=T_L$ 时，转子就不再减速，而是在较低的转速下又作等速运转。

如把电动机的负载减少，则转子的转速便上升，其过程与上述情况相反。电动机在空

载时，其转速较高，接近于同步转速。由于异步电动机的定子与转子之间有较大的空气隙，故其空载电流 I_o 约为电动机定子绕组额定电流（即转子轴上满载时的定子电流）I_N 的 20%～40%。

3.1.5 三相异步电动机铭牌

在异步电动机的机座上都装有一块铭牌，如图 3.9 所示。铭牌上标出了该电动机的一些数据，要正确使用电动机，必须看懂铭牌。下面以 Y112M－4 型电动机为例来说明铭牌数据的含义。

Y 系列电动机是我国 20 世纪 80 年代设计的封闭型笼形三相异步电动机，是取代 JO_2 系列的更新换代产品。这一系列的电动机高效、节能、起动转矩大、振动小、噪音低，运行安全可靠，适用于对起动和调速等无特殊要求的一般生产机械，如切削机床、鼓风机、水泵等。

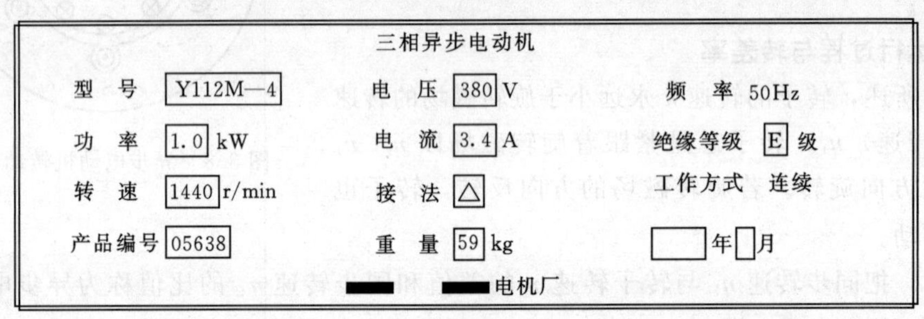

图 3.9 三相异步电动机的铭牌

（1）型号。型号的含义如下：

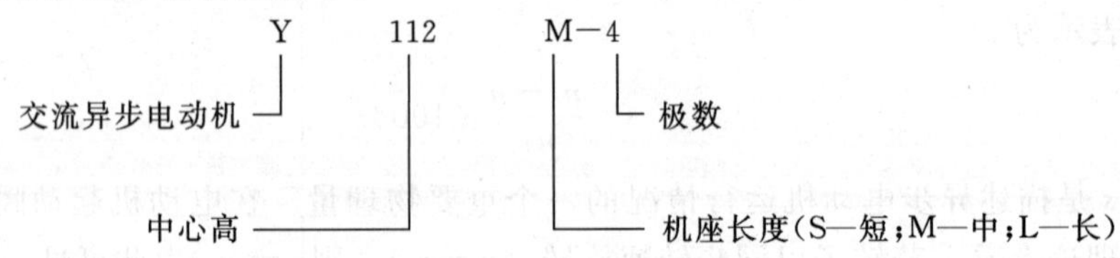

（2）额定频率。是指加在电动机定子绕组上的允许频率，国产异步电动机的额定频率为 50Hz。

（3）额定电压。是指定子三相绕组规定应加的线电压值，一般应为 380V。

以下各项都是指电动机在额定频率和额定电压条件下的有关额定值。

（4）额定功率。是电动机在额定转速下长期持续工作时，电动机不过热，轴上所能输出的机械功率。根据电动机额定功率，可求出电动机的额定转矩为

$$T_N = 9550 \frac{P_N}{n_N} \text{ N} \cdot \text{m} \tag{3-3}$$

式中：P_N 以 kW 计，n_N 以 r/min 计。

（5）额定电流。是当电动机轴上输出额定功率时，定子电路取用的线电流。

（6）额定转速。是指电动机在额定负载时的转子转速。

（7）绝缘等级。是指电动机定子绕组所用的绝缘材料的等级。绝缘材料按耐热性能可分为 7 个等级，见表 3.2。采用哪种绝缘等级的材料，决定于电动机的最高允许温度，如环境温度规定为 40℃，电动机的温升为 90℃，则最高允许温度为 130℃，这就需要采用 B

级的绝缘材料。国产电机使用的绝缘材料等级一般为B、F、H、C这4个等级。

表3.2　　绝缘材料耐热性能等级

绝缘等级	Y	A	E	B	F	H	C
最高允许温度（℃）	90	105	120	130	155	180	>180

三相异步电动机定子三相绕组一般有6个引出端U_1、U_2、V_1、V_2、W_1和W_2。它们与机座上接线盒内的接线柱相连，根据需要可接成星形（Y）或三角形（△），如图3.10所示。也可将6个接线端接入控制电路中实行星形与三角形的换接。

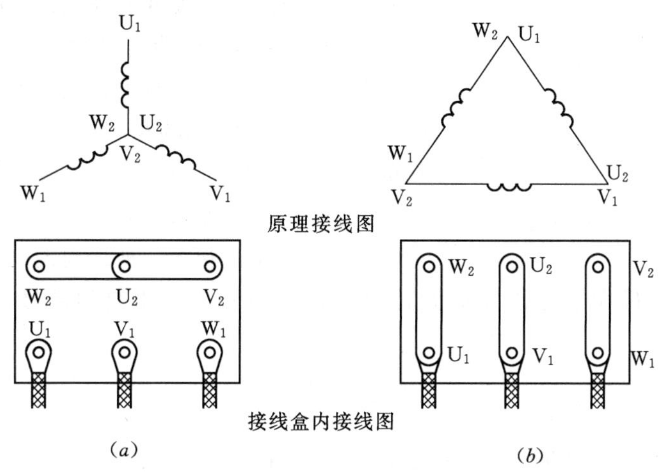

图3.10　三相笼形电动机的接线

(a) 星形连接；(b) 三角形连接

3.2　三相异步电动机的运行特性

三相异步电动机的运行特性主要是指三相异步电动机在运行时电动机的功率、转矩、转速相互之间的关系。

3.2.1　电磁转矩

从异步电动机的工作原理知道，异步电动机的电磁转矩是由于具有转子电流I_2的转子绕组在磁场中受力而产生的，因此，电磁转矩的大小与转子电流I_2和反映磁场强度的每极磁通Φ成正比。此外，我们在讨论工作原理时，曾忽略了转子电路的感抗作用，实际上转子电路是有感抗存在的，因此I_2和E_2之间有一相位差，即转子电路的功率因素$\cos\varphi_2<1$。考虑到电动机的电磁转矩对外做机械功，输出有功功率，因此电动机的电磁转矩与转子电流的有功分量φ成正比。

综上所述，可以得到异步电动机电磁转矩的物理表达式为

$$T=K_T\Phi I_2\cos\varphi_2 \tag{3-4}$$

式中：K_T称为异步电机的“转矩常数”，它与电机本身结构有关。

电磁转矩物理表达式，没有反映电磁转矩的一些外部条件，如电源电压U_1、转子转

速 n_2 以及转子电路参数之间的关系，对使用者来说，应用上式不够方便。为了直接反映这些因素对电磁转矩的影响，需要对上式进一步推导（过程略），最后得出

$$T = K'_T U_1^2 \frac{sR_2}{R_2^2 + (SX_{20})^2} \tag{3-5}$$

式（3-5）具体显示了电磁转矩与外加电压 U_1、转差率 s 以及与转子电路参数 R_2 和 X_{20} 之间的关系。

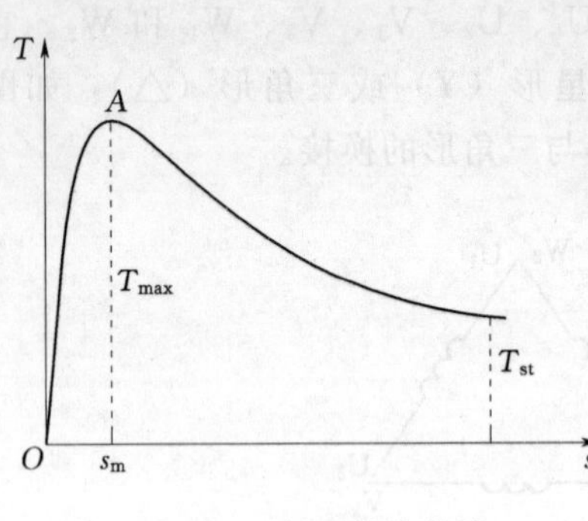

图 3.11　转矩特性曲线

如前所述，若定子电路的外加电压 U_1 及其频率 f_1 为定值，则 R_2 和 X_{20} 均为常数，因此，电磁转矩仅随转差率 s 而改变。把不同的 s 值（0～1 之间）代入式（3-5）中，便可绘出转矩特性曲线，如图 3.11 所示，转矩特性曲线又称 T—s 曲线。

从 T—s 曲线可以看出，当 $s=1$ 时（即起动时），转子和旋转磁场之间的相对运动虽然为最大，但电动机的电磁转矩并不是最大。这是因为，起动时虽然转子中感应电流 I_2 为最大，但 $\cos\varphi_2$ 却很小，它们的乘积 $I_2\cos\varphi_2$ 不是很大，所以这时的电磁转矩不大。

异步电动机的最大转矩以及最大转矩的转差率 s_m，可用数学求最大值的方法（略）求得

$$s_m = \frac{R_2}{X_{20}} \tag{3-6}$$

由此可知，当转子绕组的漏感抗 X_{20} 等于转子绕组的电阻 R_2 时，异步电动机所产生的电磁转矩达到最大值。

由于笼形电动机转子电阻 R_2 很小，故 s_m 很小，因此转矩特性曲线的 OA 段是很陡的。对于线绕式电动机，如果它的转子电路不接外加电阻而自行闭合，则其电阻也是较小的，故 s_m 也不大。所以就一般而言异步电动机 s_m 大约在 0.04（大型电机）～0.2（小型电机）之间。

把式（3-6）的最大转差率代入式（3-5）可得最大转矩为

$$T_{max} = K'_T \frac{U_1^2}{2X_{20}} \tag{3-7}$$

由式（3-7）可知，异步电动机产生的最大转矩 T_{max} 和转子电阻 R_2 的大小无关，但 s_m 与 R_2 增大，s_m 也增大，转矩曲线向右偏移；反之则向左偏移，如图 3.12 所示。利用这一原理，对线绕式转子可调其外接电阻进行电动机的调速。

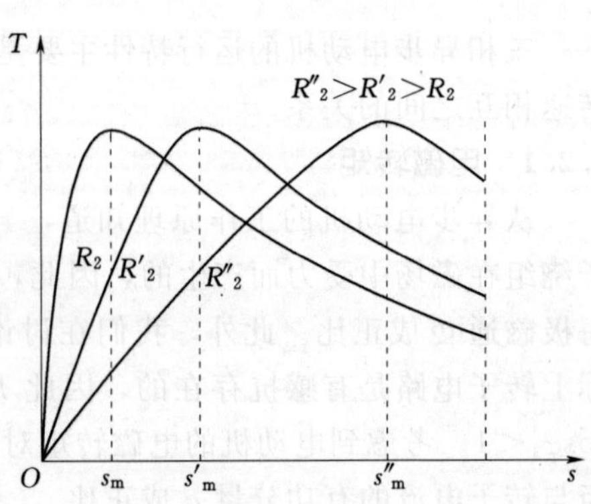

图 3.12　不同 R_2 时的转矩特性曲线

在电动机起动时，$n=0$、$s=1$，由式（3-5）可得起动转矩为

$$T_{st} = K'_T \frac{R_2 U_1^2}{R_2^2 + X_{20}^2} \tag{3-8}$$

由式（3-8）可以看出，随着转子电路中电阻 R_2 的增加，起动转矩 T_{st} 也逐渐增加。当 $R_2=X_{20}$ 时，$s=s_m=1$，可使最大转矩在起动时出现，这一点在生产上具有实际意义。绕线式电动机在转子电路中，串入适当的起动电阻，不仅可使转子电流 I_2 减小，而且可使起动转矩增加，这是因为 R_2 增加使功率因数 $\cos\varphi_2$ 增大的缘故。

从式（3-7）和式（3-8）还可看出，影响最大转矩 T_{max} 和起动转矩 T_{st} 的最突出因素是电源电压 U_1，它们都与 U_1 的平方成正比。当电源电压降到额定电压的70%时，则转矩只有额定时的49%。过低的电压会使电动机起动不起来。在运行过程中若电压下降很多，有可能使电磁转矩低于负载转矩，造成转子转速下降甚至被迫停转。不论转速下降还是停转都会引起电动机电流增大，以致超过额定电流，如不及时切断电源，电机就会有烧毁的危险。

3.2.2　转矩与功率的关系

电动机稳定运行时，其电磁转矩 T 必须与阻转矩 T_C 相平衡，即

$$T=T_C$$

阻转矩主要是机械负载转矩 T_L，还有空载损耗转矩 T_0。由于空载转矩很小，可忽略不计，故

$$T=T_L+T_0\approx T_L$$

负载转矩与电动机轴上输出的机械功率 P_2 及电动机的转速 n 有关，即

$$T=T_L=\frac{P_2}{2\pi n/60}$$

式中，转矩的单位是N·m；功率的单位是瓦（W）；转速的单位是r/min；功率 P_2 若以kW为单位，则得出常用公式

$$T=9550\frac{P_2}{n} \tag{3-9}$$

电动机铭牌上给出的额定输出功率和额定转速，应用式（3-9）便可算出它的额定转矩。

【例3.1】　一台三相异步电动机，定子绕组接到频率 $f_1=50$Hz的三相对称电源上，已知它在额定转速 $n_N=960$r/min下运行，求：

（1）该电动机的磁极对数 P 为多少？

（2）额定转差率是多少？

解　（1）求磁极对数。由于异步电动机的额定转差率很小，可根据额定转速（960r/min）来估算旋转磁场的同步转速 $n_1=1000$r/min，于是可以计算磁极对数

$$P=\frac{60f_1}{n_1}=\frac{60\times50}{1000}=3$$

（2）额定转差率。

$$s_N=\frac{n_1-n_N}{n_1}\times100\%=\frac{1000-960}{1000}\times100\%=4\%$$

【例3.2】　有一Y225M—4型三相异步电动机，由铭牌上知 $U_N=380$V，$P_N=45$kW，$n_N=1480$r/min，起动转矩与额定转矩之比 $T_{st}/T_N=1.9$，试求：

（1）额定转差率。

（2）起动转矩。

(3) 如果负载转矩为 510N·m，问在 $U_1=U_N$ 和 $U_1'=0.9U_N$ 两种情况下电动机能否起动?

解 (1) 由已知额定转速 1480r/min 可推算出同步转速 $n_0=1500$r/min，所以

$$s_N=\frac{n_1-n_N}{n_1}\times 100\%=\frac{1500-1480}{1500}\times 100\%=1.3\%$$

(2) 由已知条件可求额定转矩为

$$T_N=9550\frac{P_N}{n_N}=9550\frac{45}{1480}\text{N·m}=290.4\text{N·m}$$

再计算 $T_{st}=1.9T_N=1.9\times 290.4\text{N·m}=551.8\text{N·m}$

(3) 当 $U_1=U_N$ 时，$T_{st}=551.8\text{N·m}>510\text{N·m}$ 可以起动；当 $U_1=0.9U_N$ 时，$T_{st}=0.9^2\times 551.8=447\text{N·m}<510\text{N·m}$，所以不能起动。

3.2.3 三相异步电动机机械特性

在电力拖动中，为了便于分析，常把 $T—s$ 曲线改画成 $n—T$ 曲线，称为电动机的"机械特性"，它反映了电动机电磁转矩和转速之间的关系。若把 $T—s$ 曲线中的横坐标 s 换算成转子的转速 n，并按顺时针方向转过 90°，即可看到异步电动机的"机械特性曲线"，如图 3.13 所示。

机械特性曲线分以下两个区段：

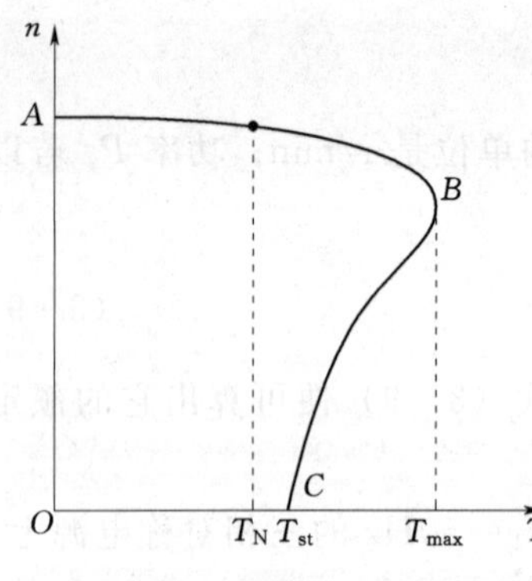

图 3.13 三相异步电动机的机械特性

(1) AB 区段。在这个区段内，电动机的转速 n 较高，s 值较小。随 n 的减小，I_2 的增加大于 $\cos\varphi_2$ 的减小，因而乘积 $I_2\cos\varphi_2$ 增加，使电磁转矩随转子转速的下降而增大。

(2) BC 区段。在这个区段内，电动机的转速较低，s 值较大。随着 n 的减小，I_2 的增加小于 $\cos\varphi_2$ 的减小，因而乘积 $I_2\cos\varphi_2$ 减小，使得电磁转矩随转子转速的下降而减小。

电动机在接通电源刚被起动的一瞬间，$n=0$，$S=1$，此时的转矩称为"起动转矩"即图 3.13 中的 T_{st}。当起动转矩大于电动机轴上的负载转矩时，转子便旋转起来，并逐渐加速，电动机的电磁转矩沿着 $n—T$ 曲线的 $C\to B$ 区段上升，经过最大转矩 T_{max} 后又沿着 $C\to A$ 区段逐渐下降，直至 T 等于负载转矩 T_L 时，电动机就以某一转速等速旋转。由此可见，只要异步电动机的起动转矩大于轴上负载转矩，一经起动后，便立即进入机械特性曲线的 AB 区段稳定地运行。

当电动机稳定工作在 AB 区段后，如果负载增大，此时电机的转速将下降，电磁转矩要上升，从而与增加后的负载转矩保持在新的平衡点上。如果负载的增加超过了最大转矩点，电动机的转速将急剧下降，直到 n 等于零"停车"为止。因此，电动机的工作区段都是在曲线的 AB 之间，称此段为"稳定工作区"，而 CB 区段则是"不稳定区"。

机械特性曲线除包含上述两个区段外，还有三个特殊点，即 T_{st}、T_{max}、T_N 三点。T_N 是电动机的额定转矩，它是电动机轴上长期稳定输出转矩的最大允许值。由前面的分析可知，T_N 应小于它的最大转矩 T_{max}，如果把额定转矩设计的很接近最大转矩，则电动

机略为过载，便导致停车。为此，要求电动机应具备一定的“过载能力”。所谓过载能力，就是最大转矩与额定转矩的比值

$$\lambda_m = \frac{T_{max}}{T_N} \tag{3-10}$$

过载能力一般取 $\lambda_m = 1.8 \sim 1.6$。

为了反映电动机起动性能，把它的起动转矩与额定转矩之比称为“起动能力”，用 λ_s 表示，即

$$\lambda_s = \frac{T_{st}}{T_N} \tag{3-11}$$

起动能力一般为 $\lambda_s = 1.1 \sim 1.8$。

如前所述，异步电动机正常运行在特性曲线的 AB 区段，而这一区段几乎是一条稍微向下倾斜的直线，因此，电动机从空载到满载转速下降很少，这样的特性称为“硬特性”，一般金属切削机床就需要用这种机械特性“硬”的电动机来拖动。

综合以上对转矩曲线的分析，可得如下结论：

（1）异步电动机具有硬的机械特性，负载的变化在工作区引起的转速变化很小。

（2）异步电动机具有较大的过载能力。

（3）异步电动机的最大转矩和转子电路中的电阻 R_2 无关，而达到最大转矩时的转差率 s_m 则与 R_2 成正比。

（4）异步电动机的电磁转矩与加在定子绕组上电源电压的平方成正比。因此，电源电压的变动对异步电动机转矩的影响较大。

【例 3.3】 已知一台三相 50Hz 线绕式异步电动机，额定功率为 $P_N = 100\text{kW}$，额定转速 $n_N = 950\text{r/min}$，过载能力 $\lambda_m = 2.4$，求该电机的额定转矩和最大转矩。

解

$$T_N = 9550\frac{P_N}{n_N} = 9550 \times \frac{100}{950}\text{N}\cdot\text{m} = 1005.3\text{N}\cdot\text{m}$$

$$T_{max} = \lambda_m T_N = 2.4 \times 1005.3\text{N}\cdot\text{m} = 2412.72\text{N}\cdot\text{m}$$

3.3 三相异步电动机的起动

3.3.1 起动性能

电动机接通三相电源后，开始起动，转速逐渐增高，一直到达稳定转速为止，这一过程称为起动过程。在生产过程中，电动机经常要起动、停车，其起动性能优劣对生产有很大的影响，所以，要考虑电动机起动性能，选择合适的起动方法至关重要。

异步电动机的起动性能，包括起动电流、起动转矩、起动时间和起动设备的经济性、可靠性等，其中最主要的是起动电流和起动转矩。

电动机起动时，转差率 $s=1$，旋转磁场以最大的相对转速切割绕组。此时转子的感应电动势最大，转子电流也最大，而定子绕组中便跟着出现了很大的起动电流 I_{st}，其值约为额定电流 I_{1N} 的 4～7 倍。

电动机的起动过程是非常短暂的，一般小型电动机的起动时间在 1s 以内，大型电动机的起动时间约为十几秒到几十秒。由于起动过程很短，同时在起动过程中电动机不断地加速，随着 s 的减小，E_2、I_2 和 I_1 均随之减小。这表明定子绕组中通过很大的起动电流

的时间并不长，如果不是很频繁地起动，则不会使电动机过热而损坏。但过大的起动电流会使电源内部及供电线路上的电压降增大，以致使电力网的电压下降，因而影响接在同一线路的其他负载的正常工作。例如，使附近照明灯亮度减弱，使邻近正在工作的异步电动机的转矩减小等。

由此可见，电动机在起动时既要把起动电流限制在一定数值内，同时又要有足够大的起动转矩，以便缩短起动过程，提高生产率。

下面分别来研究笼形和线绕式电动机的起动方法。

3.3.2 笼形电动机的起动

1. 直接起动

直接起动也称全压起动，这种方法是在定子绕组上直接加上额定电压来起动的，其电路如图 3.14 所示。如果电源的容量足够大，而电动机的额定功率又不太大（根据经验，电源容量一般应大于电动机容量 25 倍），则电动机的起动电流在电源内部及供电线路上所引起的电压降较小，对邻近电气设备的影响也较小，此时便可采用直接起动。

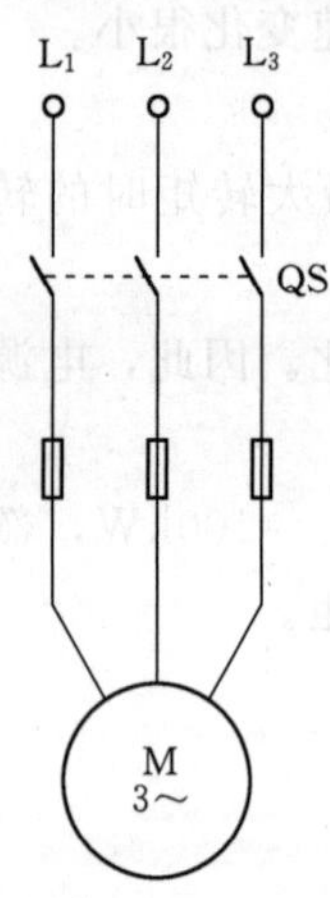

图 3.14 笼形电动机直接起动电路

一般中小型机床上的电动机，其功率多数在 10kW 以下，通常都可采用直接起动。

直接起动的优点是设备简单，操作便利，起动过程短，因此只要电网的情况允许，总是尽量采用直接起动的。

2. 降压起动

这种方法是在起动时利用起动设备，使加在电动机定子绕组上的电压 U_1 降低此时磁通 Φ 随 U_1 成正比地减小，其转子电动势 E_2、转子起动电流 I_{2st} 和定子电路的起动电流 I_{1st} 也随之减小。由于 $T\propto U_1^2$，所以在降压起动时，起动转矩也大大降低了。因此，这种方法仅适用于电动机在空载或轻载情况下的起动。

常用的降压起动方法有下列几种：

(1) 定子电路串电阻起动。这种起动电路如图 3.15 所示。起动时，先合上电源开关 QS_1，此时起动电流要在电阻 R 上产生电压降，故加到电动机两端的电压减小，使起动电流减小。待转速升高后，再合上开关 QS_2，把电阻 R 短接，使电动机在额定电压下工作。由于起动时电路的阻抗主要是感抗，而阻抗是电阻和感抗的“向量和”，所以在这种起动方法中需要串接较大的电阻才能得到一定的电压降。这样就消耗了大量电能。

如在定子电路中串接电抗器，亦可达到减小起动电流的目的。其起动电路与图 3.15 类似，故不赘述。

(2) Y—△起动。如果电动机在正常运转时作三角形连接（例如电动机每相绕组的额定电压为 380V，而电力网的线电压亦为 380V）则起动时先把它改接成星形，使加在绕组上的电压降低到额定值为 $1/\sqrt{3}$，因而 I_{1st}减小。待电动机的转速升高后，再通过开关把它改接成三角形，使它在额定电压下运转。Y—△起动的电路如图 3.16 所示。利用这种方法起动时，其起动转矩只有直接起动的 1/3。

Y—△起动的优点是起动设备的费用小，在起动过程中没有电能损失。

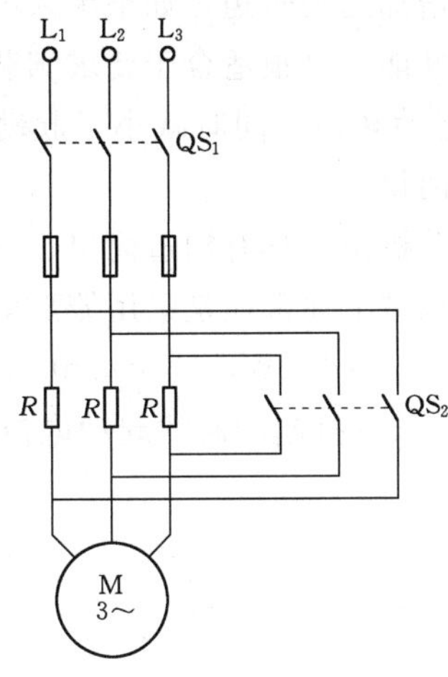

图 3.15　笼形电动机定子串电阻起动电路

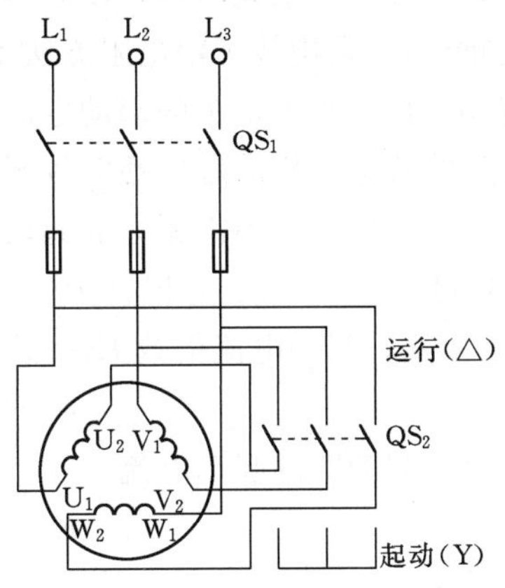

图 3.16　笼形电动机 Y—△起动电路

(3) 用自耦变压器起动。如图 3.17 所示，把开关 S 放在起动位置，使电动机的定子绕组接到自耦变压器的副方。此时加在定子绕组上的电压小于电网电压，从而减小了起动电流。等到电动机的转速升高后，再把开关 S 从起动位置迅速扳到运行位置。电动机便直接和电网相接，而自耦变压器则与电网断开。

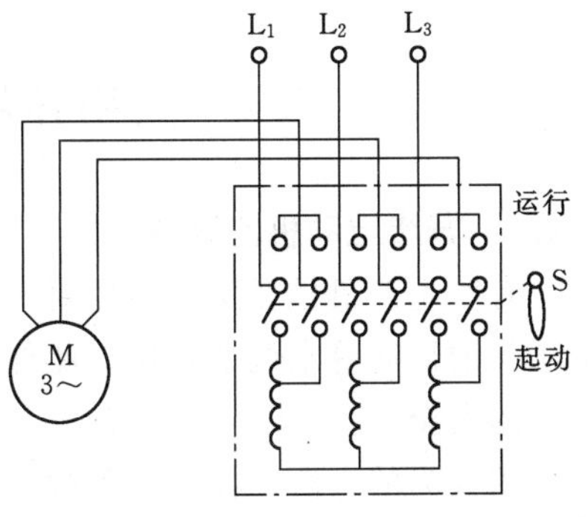

图 3.17　自耦变压器起动电路

容量较大的（尤其是大容量而且在正常工作时作 Y 连接的）笼形电动机采用自耦变压器起动。

3.3.3　线绕式电动机的起动

线绕式电动机是在转子电路中接入电阻来进行起动的，其电路如图 3.18 所示。起动前将起动变阻器调至最大值的位置，当接通定子上的电源开关，转子即开始慢速转动起来，随即把变阻器的电阻值逐渐减小到零，使转子绕组短接，电动机就进入工作状态。电动机切断电源停转后，还应将起动变阻器回到起动位置。

线绕式电动机转子串入不同电阻时的机械特性如图 3.19 所示。

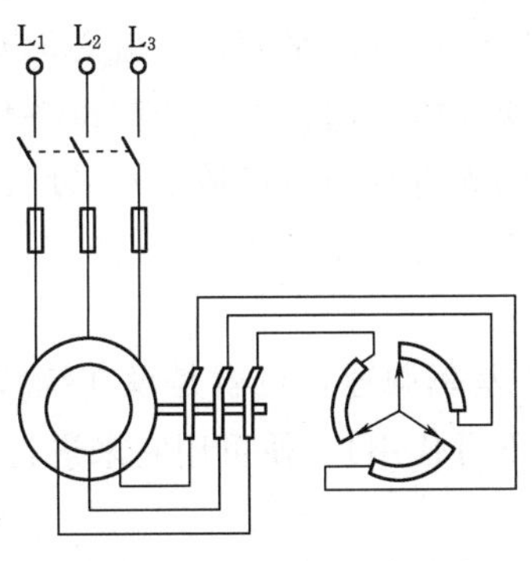

图 3.18　线绕式电动机转子串电阻起动电路

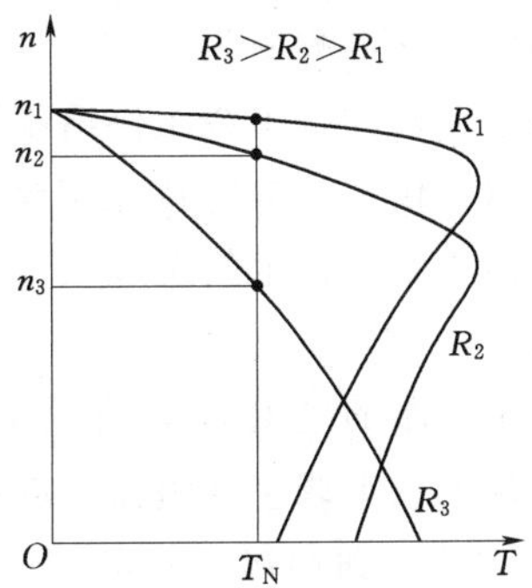

图 3.19　线绕式电动机转子串电阻的机械特性

从图中可以看出，转子回路串联电阻后，可以增加起动转矩，如果串入的电阻适当就可以使起动转矩等于最大转矩，以获得较好的起动性能，这很适合于要求满载起动工作机械（如起重机）。采用转子串电阻方法不仅能增大起动转矩，同时减小了起动时的转子电流，也就相应地减小了定子的起动电流，可谓一举两得。

尽管线绕式电动机的起动性能较好，但笼形电动机由于具有构造简单、价格便宜、工作可靠等优点，所以在不需要大的起动转矩的生产机械上通常还是采用笼形电动机。

【例 3.4】 一台笼形三相异步电动机，已知：$P_N=60kW$，$U_N=380V$，$I_N=136A$，$n_N=1450r/min$，起动电流倍数$K_I=6.5$，$\lambda_s=1.1$，求直接起动时的起动电流I_{st}和起动转矩T_{st}。

解 直接起动时的起动电流

$$I_{st}=K_I I_N=6.5\times136A=884A$$

起动转矩

$$T_{st}=\lambda_s T_N=1.1\times9550\times\frac{60}{1450}N\cdot m=434.69N\cdot m$$

3.4 三相异步电动机的调速、反转和制动

3.4.1 异步电动机的调速

有些生产机械在工作中需要调速，例如，金属切削机床需要按被加工金属的种类、切削工具的性质等来调节转速。此外，像起重运输机械在快要停车时，应降低转速，以保证工作的安全。

用人为的方法，在同一负载下，使电动机的转速从某一数值改变为另一数值，以满足工作的需要，这种情况称为“调速”。

由转差率$s=(n_1-n)/n_1$可知，电动机的转速n与同步转速n_1之间的关系为

$$n=(1-s)n_1=(1-s)\frac{60f_1}{P}$$

因此，可以通过改变电源频率f_1、转差率S和磁极对数P等方法来调速异步电动机的转速。

1. 改变电源频率f_1

电力网的交流电频率为50Hz，因此用改变f_1的方法来调速，就必须有专门的变频设备，以便对电动机的定子绕组供给不同频率的交流电。起初由于变频设备相当复杂，且费用较大，所以，仅在少数有特殊需要的地方（例如有些纺织机械上）采用这种调速方法。目前，由于变频技术的发展，变频调速的应用已日益广泛。

2. 改变转差率

改变转子电路的电阻R_2，可以实现改变转差率调速，也就是说在绕线式电动机的转子电路中，接入一个调速变阻器（起动变阻器不可代用），便可用它来进行调速。

3. 改变定子绕组的磁极对数P

用这种方法来调速时，定子的每相绕组必须是由两个相同的部分所组成，这两部分可以串联也可以并联。在串联时其极对数是并联时的两倍，而转子的转速则为并联时一半。

由于定子绕组的磁极对数只能成对的改变，所以转速也只能整倍数来调节。

绕组的磁极对数可以改变的电动机称为“多速电动机”。最常见的是双速电动机。如果定子上装有两套独立的绕组，而且其中一套绕组做成可用上述方法产生两种磁极对数，因此总共有三种同步转速，即为三速电动机。

由于上述调速方法比较经济、简便，故常用在金属切削机床上或其他生产机械上，来代替笨重的变速箱。

3.4.2 异步电动机的反转

在生产上常需要使电动机反转。如前所述，异步电动机转子的旋转方向是同旋转磁场的旋转方向一致的。因此，只要把接到电动机上的三根电源线中的任意两根对调一下，电动机便会反向旋转。

3.4.3 异步电动机的制动

当电动机与电源断开后，由于电动机的转动部分有惯性，所以电动机仍继续转动，要经过一段时间才能停转；但在某些生产机械上要求电动机能迅速停转，以提高生产率，为此，需要对电动机进行制动。制动的方法较多，以下仅对反接制动和能耗制动作简要说明。

1. 反接制动

反接制动电路如图 3.20（*a*）所示。在电动机需由运行状态进入制动时，将开关 S 由上方位置扳向下方位置，由于电源的换相，旋转磁场便反向旋转，转子绕组中的感应电动势及电流的方向也都随之改变，如图 3.20（*b*）所示。此时转子所产生的转矩，其方向与转子的旋转方向相反，故为一制动转矩，用 T_z 表示。在制动转矩的作用下，电动机的转速很快地下降到零。当电动机的转速接近于零时，应立即切断电源，以免电动机反向旋转。

2. 能耗制动

当切断图 3.21（*a*）中的开关 S 使电动机脱离三相电源后，可立即把 S 扳到向下位置，使定子绕组中通过直流电。于是在电动机内便产生一个恒定的不旋转磁场如图 3.21（*b*）所示。此时转子由于机械惯性继续旋转，因而转子导线切割磁力线，产生感应电动势和电流。载有电流的导体在恒定磁场的作用下，受到制动力 F_z，产生制动转矩 T_z，使转子转动迅速停止。这种制动方法就是把电动机轴上的旋转动能转变为电能，消耗在制动电阻上，故称为能耗制动。

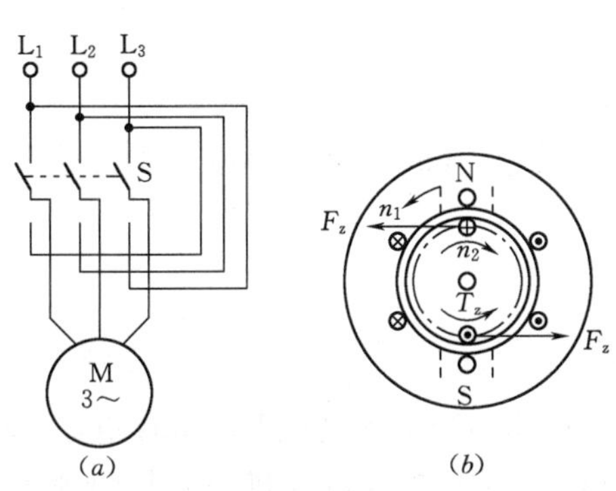

图 3.20 三相异步电动机反接制动
（*a*）反接制动电路；（*b*）反接制动原理

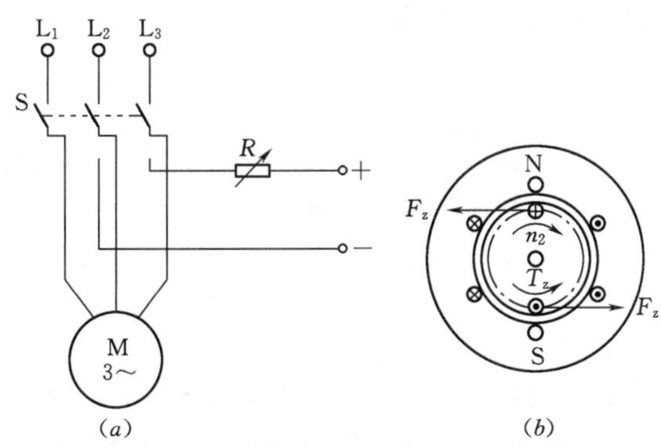

图 3.21 三相异步电动机能耗制动
（*a*）能耗制动电路；（*b*）能耗制动原理

两种制动方法相比，各有其优缺点。反接制动的优点是制动力强，制动迅速，无需直流电源；缺点是制动过程中冲击强烈，易损坏传动零件，频繁地反接制动，会使电动机过热而损坏。能耗制动的优点是制动力较强且平稳，无冲击；缺点是需要直流电源，在电动机功率较大时直流制动设备价格较贵，低速时制动转矩较小。

3.5　电力拖动系统运动状态分析

由电动机拖动生产机械运动，并完成一定工艺要求的系统，称为电力拖动系统。电力拖动系统一般由控制设备、电动机、传动机构、生产机械和电源等组成，如图 3.22 所示。

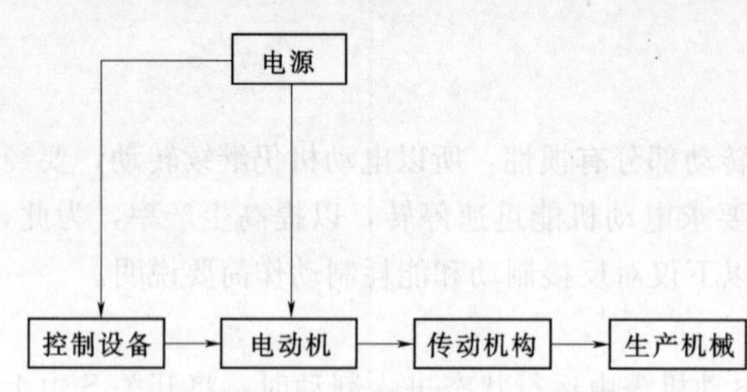

图 3.22　电力拖动系统组成示意图

电动机是原动机，通过传动机构拖动生产机械工作，生产机械（含传动机构）是电动机的负载；控制设备是根据生产机械的要求，控制电动机的运行状态，从而满足生产机械的各种运动；电源的作用是向电动机和控制设备供电。

当电力拖动系统由某一稳定状态转变到一个新的稳定状态，这种转变不能即时完成，而需要一个过程，这个过程称之为电力拖动系统的动态过程即过渡过程。

本节首先介绍电力拖动系统的方程式，然后介绍电力拖动系统的负载与负载转矩特性以及电力拖动系统的稳定条件。

3.5.1　电力拖动系统的运动方程式

在电力拖动系统中，电动机种类很多，生产机械的性质也各不相同。但是它们都应遵循动力学的普遍规律。所以可以从动力学的角度建立电力拖动系统的运动方程式。

1. 运动方程式

根据牛顿第二定律，物体作直线运动时的平衡方程式为

$$F-F_{L}=ma$$

由于

$$a=\frac{dv}{dt}$$

所以上式又可以写成

$$F-F_{L}=m\frac{dv}{dt}$$

式中：F 为拖动力，N；F_L 为阻力，N；m 为物体的质量，kg；a 为物体获得的加速度，m/s^2；v 为物体运动的线速度。

与直线运动相似，电动机作旋转运动的平衡关系式为

$$T-T_{L}=J\frac{d\Omega}{dt} \tag{3-12}$$

式中：T 为电动机的电磁转矩，N·m；T_L 为生产机械作用到电动机轴上的阻转矩，N·m；J 为拖动系统折算到电动机轴上的转动惯量，$kg\cdot m^2$；Ω 为电动机的旋转角速度，rad/s。

通过推导（过程略）可得在实际应用中通常采用的电力拖动系统运动方程式为

$$T-T_{\mathrm{L}}=\frac{GD^2}{375}\frac{\mathrm{d}n}{\mathrm{d}t} \tag{3-13}$$

式中：n 为电动机转速，r/min；GD^2 为拖动系统折算到电动机轴上的飞轮力矩，$\mathrm{N}\cdot\mathrm{m}^2$。

2. 系统的运动状态

电力拖动系统的运动状态分为静态和动态，静态时系统停止或匀速运行，动态时系统在加速或减速的过程中。系统无论时静态还是动态都可以由运动方程式来判定。

（1）确定运动方程式中各转矩的正方向。

1）任意规定某一旋转方向为正方向，此方向的转速 n 为正值，反之为负值。

2）电磁转矩 T 的正方向与规定旋转正方向相同。

3）负载阻转矩 T_{L} 的正方向与规定旋转正方向相反。

根据上述规定可以判定各转矩的工作性质，以 n 为正值为例，当电磁转矩 T 的方向与转速 n 的方向相同时，T 为拖动转矩，此时 T 为正值；当 T 的方向与 n 的方向相反时，T 为制动转矩，此时 T 为负值；当负载转矩 T_{L} 的方向与转速 n 的方向相反时，T_{L} 为制动转矩，此时 T_{L} 为正值，当 T_{L} 的方向与 n 的方向相同时，T_{L} 为拖动转矩，此时 T_{L} 为负值。

（2）电力拖动系统运动状态的分析。从运动方程式中可以看出：

1）当 $T=T_{\mathrm{L}}$ 时，$\frac{\mathrm{d}n}{\mathrm{d}t}=0$，则 $n=0$ 或 $n=$常数，电力拖动系统处于静止或匀速运行的稳定状态。

2）当 $T>T_{\mathrm{L}}$ 时，$\frac{\mathrm{d}n}{\mathrm{d}t}>0$，电力拖动系统处于加速状态，即处于过渡过程中。

3）当 $T<T_{\mathrm{L}}$ 时，$\frac{\mathrm{d}n}{\mathrm{d}t}<0$，电力拖动系统处于减速状态，也处于过渡过程中。

由以上分析可知，系统稳态运行时 $T=T_{\mathrm{L}}$，转矩处在平衡状态，一旦受到外界干扰，转矩平衡被打破，$\frac{\mathrm{d}n}{\mathrm{d}t}\neq 0$，转速将发生变化，对于一个稳定的系统它具有较好的恢复平衡状态的能力。当系统处在动态过程中，转速在变化，若 $T-T_{\mathrm{L}}=$常数，即 $\frac{\mathrm{d}n}{\mathrm{d}t}=$常数，系统就处在匀加速或匀减速运动状态，这在控制系统中是经常采用的一种加、减速方法。

3.5.2 电力拖动系统的负载与负载转矩特性

电力拖动系统的运行状态除了受电动机的机械特性影响外，还与负载的转矩特性有关。负载的转矩特性简称负载特性，它是指生产机械的转速 n 与负载转矩 T_{L} 的函数关系，即 $n=f(T_{\mathrm{L}})$。各种生产机械按负载特性的不同，大致可分为恒转矩负载、恒功率负载和通风机型负载三类。

1. 恒转矩负载

恒转矩负载是指负载 T_{L} 的大小不随转速的变化而改变的生产机械。根据 T_{L} 与运动方向的关系，又分为反抗性恒转矩负载和位能性恒转矩负载两种。

（1）反抗性恒转矩负载。反抗性恒转矩负载是指转矩的大小不变，但负载转矩的方向始终与生产机械运动方向相反，机械运动方向的改变负载转矩的方向也随之改变，总是起着阻碍运动的作用，其特性曲线如图 3.23 所示。属于这类特性的生产机械有轧钢机和机

床的平移机构等。

（2）位能性恒转矩负载。位能性恒转矩负载是指不论生产机械运动的方向变化与否，负载转矩的大小与方向始终不变。起重机类型负载就属于位能性负载，例如当起重机提升重物时，负载转矩为阻力矩，其作用方向与旋转方向相反，当下放重物时，负载转矩为驱动转矩，其作用方向与旋转方向相同。若以提升重物时电动机的旋转方向为正方向，那么无论电动机旋转方向是正还是负，负载转矩的大小始终不变，其方向也始终为正，特性曲线如图 3.24 所示。

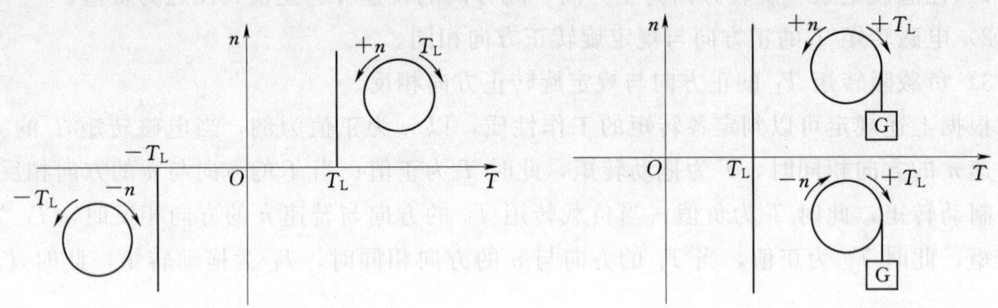

图 3.23　反抗性恒转矩负载特性　　　　图 3.24　位能性恒转矩负载特性

2. 恒功率负载

恒功率负载是指不论转速变化与否，负载所需的功率 P_L 为恒定值。因为

$$P_L = T\Omega = T_L \frac{2\pi n}{60} = \frac{2\pi}{60} T_L n$$

所以负载转矩 T_L 与转速 n 的乘积为常数，即负载转矩与转速成反比，其特性曲线如图 3.25 所示。机床的切削加工就属于该性质的负载，例如车床的切削加工，在粗加工时，切削量大（T_L 大），用低速；精加工时，切削量小（T_L 小），用高速。

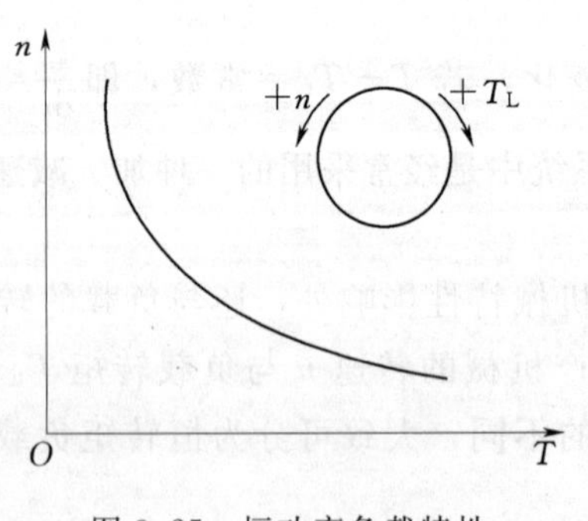

图 3.25　恒功率负载特性

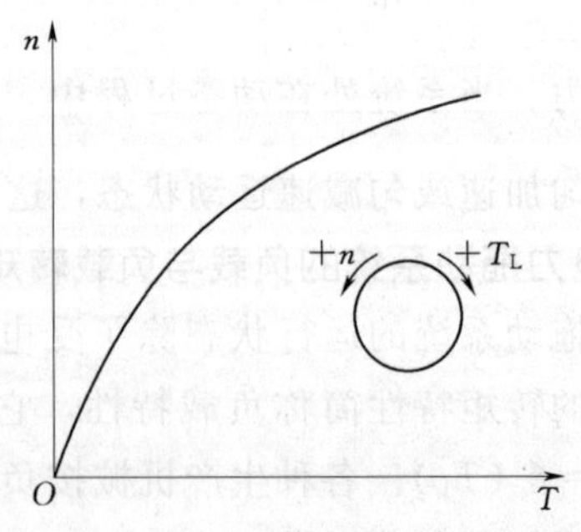

图 3.26　通风机型负载特性

3. 通风机型负载

通风机型负载是指负载转矩 T_L 的大小与转速 n 的平方成正比的生产机械，即 $T_L = kn^2$，k 为比例常数。常见的这类负载有鼓风机、水泵、油泵等。特性曲线如图 3.26 所示。

但应指出，实际生产机械的负载特性往往并不是只具有以上的某一种特性，而是几种类型负载的综合。如起重机提升重物时，除位能性负载转矩外，还要克服传动系统机械摩

擦所造成的反抗性转矩。所以负载转矩 T_L 应是上述两个转矩之和。

3.5.3 电力拖动系统的稳定运行条件

稳定运行是指电力拖动系统在稳定状态下运行受到某种外界因素的作用，偏离了原来的平衡状态，但仍然能在新的稳定状态下运行，若外界的作用消失，系统能回到原来的稳定状态下运行。

在电力拖动系统中，将电动机的机械特性与负载的转矩特性画在同一坐标系中，若两条特性有交点，即在某一转速时 $T=T_L$，这是系统稳定运行的必要条件，此外，还需这两条特性配合恰当，即在 $T=T_L$ 处，有

$$\frac{dT}{dn}<\frac{dT_L}{dn}$$

这就是电力拖动系统能够稳定运行的充分必要条件。

另外，还可以用另一种方法来判别电力拖动系统是否稳定运行。因为不论什么扰动，都会使转速 n 产生一个增量 Δn，如果 Δn 是正的，即转速上升了 Δn，此时应有 $T<T_L$，只有这样当扰动消失后，才能使转速下降，又回到原来的平衡状态。反之，如果 Δn 是负的，即转速下降了 Δn，此时则应有 $T>T_L$，使转速上升，仍可回到原来的平衡状态。这样的系统就是稳定系统。

3.6 单相异步电动机

采用单相交流电源供电的电动机称为单相电动机。单相异步电动机的容量一般在750W以下，与同容量的三相异步电动机相比，它的体积较大，运行性能较差，但是它结构简单、成本低廉、运行可靠、维修方便，通常广泛应用在小容量的场合，如电扇、洗衣机、油泵、砂轮机、空调等。

单相异步电动机根据运行原理的不同分为电容分相单相异步电动机、电阻分相单相异步电动机和单相罩极式电动机。

3.6.1 电容分相单相异步电动机

电容分相异步电动机在结构上同三相笼形电动机在结构上基本相同，也是由定子、转子、机座和端盖几大部分组成。转子多为笼形，定子绕组有所不同，它是由两套绕组组成。

若定子只有一套单相绕组，当通过单相交流电时，所产生的只是一个变化的脉冲磁场，而不是旋转磁场。这个磁场每一事瞬间在空气隙中各点的分布都按正弦规律，同时随电流在时间上也作正弦变化，所以是一个“交变脉冲磁场”。理论证明：“交变脉冲磁场”是由大小相等、方向相反的两个“旋转磁场”合成的，故在转子上感应产生的合成电磁转矩为零（即一种动态平衡），所以转子不能自行起动。如果通过外力使转子向某一方向转动一下，它就能沿着该方向不停地旋转下去。

为了使单相异步电动机能自行起动，电容分相单相异步电动机在定子铁芯上安装两套绕组，一套是工作绕组 U_1U_2（或称主绕组），一套是起动绕组 Z_1Z_2（或称辅助绕组），这两套绕组在空间位置上相差90°。起动绕组与一电容串联后与工作绕组并连接单相交流电源，如图3.27所示。

接通电源后，由于起动绕组 Z_1Z_2 串有电容，将使起动绕组中电流 i_2 被移相，如果电

容C选择适当可使i_2在相位上超前工作绕组电流i_1相位90°，这就叫“分相”。两个电流可分别表示为

$$i_1 = I_{1m}\sin\omega t$$

$$i_2 = I_{2m}\sin(\omega t + 90°)$$

它们的波形如图3.28（a）所示。这样，在空间相差90°的两个绕组，分别通入在相位上相差90°的两相电流，也能产生“旋转磁场”。

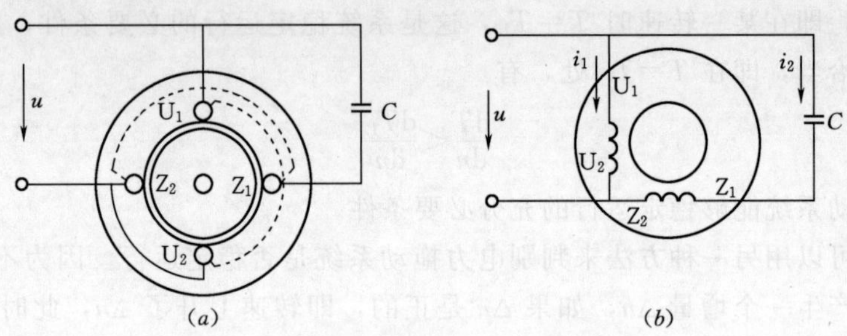

图3.27　电容分相单相异步电动机

（a）结构示意图；（b）电路原理图

仿照三相正弦电流产生旋转磁场的做法，选取图3.28（a）中的5个时刻，在图3.28（b）的绕组位置上绘出了磁场的分布情况。可以看到，分相后的“两相”电流产生的磁场也是在空间旋转的。转子也将会跟随磁场按同样方向旋转起来。电动机起动后电容所在的起动绕组Z_1Z_2可以切除，也可以参与运行。因此，根据起动绕组是否参与正常运行，电容分相单相异步电动机又可分为电容运行单相异步电动机（起动绕组参与正常运行）和电容起动单相异步电动机（电动机正常运行后切除起动绕组）。

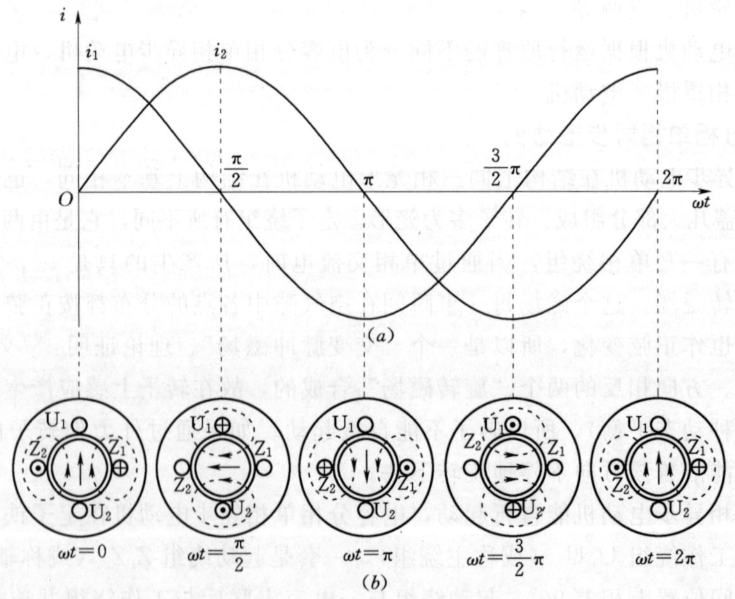

图3.28　两相旋转磁场的产生

（a）分相电流波形；（b）两相旋转磁场

如果要改变电动机旋转方向，只要将起动绕组的两端 Z_1Z_2 对掉连接即可，当然也可以对掉工作绕组的两端 U_1U_2 来实现。需要注意的是对掉电源两根接线是不可以改变电动机旋转方向的。

3.6.2 电阻分相单相异步电动机

如果将电容起动单相异步电动机中的电容换成电阻，就构成了电阻起动单相异步电动机，如图 3.29 所示。图中开关 S 一般采用离心开关，离心开关是由旋转部分和静止部分组成，旋转部分安装于电动机转轴上，与电动机一起旋转。而静止部分则安装在端盖或机座上。当电动机停止时，离心开关是闭合的，当电动机转动起来并达到一定转速时，离心开关断开。该开关触点的动作是依靠离心力来实现的，故称为离心开关。

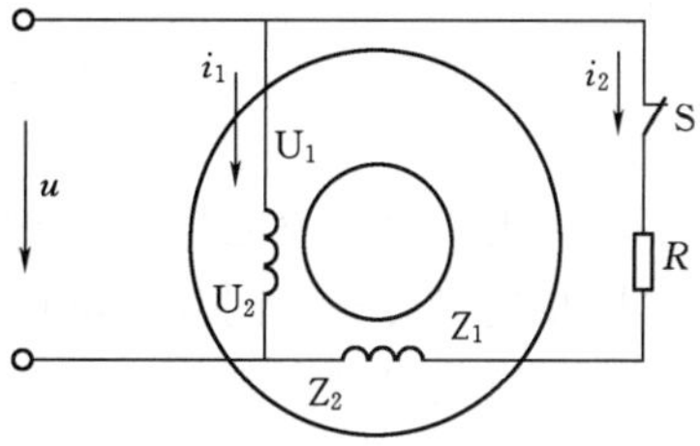

图 3.29 电阻分相单相异步电动机原理图

电阻起动电动机的起动绕组 Z_1Z_2 的导线比工作绕组 U_1U_2 的导线细，所以起动绕组的电阻比工作绕组大，另外起动绕组回路中又串入了一个电阻 R，这样在电动机接上电源后，流过起动绕组的电流与主绕组中的电流就有了一个相位差，在定子与转子气隙中产生旋转磁场，使转子获得转矩而转动，当转速达到一定数值后，离心开关 S 断开，切除起动绕组，电动机进入运行状态。这种电动机起动转矩不大，宜于空载起动。

3.6.3 单相罩极电动机

单相罩极电动机是一种结构非常简单的电动机，按照磁极形式的不同分为凸极式和隐极式两种，其中凸极式应用较多。如图 3.30 所示为一种常见的凸极式单相罩极电动机的结构示意图。

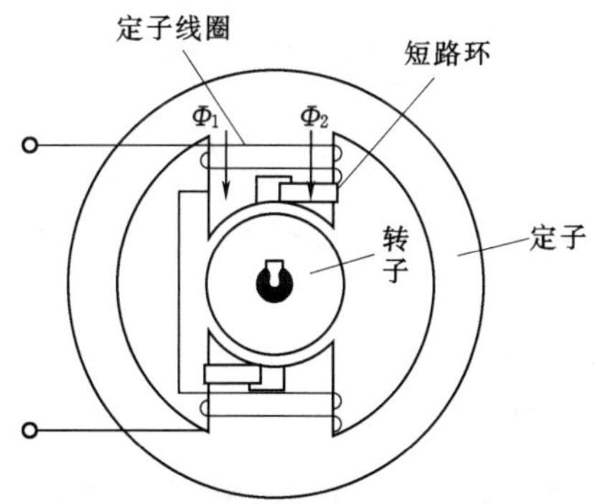

图 3.30 凸极式单相罩极电动机的结构示意图

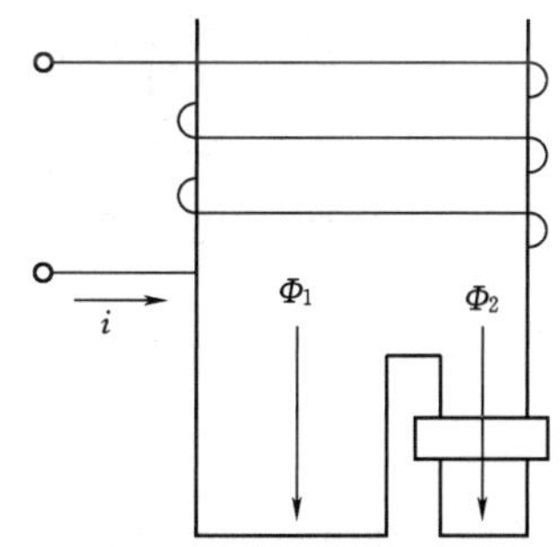

图 3.31 罩极电动机磁极中的磁通

由图可见定子上制有凸出的磁极，主绕组就绕在凸出的磁极上，在磁极的$\frac{1}{4}\sim\frac{1}{3}$的部分有一个凹槽，将磁极分成大小两部分，在磁极小的部分套着一个短路铜环，如果将这部分磁极罩起来一样，所以这种形式的电动机称为罩极电动机。罩极电动机的转子仍为笼形结构。

当绕组中通过单相交流电流 i 时，产生交变磁通 Φ_1，如图 3.31 所示。磁通 Φ_1 的一部分穿过短路环，将在短路环内产生感应电流，该感应电流产生的磁通 Φ'_2 将阻碍原磁场的

变化，这样短路环内磁极的合成磁通 Φ_2 为部分 Φ_1 与 Φ_2' 的合成，Φ_2 滞后于 Φ_1。Φ_1 与 Φ_2 是两个在空间位置不一致，在时间上又有一定相位差的交变磁通，这就形成了一个旋转磁场，它便使转子产生转矩而起动。

凸极式罩极电动机的旋转方向不易改变，所以通常用于不需要改变旋转方向的电气设备中。

3.7 同步电机简介

同步电机是交流电机的一种，它的转子转速与旋转磁场转速相同，因此称为同步电机。同步电机可分为同步发电机、同步电动机和同步补偿机三类。同步电动机广泛用于需要恒速运行的机械设备，而微型同步电动机在一些自动控制设备中有着广泛的应用。

3.7.1 三相同步发电机

1. 三相同步发电机的结构

三相同步发电机也是由定子和转子两大部分组成。按结构型式分为旋转磁极式和旋转电枢式两种：其中旋转磁极式应用广泛，只有小容量的同步电机采用旋转电枢式；旋转磁极式同步发电机定子结构与三相异步电动机相同，也是由机座、定子铁芯和绕组组成，定子铁芯由硅钢片叠成，其槽中嵌放三相对称绕组。转子由转子铁芯、励磁绕组等组成，直流励磁绕组电流由电刷和滑环引入励磁绕组。转子根据形状又分为两种：一种是隐极式分布绕组转子，另一种式凸极式集中绕组转子，如图 3.32 所示。

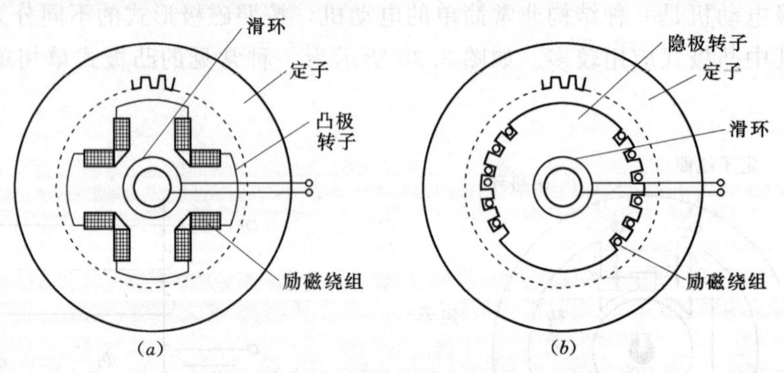

图 3.32 旋转磁极式同步发电机转子型式

(a) 凸极式；(b) 隐极式

隐极式分布绕组转子呈细长的圆柱形，气隙均匀，适于高速旋转，一般为卧式安装，为汽轮发电机所采用。另一种凸极式集中绕组转子呈短粗的盘状，有明显的凸极，适于低速旋转，一般为立式安装，为水轮发电机所采用。

2. 三相同步发电机的基本工作原理

三相同步发电机的工作原理如图 3.33 所示，给转子中的励磁绕组通以直流电，建立一恒定磁场，用原动机拖动转子旋转，形成旋转磁场，旋转磁场切割定子的三相绕组感应产生对称三相正弦交流电，其频率为

$$f=\frac{pn}{60} \tag{3-14}$$

式中：f 为频率，Hz；p 为发电机磁极对数（图中 $p=1$）；n 为转子转速，r/min。

可以看出同步发电机发出交流电的频率 f 与转速 n 保持严格不变的关系。

3. 三相同步发电机的并列运行

同步发电机是现代电力工业的主要发电设备。而在电力系统中，常用到多台发电机的并列运行。它的优点是：可以根据负荷的变化来调节投入运行的机组数，提高机组的运行效率；另外也便于轮流检修，提高供电的可靠性，减少电机检修和事故的备用容量。对于由火电厂和水电厂联合组成的电力系统，并列运行还可起到合理调度电能，充分利用水能，降低发电成本的目的。当许多电厂并联在一起，形成强大的电网，负载变化对电压和频率的影响就会很小，从而提高供电的质量。

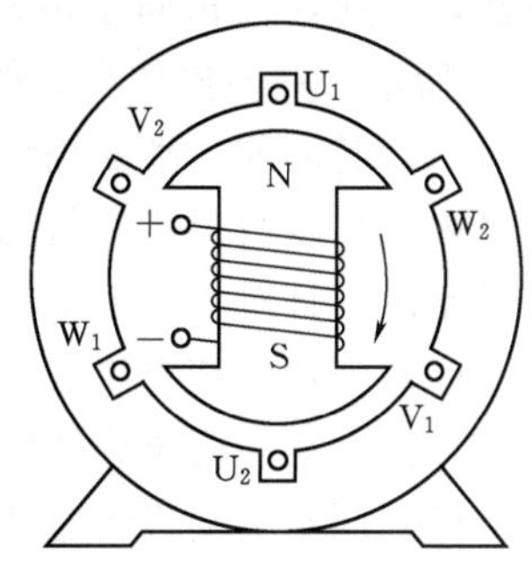

图 3.33　同步电机工作原理

（1）同步发电机并列运行的条件。欲并网的发电机的电压必须与电网电压的有效值相等，频率相同，相序、相位相同，波形一致。

（2）同步发电机的并列方法。

1）准同步法。使发电机达到并网条件后合闸并网。采用同步指示器，调节发电机的转速，调整发电机电压的大小和相位，基本满足并网条件时就可合闸。优点是对电网基本没有冲击。缺点是手续复杂。

2）自同步法。发电机先不加励磁并用一个电阻值等于 5～10 倍励磁电阻的附加电阻接成闭合回路，由原动机带动转子达到接近同步转速就合闸，然后切除限流电阻，加上励磁电流，将同步发电机自动拉入同步。优点是操作简单，并网迅速。缺点是合闸时冲击电流稍大。

3.7.2 三相同步电动机

1. 三相同步电动机的结构与工作原理

三相同步电动机的基本结构与三相同步发电机相同，但转子一般采用凸极式结构。

在三相定子绕组通入对称三相正弦交流电，由 3.1.2 内容可知，三相对称绕组流过三相对称电流产生一旋转磁场 n_1。转子励磁绕组通以直流电产生与定子极数相同的恒定磁场。根据磁场异性相吸的原理，转子便被定子拉着同向同速旋转，其转速为

$$n=n_1=\frac{60f}{p} \tag{3-15}$$

在理想情况下，定、转子磁极的轴线重合。带上一定负载时，气隙间的磁力线将被拉长，使定子磁极超前转子磁极一个 θ 角，这个 θ 角称为功角。在一定范围内，θ 角越大，磁力线拉得越长，电磁转矩就越大。若负载一定，增大励磁电流，θ 角将减小。如果负载过重，θ 角过大，则磁力线会被拉断，同步电动机将停转，这种现象称为同步电动机的“失步”。只要同步电动机的过载能力允许，采用强行励磁是克服“失步”的有效方法。

2. 三相同步电动机的起动

三相同步电动机在起动时，如果把定子绕组直接接通交流电源，定子旋转磁场将立即产生并高速旋转，其转速 $n_1=60f/p$。转子由于惯性根本不可能立即旋转，这样定子、转子磁极间就有相对运动，一会儿相吸，一会儿相斥，间隔时间极短，平均转矩为零，因此不能自行起动。这就需要借助其他的方法进行起动。

三相同步电动机的起动方法常用的有三种：辅助电动机起动法、变频起动法和异步起动法，目前，三相同步电动机多采用异步起动法来起动。异步起动法的起动原理如图3.34所示，具体操作步骤如下：

(1) 起动前，励磁绕组不接直流电源，而是串入一适当大小的电阻后闭合。否则，由于励磁绕组匝数很多，起动时定子的旋转磁场将在励磁绕组中产生很高的感应电势，可能破坏绝缘，且对人身也是不安全的。

(2) 将定子绕组接三相交流电源，这时定子绕组电流将在转子上的起动绕组中感应一电流，此电流与定子旋转磁场相互作用而产生电磁转矩，使转子转动。

(3) 同步电动机转速达到同步转速的95%左右时，将励磁绕组所串电阻切除并与直流电源接通，通入直流励磁电流。这时转子磁场和定子旋转磁场的相互吸引力能将转子拉住，使转子跟随定子磁场以同步转速旋转，即拖入同步，整个起动过程结束。

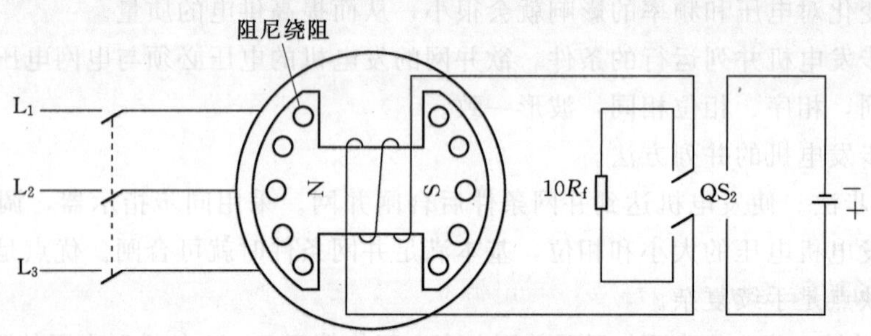

图3.34　同步电动机的起动原理

同步电动机起动时，为减小起动电流，可根据电动机容量、负载的性质、电源的情况，采取直接起动或降压起动的方法。

3. 三相同步电动机主要运行特性

(1) 机械特性。同步电动机的转速不因负载变化而变化，只要电源频率一定，就能严格维持转速不变，这种机械特性叫“绝对硬特性”。

(2) 转矩特性。由于转速恒定，同步电动机的输出转矩与其从电网吸收的电磁功率成正比。当机械负载增加时，电机电流直线上升，只要不超过同步电动机的过载能力，就能稳定运行。

(3) 过载能力。过载系数$\lambda_m=\dfrac{T_m}{T_N}$。通常同步电动机额定运行时，$\lambda_m=2\sim3$，而功角$\theta=20°\sim30°$。如果$T_L>T_m$，则$\theta$迅速增大，导致失步；如果强行励磁，则定子电流剧增，严重过载将烧毁电动机。

(4) 功率因数调节特性。当机械负载一定时，我们可以调节励磁电流，使定子电流达到最小值。由于输入功率$P_1=\sqrt{3}U_1I_1\cos\varphi$，其中$P_1$、$U_1$都一定，$I_1$的改变必然伴随$\cos\varphi$的变化。当$I_1$最小时，必定是$\cos\varphi=1$最大，同步电动机相当于纯电阻负载，这种情况称为正常励磁，简称正励。当励磁电流减小时，功角θ增大，电流I_1增大，且$\dot{I}_1$滞后$\dot{U}_1$，同步电动机相当于电感性负载，这种情况称为不足励磁，简称欠励。当励磁电流从正励增大时，过度励磁，简称过励。这种保持负载不变，定子电流I_1随转子励磁电流

I_F 变化的特性叫功率因数调节特性。当负载变化时，又可画出另一条曲线。由于这种特性曲线形状如“U”形，故称为 U 形曲线。在过励区，同步电动机相当于电容性负载，这对于提高电网的功率因数十分有利，因此同步电动机通常都工作在过励区。

3.7.3　三相同步补偿机

同步补偿机实际就是一台空载过励运行的同步电动机，它基本上是一个纯电容负载，而且电容性无功功率容量大、调节方便，常被装在变电所中用来调节电网的功率因数。

本　章　小　结

本章介绍了常用的交流电动机的基本结构、工作原理以及运行特性等。主要内容是：

1. 三相异步电动机主要由定子和转子构成，按转子结构的不同可分为笼形异步电动机和绕线式异步电动机。笼形结构简单、维护方便、价格便宜、应用最为广泛。绕线式可外接变阻器，起动、调速性能好。

2. 三相异步电动机的定子绕组通入三相交流电就产生旋转磁场，旋转磁场与转子导体之间的相对运行在转子导体内产生感应电动势与电流，此电流又与旋转磁场相互作用使转子导体受到电磁力的作用产生转矩而旋转起来。异步电动机的转子导体与旋转磁场之间必须有相对运动，即转子的额定转速总是低于并接近旋转磁场的转速。

旋转磁场的转速 $n_1=60f_1/p$，与电源频率 f_1 成正比，与电动机的磁极对数 p 成反比。旋转磁场的方向与三相定子电流的相序一致，将三根电源线中任意两根对调可使电动机反转。转差率 $s=(n_1-n)/n_1$。

3. 三相异步电动机的额定电压、电流都为额定线值，额定功率 P_N 是指电动机在额定转速下轴上所能输出的机械功率。输入功率 $P_1=\sqrt{3}U_1 I_1\cos\varphi_1$，额定效率为 $\eta_N=P_N/P_{1N}$ 为额定输入功率。三相异步电动机在接近满载运行时，功率因数和效率都较高，在轻载和空载时较低，选择电动机时应尽量注意此类问题。

4. 三相异步电动机的转速 n 与转矩 T 的关系曲线 $n=f(T)$ 称为电动机的机械特性曲线。三相异步电动机的额定转矩 $T_N=9550P_N/n_N$；最大转矩 $T_m=\lambda_m T_N$，λ_m 为过载系数；起动转矩 $T_{st}=\lambda_s T_N$，λ_s 为起动系数。

三相异步电动机的转矩 $T\propto U_1^2$，U_1 降低，n、T 都降低。T 还与 R_2 有关，R_2 增加，机械特性变软。笼形异步电动机具有硬机械特性，负载变化时转速变化不大。

5. 三相异步电动机的起动可分为直接起动和降压起动。直接起动时起动电流较大，对电网和其他用电设备有一定影响。降压起动的方法有：①电阻降压或电抗器降压；②Y—△起动；③自耦变压器起动等。降压起动时，减小了起动电流，但起动转矩也减小了。线绕式电动机可采用在转子电路中串联电阻的起动方法，即可减小起动电流，又能增大起动转矩。

6. 三相异步电动机的转速可通过下列方法进行调节：①改变电流频率 f_1；②改变旋转磁场的磁极对数 p；③改变转差率 s。对于线绕式电动机，通过改变串接在转子电路中的电阻来改变转速。

三相异步电动机常用的制动方法有：能耗制动和反接制动。能耗制动需要直流电源设备，制动准确、平稳，能量消耗小；反接制动设备简单，制动迅速，但制动时有冲击，制动过程中能量消耗较大。

7. 电力拖动系统一般由控制设备、电动机、传动机构、生产机械和电源组成。电动机是原动机，电动机所拖动的传动机构和生产机械是电动机的负载。

8. 电力拖动系统有稳态和动态两种运动状态，动态过程又称为过渡过程。一个能够稳定运行的系统称为稳定系统。在一个电力拖动系统中当 $T=T_L$，且满足 $dT/dn<dT_L/dn$ 时则系统为稳定系统。

9. 单相异步电动机的结构、原理与三相异步电动机基本相同，只是产生旋转磁场的方法有所不同，常用的有电容分相式和罩极式两种。电容分相式电动机可通过调换起动绕组或工作绕组的两端接线来改变旋转方向，罩极式电动机结构简单，但不能改变旋转方向。

10. 同步电机可分为同步发电机、同步电动机和同步补偿机三类：同步发电机作为电力系统中的主要发电设备，常采用并联运行方式，它们的并联必须满足一定的条件；同步电动机作为转速恒定的拖动设备，应用很广泛，但其起动常采取异步起动再拉入同步的方法。同步补偿机就是同步电动机的空载运行，并工作在过励状态，用来调节电网的无功功率，改善电网的功率因素。

思考题与习题

3.1 简单说明异步电动机的基本结构。

3.2 电机的铁芯为什么要用硅钢片叠成？

3.3 试说明异步电动机的基本工作原理。

3.4 三相交流绕组的磁场和单相交流绕组的磁场有什么根本不同？

3.5 产生旋转磁场的基本条件是什么？

3.6 某异步电动机的额定电压为220/380V，额定电流为11.25/6.5A，额定功率 $P_N=3kW$，额定功率因数 $\cos\Phi_N=0.86$，转速 $n_N=1430r/min$，频率 $f_1=50Hz$，求：额定效率 η_N，额定转差率 S_N 和定子的磁极对数。

3.7 试绘出异步电动机的机械特性曲线，并根据曲线说明电动机的起动过程。解释什么是最大转矩和起动转矩。

3.8 某异步电动机的 $T_{st}/T_N=1.3$，若把电动机的电源电压降低30%（为其额定电压的70%），若起动时，负载转矩 $T_L=1/2T_N$，问电动机能否起动，为什么？

3.9 一台二极三相异步电动机，其频率 $f_1=50Hz$，额定转速 $n_N=2890r/min$，额定功率 $P_N=7.5kW$，最大转矩 $T_{max}=50.96N\cdot m$，求电动机的过载能力。

3.10 在线绕式异步电动机的转子电路中，串联电阻以后的机械特性有什么变化？对电动机的起动过程有什么影响？

3.11 异步电动机的起动方式有几种？各有什么特点？

3.12 作三角形连接的笼形电动机，如必须采取降压起动来减小电流，问最好采用哪一种方法？

3.13 接在电网中运行的三相异步电动机，设由于电网负荷过大，致使电网电压降低为电动机额定电压的90%，问电动机空载和满载两种状态下取用的电流，比额定电压取用的电流是增大还是减小，为什么？

3.14　三相异步电动机的各项额定值为：$P_N=22\text{kW}$，$n_N=2940\text{r/min}$，$U_{1N}=380\text{V}$，$I_{1N}=42\text{A}$，$\cos\varphi_N=0.9$，$I_{1st}/I_{1N}=7$，$T_{st}/T_N=1.2$，$T_{max}/T_N=2.2$，求 T_N，T_{st}，T_{max}，η_N 以及当电动机作星形连接直接起动时的起动电流 I_{1st}。

3.15　线绕式电动机如果转子开路，问是否能够起动？为什么？

3.16　异步电动机有哪几种调速方法？各有什么优缺点？

3.17　如何使三相感应电动机反转？反向运转与反接制动有何区别？

3.18　三相异步电动机铭牌上的“额定电压”和“额定电流”是什么意思？

3.19　如何根据电动机铭牌上的额定功率求取额定转矩？

3.20　什么是电力拖动系统？它包括哪几个部分，各起什么作用？试举例说明。

3.21　电力拖动系统稳定运行的充分必要条件是什么？分析如图3.35所示情况，系统能否稳定运行。图中曲线1为电动机机械特性，曲线2为负载转矩特性。

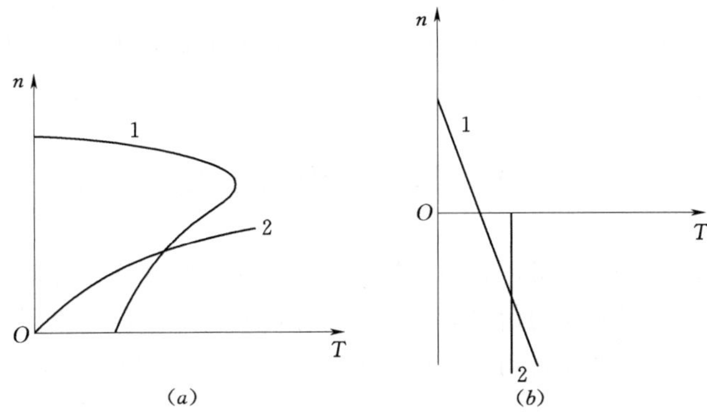

图3.35　题3.21图

3.22　三相异步电动机缺相时能否起动？为什么？如果在运行中断了一根相线，能否继续运行？为什么？这两种情况对电机有何影响？

3.23　单相异步电动机的电容起动原理是什么？

3.24　单相罩极式异步电动机的工作原理怎样？它的优、缺点是什么？

3.25　怎样改变单相电容电动机的转向？

3.26　单相感应电动机是怎样转动起来的，与三相有何主要不同？

3.27　单相电动机两根电源线对调会反转吗？为什么？

3.28　说明同步发电机并联运行的条件和方法。

3.29　同步电动机在采用异步起动法起动时，是如何产生异步起动转矩的？试说明起动过程。

3.30　当同步电动机空载时主要作用是什么？当它的励磁电流改变时，对它的运行有何影响？

第4章 常用控制电机

控制电机是在普通旋转电机基础上发展起来的具有特殊用途的小功率电机，也称特种电机。在自动控制系统中作为执行元件或检测元件，用来转换或传递控制信号。与普通电机相比，控制电机功率小，一般都在750W以下，重量轻，体积小，机壳外径一般不大于160mm，力能指标稍低。

控制电机的种类很多，按电流分类，可分为直流和交流两种；按用途分类，直流控制电机又可分为直流伺服电动机、直流测速发电机和直流力矩电动机等；交流控制电机可分为交流伺服电动机、交流测速发电机、步进电动机、微型同步电动机等。

本章在电机原理的基础上介绍伺服电动机、测速发电机、步进电动机几种常用控制电机的基本结构、工作原理。

4.1 伺服电动机

伺服电动机亦称执行电动机，它用于把输入的电压信号变换成电动机轴的角位移或者转速输出。它具有一种服从控制信号的要求而动作的职能，在信号来到之前，转子静止不动；信号来到之后，转子立即转动；当信号消失，转子立刻自行停转。由于这种“伺服”的性能，因此而命名。

按照自动控制系统的控制要求，伺服电动机必须具备可控性好、稳定性高和适应性强等基本性能。可控性好是指信号消失以后，能立即自行停转；稳定性高是指转速随转矩的增加而均匀下降；适应性强是指反应快、灵敏。

常用的伺服电动机有交流伺服电动机和直流伺服电动机两大类。

4.1.1 直流伺服电动机

1. 结构特点和工作原理

普通直流伺服电动机结构与小型普通直流电动机基本相同，分为永磁式和他励式两种，其实质上就是一台他励式直流电动机。与普通直流电动机相比，直流伺服电动机有以下特点：气隙小，磁路不饱和；电枢电阻大，机械特性为软特性；电枢细长，转动惯量小。

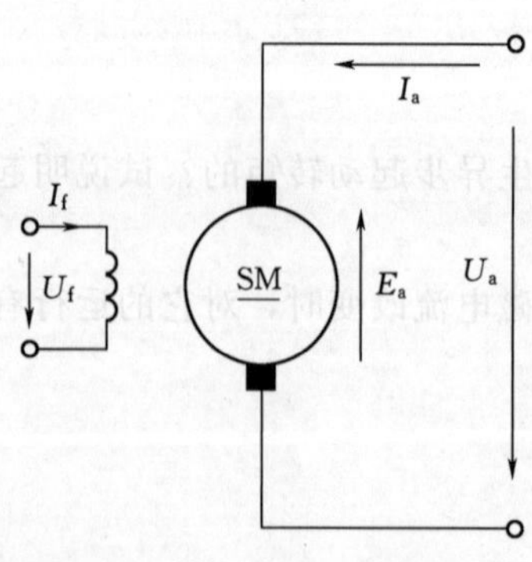

图4.1 直流伺服电动机原理图

直流伺服电动机的工作原理和普通直流电动机相同，如图4.1所示。在励磁绕组中通入直流电流产生主磁场，当电枢绕组中通过电流时，电枢电流与主磁场相互作用产生电磁转矩使伺服电动机投入工作。这两个绕组其中的一个断电时，电动机立即停转，它不像交流伺服电动机那样有“自转”现象，所以直流伺服电动机也是自动控制系统中一种很好的执行元件。

2. 控制方式

直流伺服电动机的励磁绕组和电枢绕组分别装在定子和转子上，直流伺服电动机有电枢控制和磁场控制两种控制方式。电枢控制是由励磁绕组进行励磁，电枢绕组接控制电压 U_C，如图 4.2 所示；磁场控制方式是，电枢绕组作为励磁绕组，而励磁绕组作为控制绕组，接控制电压 U_C。这两种控制方式的特性有所不同。其中电枢控制的特性优于磁场控制，因此自动控制系统中大多采用电枢控制，而磁场控制只用于小功率电动机中。

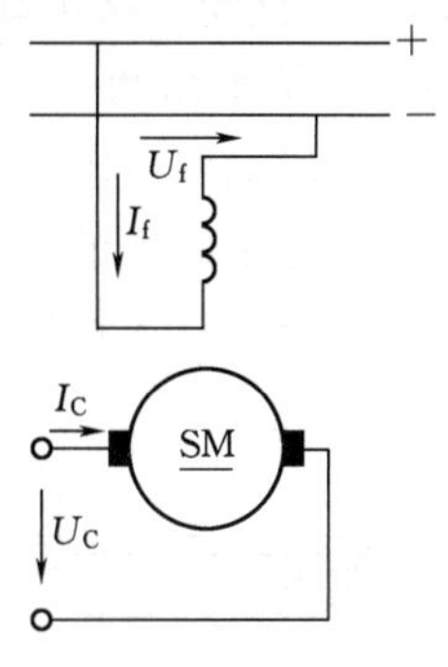

图 4.2 电枢控制原理

3. 运行特性

下面以电枢控制方式为例，简要分析其主要的机械特性和调节特性，以便正确使用直流伺服电动机。为便于分析起见，假定磁路不饱和，并不计电枢反应，在小功率的直流伺服电动机中，这两个假定是允许的。

(1) 机械特性。机械特性是指控制电压恒定时，电动机的转速与电磁转矩之间的关系，即 U_C＝常数时，转速 n 与电磁转矩 T_M 之间的关系 $n=f(T_M)$。电枢控制时，直流伺服电动机的机械特性方程和他励直流电动机改变电枢电压时的人为机械特性方程一样，其表达式为

$$n=\frac{U_C}{C_e\Phi_N}-\frac{R_a}{C_e C_T \Phi_N^2}T_M=n_0-\beta T_M \tag{4-1}$$

由此可见，机械特性为一条向下倾斜的直线，改变电枢电压，可得到一组平行的直线，如图 4.3 (*a*) 所示。

(2) 调节特性。调节特性是指电磁转矩恒定时，电动机的转速与控制电压之间的关系，即 T_M＝常数时，转速 n 与控制电压之间的关系 $n=f(U_C)$。电枢控制直流伺服电动机转速公式为

$$n=\frac{U_C}{C_e\Phi}-\frac{R_a}{C_e\Phi}I_a \tag{4-2}$$

由转速公式便可画出调节特性，如图 4.3 (*b*) 所示，它们也是一组平行的直线。

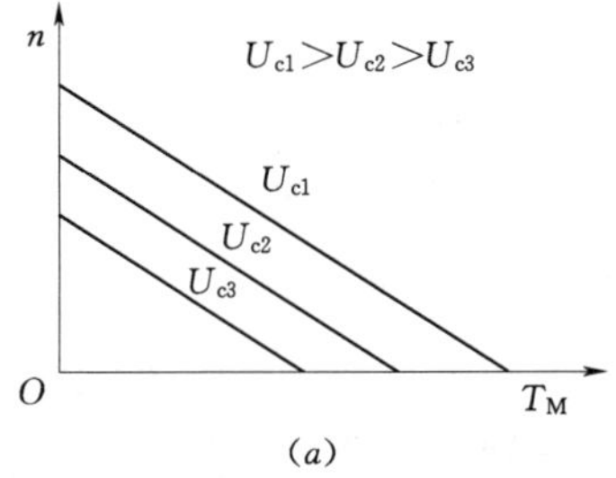

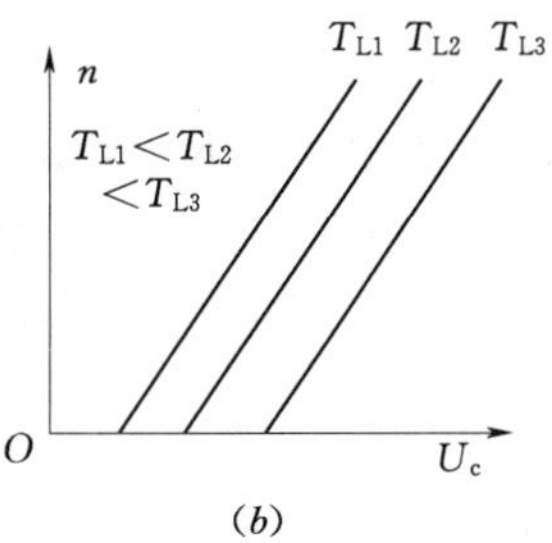

图 4.3 电枢控制的特性

(*a*) 机械特性；(*b*) 调节特性

由图 4.3 可知，当采用电枢控制时，直流伺服电动机的机械特性和调节特性都是线性的，并且特性的线性关系与电枢电阻无关，这种特性是很可贵的，这是直流伺服电动机突

出的优点，交流伺服电动机无法与之相比。而磁场控制时，调节特性是非线性的，这是磁场控制时最严重的缺陷。所以直流伺服电动机多采用电枢控制方式。

4.1.2 交流伺服电动机

1. 基本结构

交流伺服电动机在结构上为两相异步电动机，其定子上有空间相差90°电角度的两相绕组。定子绕组的一相作为励磁绕组，运行时接到电压为U_f的交流电源上，另一相作为控制绕组，输入控制信号电压U_C。电压U_f和U_C同频率，一般为50Hz或400Hz。

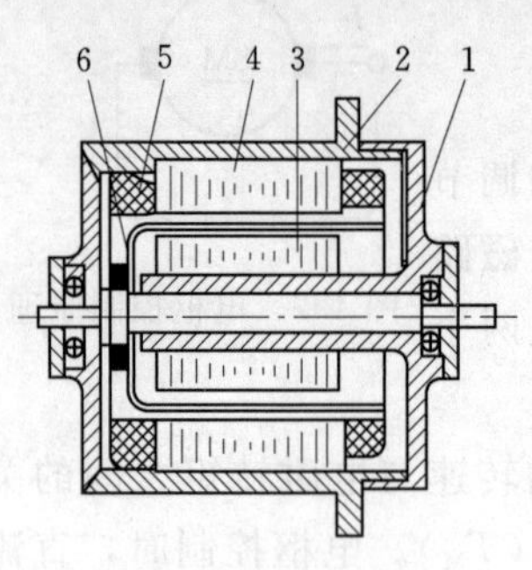

图4.4 杯形转子结构
1—端盖；2—机壳；3—内定子；4—外定子；5—定子绕组；6—杯形转子

常用的转子结构有两种形式：高电阻笼形转子和非磁性空心杯形转子。高电阻笼形转子的交流伺服电动机在目前应用较广泛，其结构和普通笼形感应电动机一样，但是为了减小转子的转动惯量，常将转子做成细而长的形状。笼形转子的导条和端环可以采用高电阻率的材料（如黄铜、青铜等）制造，也可采用铸铝转子。目前我国生产的SL系列两相交流伺服电动机就采用铸铝转子。

非磁性空心杯形转子的结构如图4.4所示。电动机中除了有和一般感应电动机一样的定子外，还有一个内定子。内定子是由硅钢片叠压而成的圆柱体，通常内定子上无绕组，只是代替笼形转子铁芯作为磁路的一部分，作用是减少主磁通磁路的磁阻。在内外定子之间有一个细长的、装在转轴上的空心杯形转子，杯形转子通常用非磁性材料铝或铜制成，壁很薄，一般只有0.2～0.8mm，因而具有较大的转子电阻和很小的转动惯量。杯形转子可以在内外定子间的气隙中自由旋转，电动机依靠杯形转子内感应的涡流与气隙磁场作用而产生电磁转矩。可见，杯形转子交流伺服电动机的优点为转动惯量小，摩擦转矩小，因此快速响应好；另外，由于转子上无齿槽，所以运行平稳，无抖动，噪声小。其缺点是由于这种结构的电动机的气隙较大，励磁电流也较大，致使电动机的功率因数较低，效率也较低，它的体积和容量要比同容量的笼形伺服电动机大得多。目前我国生产的这种伺服电动机的型号为SK，这种伺服电动机主要用于要求低噪声及低速平稳运行的某些系统中。

2. 工作原理

交流伺服电动机的工作原理与单相异步电动机相似，其原理如图4.5所示。图中f和R_C表示装在定子上的两个绕组，它们在空间相差90°电角度。绕组f称为励磁绕组；绕组R_C称为控制绕组。转子为笼形。当它在系统中运行时，励磁绕组固定地接到电源上。

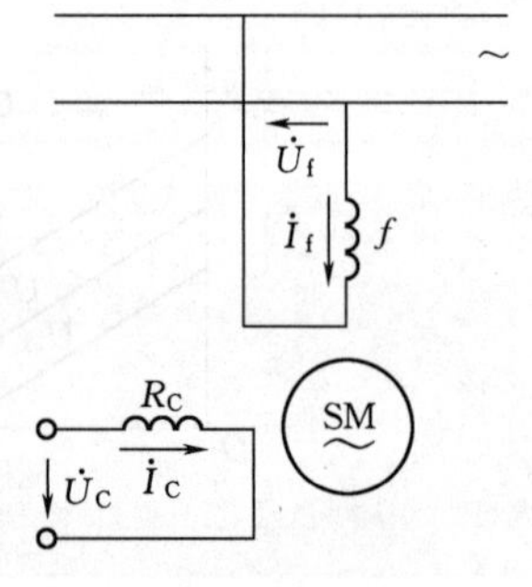

图4.5 交流伺服电动机原理

当控制绕组上未加控制电压$\dot{U}_C$时，气隙内磁场为脉振磁场，电动机无起动转矩，转子静止不动。

当给控制绕组加上控制电压$\dot{U}_C$，且控制绕组的电流和励磁绕组的电流不同相（理想情况下应互差90°），则在电机气隙内产生旋转磁场。因此电动机有了起动转矩，转子就旋转起来。当控制绕组上的控制电压$\dot{U}_C$反相时，交流伺服电动

机便可反转。这种伺服性仅仅表现在伺服电动机原来处于静止状态下。伺服电动机在自动控制系统中是起执行命令的作用，因此不仅要求它在静止状态下能服从控制电压的命令而转动，而且要求它在受控起动以后，一旦信号消失，即控制电压除去，电动机能立即停转。

当控制电压$\dot{U}_C$取消后，如果伺服电动机的结构和参数选择同一般单相异步电动机相似，它就会和单相异步电动机一样，电动机一经转动，即使在单相励磁下，还会继续转动，这样，电动机就失去控制，伺服电动机的这种失控而自行旋转的现象称为“自转”。

自转现象不符合可控性的要求。克服交流伺服电动机“自转”现象的有效方法是增大转子电阻，前面讲到的转子结构的两种特殊结构形式正是为了满足这种要求而设计的。

3. 控制方法

伺服电动机不仅须具有起动和停止的伺服性，而且还须具有转速的大小和方向的可控性。交流伺服电动机的控制方法有以下三种：

(1) 幅值控制。即保持控制电压$\dot{U}_C$的相位不变，使$\dot{U}_C$与$\dot{U}_f$的相位差始终保持90°电角度，仅仅改变其幅值来改变电动机的转速。

(2) 相位控制。即保持控制电压$\dot{U}_C$的幅值不变，仅仅改变其相位来进行控制电动机的转速，这种控制方式较少采用。

(3) 幅—相控制。即同时改变$\dot{U}_C$的幅值和相位来进行控制。这种控制方式是幅值—相位的复合控制方式，是目前最常用的一种控制方式。

4.2 测速发电机

测速发电机在电力拖动系统中用来测量转速，即把机械转速信号变换成对应的电压信号，反馈到控制系统，实现对转速的调节和控制。测速发电机有直流和交流两大类。

4.2.1 直流测速发电机

直流测速发电机是一种微型直流发电机，其作用是把拖动系统的旋转角速度转变为电压信号。广泛用于自动控制、测量技术和计算技术。

1. 基本结构及工作原理

直流测速发电机的定、转子结构与普通小型直流发电机相同。按励磁方式可分为永磁式和他励式两种。

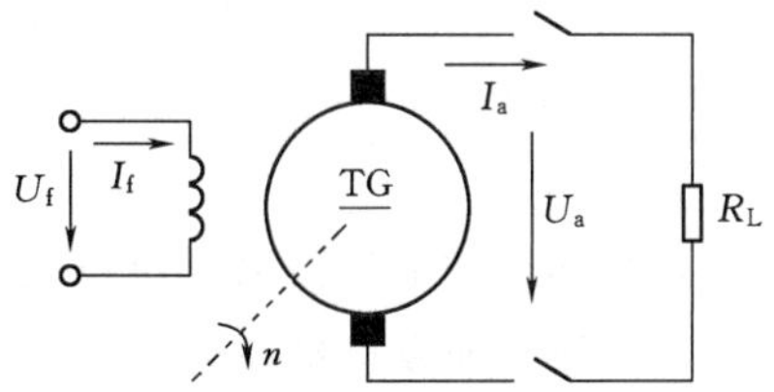

图 4.6 直流测速发电机工作原理图

直流测速发电机的工作原理与一般直流发电机相同，如图4.6所示为他励测速发电机的原理图。励磁绕组中流过直流电流时，产生沿空间分布的恒定磁场，电枢由被测机械拖动旋转，以恒定速度切割磁场，在电枢绕组中感生电动势，从电刷两端引出的直流电动势为

$$E_a = C_e \Phi n = K_e n \tag{4-3}$$

式中：$K_e = C_e \Phi$为电动势系数，对于已制成的电机，当保持磁通不变时，K_e为常数，即

电枢感应电动势的大小与转子的转速成正比。

直流测速发电机在空载时，电枢电流 $I_a=0$，输出电压和电枢感应电动势相等，即 $U_a=E_a$。因此，直流测速发电机在空载时的输出电压与转速成正比。

直流测速发电机带负载时，其电枢电流 $I_a\neq0$，R_L 中流过电枢电流，并在电枢回路产生电阻压降，使输出电压减小，即

$$I_a=\frac{U_a}{R_L} \tag{4-4}$$

$$U_a=E_a-I_aR_a \tag{4-5}$$

式中：R_a 为电枢回路总电阻，包括电枢绕组内阻和电刷接触电阻。

将式（4-4）代入式（4-5），得出测速发电机的输出特性为

$$U_a=\frac{E_a}{1+\dfrac{R_a}{R_L}}=\frac{C_e\Phi}{1+\dfrac{R_a}{R_L}}n \tag{4-6}$$

2. 输出特性

输出特性表征电枢电压与转子转速的函数关系，即 $U_a=f(n)$。它是测速发电机的主要特性之一。

由式（4-6）可知，理想情况下，R_a、R_L、Φ 均为常数，输出电压与转速成正比。取不同的 R_L 值，可得一组直线输出特性，如图 4.7（*a*）所示。当及 $R_L=\infty$时，为空载时的输出特性；R_L 减小，输出特性曲线的斜率减小，输出电压降低。

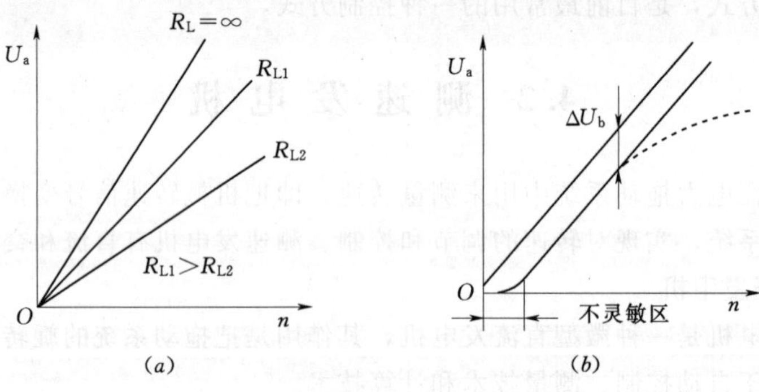

图 4.7　直流测速发电机的输出特性

（*a*）理想特性；（*b*）实际特性

3. 误差

直流测速发电机输出电压 U 与转速 n 呈线性关系的条件是 Φ、R_a 和 R_L 保持不变。实际上，直流测速发电机在运行时，周围环境温度的变化、直流测速发电机有负载时电枢反应的去磁作用、电刷与换向器接触电阻的变化都将在输出特性上引起线性误差。

直流测速发电机的实际输出特性如图 4.7（*b*）所示。

4.2.2　交流测速发电机

交流测速发电机又分为同步机和异步机两种。同步测速发电机，由于输出电压频率随转速而改变，不适用于自动控制系统，通常交流测速发电机就是指异步测速发电机。本节介绍应用日益广泛的空心杯形转子交流异步测速发电机。

1. 基本结构

异步测速发电机的基本结构与普通异步电动机相似。定子上安装两对称绕组，转子为笼形或空心杯形两种结构。相比之下，笼形转子的惯性大、特性较差。因此，对精度要求较高的控制系统多采用杯形转子。空心杯形转子交流测速发电机的结构和杯形转子交流伺服电动机的结构相同，如图 4.4 所示。定子上有两相互相垂直的绕组，其中一相为励磁绕组，另一相为输出绕组。转子为空心杯形结构，用高电阻率的硅锰青铜或铝锌青铜制成，是非磁性材料，壁厚 0.2～0.3mm。杯子里还有一个内定子，目的是减小磁路的磁阻。

2. 基本原理

空心杯形转子异步测速发电机的工作原理如图 4.8 所示。图中，励磁绕组的轴线为 d 轴，输出绕组的轴线为 q 轴。工作时，励磁绕组接单相交流电源，频率为 f，d 轴方向的脉振磁通为$\dot{\Phi}_d$，发电机转子逆时针方向旋转，转速为 n。

当电机的励磁绕组外施电压$\dot{U}_1$ 时，便有电流 $\dot{I}_1$ 流过绕组，在电机气隙中沿励磁绕组轴线（d 轴）产生一频率为 f 的脉动磁通$\dot{\Phi}_1$。

转子不动时，d 轴的脉振磁通在空心杯形转子中感应出电动势$\dot{E}_{rd}$，这一电动势将产生转子电流 $\dot{I}_{rd}$，此电流所产生的磁通$\dot{\Phi}_1'$与励磁绕组产生的磁通在同一轴线上，阻碍$\dot{\Phi}_1$ 的变化，两者的合成磁通为沿 d 轴的磁通 $\dot{\Phi}_d$。而输出绕组的轴线和励磁绕组轴线空间位置相差 90°电角度，它与 d 轴磁通没有耦合关系，故不产生感应电动势，输出电压为零，如图 4.8（a）所示。

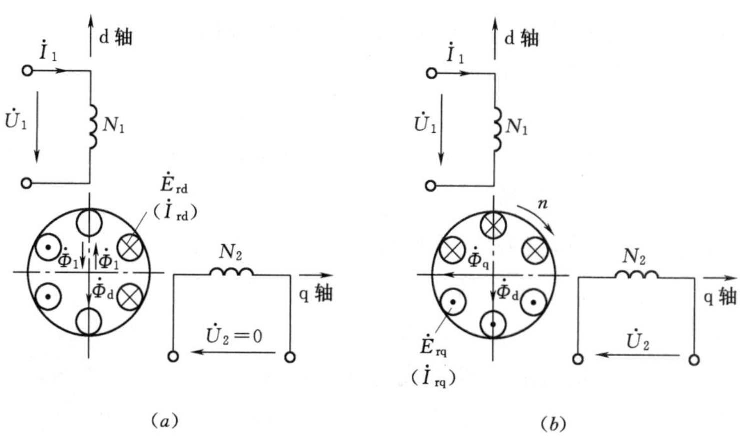

图 4.8 交流测速发电机工作原理
（a）转子静止；（b）转子旋转

转子转动后，转子绕组中除了感应$\dot{E}_{rd}$外，同时因转子导体切割磁通$\dot{\Phi}_d$，而在转子绕组中感应一旋转电动势$\dot{E}_{rq}$，其有效值为

$$E_{rq}=C_q\Phi_d n \propto \Phi_d n \tag{4-7}$$

由于$\dot{\Phi}_d$ 随频率 f 交变，所以$\dot{E}_{rq}$也随频率 f 交变。在$\dot{E}_{rq}$的作用下，转子将产生电流

$\dot{I}_{rq}$。由$\dot{I}_{rq}$所产生的磁通$\dot{\Phi}_q$，也是交变的，$\dot{\Phi}_q$的大小与$\dot{I}_{rq}$也就是与$\dot{E}_{rq}$的大小成正比，即

$$\Phi_q = kE_{rq} \tag{4-8}$$

式中：k为比例常数。

$\dot{\Phi}_q$的轴线与输出绕组轴线（q轴）重合，如图4.8（b）所示。由于$\dot{\Phi}_q$作用在q轴，因而在定子的输出绕组中感应出交变的电动势，其频率仍为f，而有效值为

$$E_2 = 4.44 f N_2 K_{N2} \Phi_q \tag{4-9}$$

式中：$N_2 K_{N2}$为输出绕组的有效匝数，对特定的电机，其值为常数。

考虑到$\Phi_q \propto I_{rq} \propto E_{rq} \propto \Phi_d n$，$U_2 \approx E_2$，故输出电压$U_2$可写成

$$U_2 \propto \Phi_d n = C_1 n \tag{4-10}$$

式中：C_1为比例常数。

通过式（4-10）可看出，输出绕组中所感应产生的电压U_2与转速n成正比。若转子转动方向相反，则转子中的旋转电动势$\dot{E}_{rq}$、电流$\dot{I}_{rq}$及其所产生的磁通$\dot{\Phi}_q$的相位均随之相反，因而输出电压$\dot{U}_2$的相位也相反。这样，异步测速发电机就能将转速信号转变成电压信号输出，实现测速的目的。

4.3 步进电动机

步进电动机是一种将输入脉冲信号转换成输出轴的角位移或直线位移的执行元件。这种电动机每输入一个脉冲信号，输出轴便转过一个固定的角度，即向前迈进一步，故称为步进电动机或脉冲电动机。因而，步进电动机输出轴转过的角位移量与输入脉冲数量成正比，而输出轴的转速或线速度与脉冲频率成正比。

步进电动机的种类很多，按工作原理分，有反应式、永磁式和永磁感应子式三种。其中反应式步进电动机具有步距小、响应速度快、结构简单等优点，广泛应用于数控机床、自动记录仪、计算机外围设备等数控设备。

4.3.1 反应式步进电动机的结构及工作原理

图4.9是反应式步进电动机的结构原理。定子和转子均为叠片式结构，定子上有六个磁极均匀分布，每个极上都绕有控制绕组，由两个相对的磁极组成一相，同一相的控制绕组可以串联或并联，组成三个独立的绕组，称为三相绕组，独立绕组数称为步进电动机的相数。除三相以外，步进电动机还可以做成四、五、六等相数。为简单方便，假设转子上只有四个齿，齿上不装绕组，只构成主磁路。

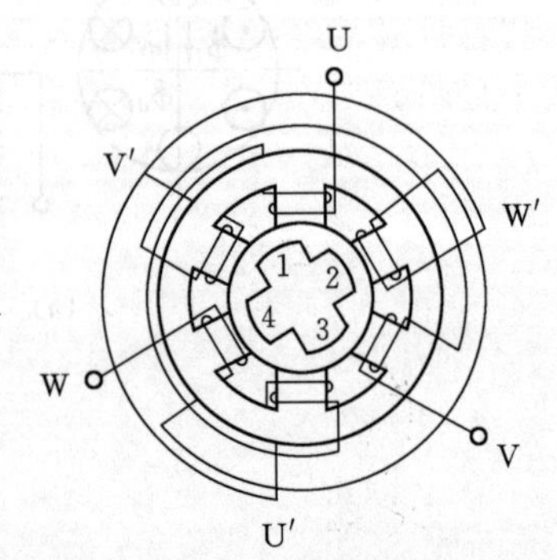

图4.9 反应式步进电动机的原理图

由图4.9可见，由于结构的原因，沿转子圆周表面各处气隙不同，因而磁阻不相等，齿部磁阻小，两齿之间磁阻大。当控制绕组中流过脉冲电流时，产生的主磁通总是沿磁阻最小的路径闭合，即经转子齿、铁芯形成闭合回路。因此，转子齿会受到切向磁拉力而转过一定的机械角度，称步距角θ_s。如果控制绕组按一定的脉冲分配方式连续通电，

电机就按一定的角频率运行。改变控制绕组的通电顺序，电机就可反转。

对于定子有6个磁极的三相步进电动机，有三相单三拍、三相双三拍、三相六拍三种工作方式。

（1）三相单三拍运行方式。三相步进电动机最简单的运行方式为三相单三拍。所谓"三相"是指三相步进电动机具有三相定子绕组；"单"是指每次只有一相绕组通电；"三拍"指通电三次完成一个通电循环。也就是说，这种运行方式是按U→V→W→U…或相反顺序通电的，其工作过程如图4.10所示。

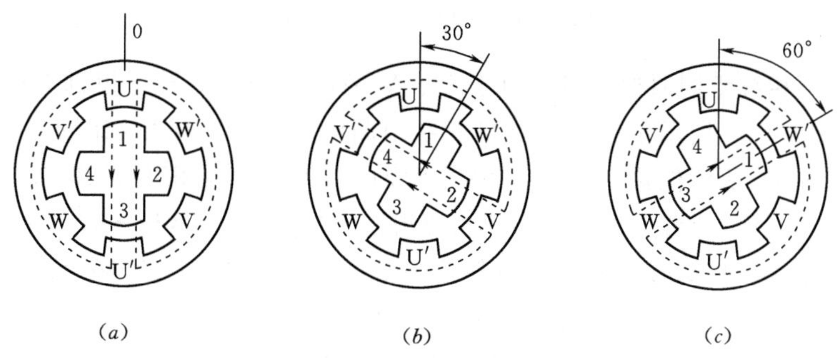

图4.10 三相单三拍运行方式

当U相绕组单独通电时，由于磁力线总是力图从磁阻最小的路径通过，即要建立以UU′为轴线的磁场，因此在反应转矩的作用下，转子将从前一步的位置转到齿1、3与定子UU′极对齐的位置，如图4.10（*a*）所示。当U相绕组断电，V相绕组单独通电时，又会建立以VV′为轴线的磁场，如图4.10（*b*）所示，靠近V相的转子齿2、4将转到与VV′极对齐的位置。同理，当V相绕组断电，而W相绕组单独通电时，如图4.10（*c*）所示，靠近W相的转子齿3、1将转到与WW′极对齐的位置。以后重复上述过程。可见，当三相绕组按U→V→W→U的顺序通电时，转子将顺时针方向旋转。若改变三相绕组的通电顺序，即按U→W→V→U的顺序通电，转子就会变成逆时针方向旋转，通电一个循环，磁场在空间旋转了360°，而转子只转过了一个齿距角（转子相邻两齿中心线之间的夹角）。显然，齿距角θ_Z与转子齿数Z之间的关系为

$$\theta_Z=\frac{360^\circ}{Z} \tag{4-11}$$

对于四个转子齿的步进电动机来说，$\theta_Z=90^\circ$。在单三拍运行时，步距角θ_s（每输入一个脉冲时转子转过的角度）却只有齿距角的三分之一，即

$$\theta_s=\frac{1}{3}\theta_Z=\frac{90^\circ}{3}=30^\circ$$

在上述的三相单三拍运行方式中，由于每次只有一相绕组通电吸引转子，容易使转子在平衡位置附近产生振荡，影响运行稳定性。因此，实用中很少采用这种运行方式，而采用三相双三拍或三相六拍的工作方式。

（2）三相双三拍运行方式。这种运行方式是按UV→VW→WU→UV或相反的顺序通电的，即每次同时给两相绕组通电，其工作原理如图4.11所示。

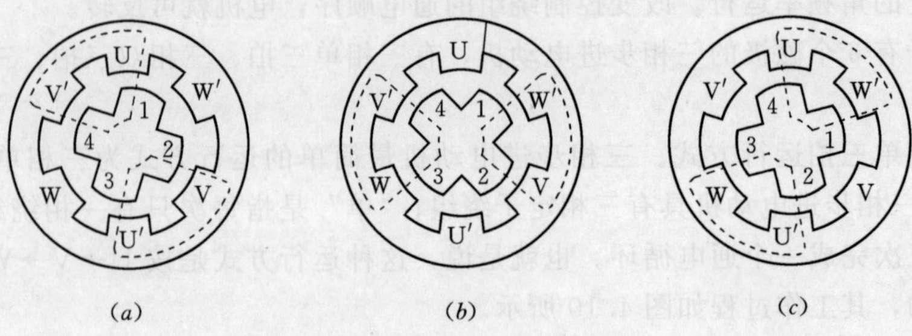

图 4.11　三相双三拍运行方式

当 U、V 两相绕组同时通电时，由于 U、V 两相的磁极对转子齿都有吸引力，故转子将转到图 4.11（a）所示位置。而当 U 相绕组断电，V、W 两相绕组同时通电时，转子将转到图 4.11（b）所示位置。而当 V 相绕组断电，W、U 两相绕组同时通电时，转子将转到图 4.11（c）所示位置。可见，当三相绕组按 UV→VW→WU→UV 顺序通电时，转子顺时针方向旋转。改变通电顺序，使其按 UV→WU→VW→UV 顺序通电时，即可改变转子旋转的方向。通电一个循环，磁场在空间旋转了 360°时，而转子也只转了一个齿距角。双三拍运行时，步距角仍等于齿距角的三分之一，即 $\theta_s=30°$。

在双三拍运行方式中，由于总有一相持续通电，对转子具有电磁阻尼作用，故电动机运转比较平稳。

(3) 三相六拍运行方式。这种运行方式是按 U→UV→V→VW→W→WU→U 或相反顺序通电的，即需要六拍才完成一个循环。

当 U 相绕组单独通电时，转子将转到图 4.10（a）所示位置，当 U 和 V 相绕组同时通电时，转子将转到图 4.11（a）所示位置，以后情况依此类推。所以采用这种运行方式时，经过六拍即完成一个循环，磁场在空间旋转了 360°，转子仍只转了一个齿距角，但步距角却因拍数增加一倍而减小到齿距角的六分之一，即等于 $\theta_s=15°$

由以上讨论可知，无论采用何种运行方式，步进电动机从一种通电状态依次转换到另一种状态时，转子所转过的角度，称为齿距角 θ_s。步进电动机经过一次完整的通电状态循环，才转过一个齿距角 θ_Z。由此得出步距角 θ_s 为

$$\theta_s=\frac{\theta_Z}{N}=\frac{360°}{NZ}=\frac{360°}{mKZ} \tag{4-12}$$

式中：N 为运行拍数；m 为定子绕组相数；K 为与通电方式有关的系数，$K=N/m$。

例如，上述的步进电动机（$Z=4$，$m=3$）在单三拍或双三拍运行方式时，$K=1$，步距角 $\theta_s=360°/(3\times1\times4)=30°$；在三相六拍运行时，$K=2$，步距角 $\theta_s=360°/(3\times2\times4)=15°$。

步进电动机的步距角越小，其位置控制精度就越高。由式（4-12）可知，增加相数（磁极数）或增加转子齿数，可以减小步距角。由于增加磁极数因此应尽量增加转子的齿数。图 4.11 所示的步进电动机，步距角太大，不能满足要求。要想减小步距角，由式(4-12)可知，一是增加相数 m，二是增加转子的齿数 Z。由于相数越多，驱动电源就越复杂，同时还要受到电动机尺寸和结构的限制，所以较好的解决方法还是增加转子的齿数。小步距角步进电动机典型结构如图 4.12 所示，转子的齿数增加了很多（图 4.12 中为

40 个齿），定子每个极上也相应地开了几个齿（图 4.12 中为 5 个齿）。当 U 相绕组通电时，U 相磁极下的定、转子齿应全部对齐，而 V、W 相下的定、转子齿应依次错开 $1/m$ 个齿距角（m 为相数），这样在 U 相断电而别的相通电时，转子才能继续转动。

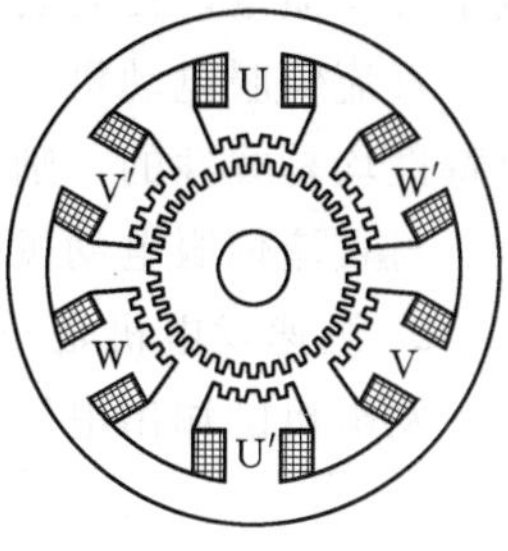

既然转子每经过一个步距角相当于转了 $1/(ZN)$ 圈，若脉冲频率为 f，则转子每秒钟就转了 $f/(ZN)$ 圈，故转子每分钟转速为

$$n=\frac{60f}{ZN} \tag{4-13}$$

图 4.12 小步距角步进电动机典型结构

式中：f 为控制脉冲的频率，Hz；n 为步进电动机的转速，r/min。

由式（4－13）可知，当步进电动机的转子齿数和拍数一定时，电动机的转速与控制脉冲的频率成正比。因此，通常采用调节控制脉冲频率的高低，来改变步进电动机的转速。

4.3.2 步进电动机的驱动电源

步进电动机应由专用的驱动电源来供电，由驱动电源和步进电动机组成一套伺服装置来驱动负载工作。步进电动机的驱动电源主要包括变频信号源、脉冲分配器和脉冲放大器三个部分，如图 4.13 所示。变频信号源是一个频率从几十赫兹到几千赫兹的可连续变化的信号发生器，可以采用多种线路，最常见的有多谐振荡器和单结晶体管构成的弛张振荡器两种，它们都是通过调节电阻及电容 C 的大小来改变电容充放电的时间常数，以达到选取脉冲信号频率的目的。脉冲分配器是由门电路和双稳态触发器组成的逻辑电路，它根据指令把脉冲信号按一定的逻辑关系加到放大器上，使步进电动机按一定的运行方式运转。目前，随着微型计算机特别是单片机的发展，变频信号源和脉冲分配器的任务均可由单片机来承担，这样不但工作更可靠，而且性能更好。从脉冲分配器输出的电流只有几毫安，不能直接驱动步进电动机，因为步进电动机的驱动电流为几安到几十安，因此在脉冲分配器后面都接有功率放大电路作为脉冲放大器，经功率放大后的电脉冲信号可直接输出到定子各相绕组中去控制步进电动机工作。

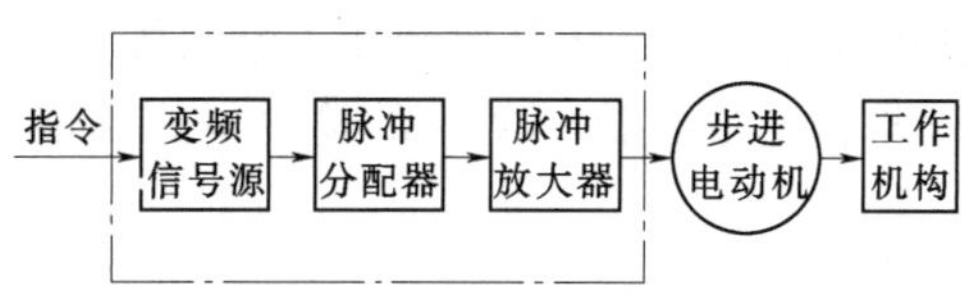

图 4.13 步进电动机的驱动电源

本 章 小 结

本章主要介绍几种常用控制电机的结构特点、工作原理和工作特性。

1. 伺服电动机在自动控制系统中作为执行元件，把输入的电压信号转换为轴上的角位移和角速度输出，输入的电压信号称为控制电压。改变控制电压可以改变伺服电动机的转速和转向。伺服电动机可分为交流伺服电动机和直流伺服电动机。

交流伺服电动机的基本特点是可控性好，可采用增大转子电阻的办法改善其机械特性、克服“自转”现象。采用杯形转子除能克服“自转”现象外，还可以提高快速响应，减小转动惯量，提高起动转矩。

直流伺服电动机实质上是一台他励式直流电动机，采用电枢控制方式的机械特性与调节特性均是线性的，励磁功率小，响应迅速。

与直流伺服电动机相比，交流伺服电动机自身的机械特性和调节特性较差。

2. 测速发电机是一种测量转速的信号元件，它将输入的机械转速转换为电压信号输出，发电机的输出电压与转速成正比。测速发电机分为交流测速发电机和直流测速发电机两类。

3. 步进电动机是一种把电脉冲信号转换成角位移或直线位移的执行元件，在数字控制系统中被广泛应用。步进电动机由控制脉冲通过驱动电源来控制其一步一步转动。步进电动机每输入一个脉冲，转子转动一个固定的角度，其步距角与运行拍数和转子齿数成反比，转子转速与转角分别对应于脉冲频率与总的脉冲数目。

思考题与习题

4.1 交流伺服电动机的控制方法有几种？

4.2 什么是交流伺服电动机的“自转”现象？怎样克服“自转”？

4.3 有一台 SL 系列交流伺服电动机，额定转速为 725r/min，额定频率为 50Hz，空载转差率为 0.0067，试求极对数、同步转速、空载转速、额定转差率和转子电动势频率。

4.4 什么条件下交流测速发电机的输出电压与转速成正比？实际的输出电压不能完全满足这个要求，主要的误差有哪些？

4.5 什么叫步进电动机？

4.6 什么是步进电动机的步距角？一台三相步进电动机可以有两个步距角，这是什么意思？什么是单三拍、双三拍和六拍工作方式？

4.7 步进电动机的驱动电路包括哪些部分？

4.8 一台五相十拍运行的步进电动机，$Z=48$，$f=600\text{Hz}$，试求 θ_s 和 n 各为多少？

4.9 步距角为 1.5°/0.75° 的反应式三相六拍步进电动机转子有多少齿？若频率为 2000Hz，电动机转速是多少？

第5章　常用低压电器

凡是对电能的生产、传输、分配和使用起到切换、保护、检测、控制或调节等作用的器件统称为电器。通常，额定电压在交流1000V、直流为1200V及以下的电器称为低压电器。无论在低压供电系统，还是在控制生产过程的电力拖动系统中，都大量使用各种类型的低压电器。

5.1　常用低压电器的基本知识

5.1.1　低压电器的分类

低压电器的工作原理不同、结构各异、功能多样、用途广泛，因而其种类繁多且分类方法也是各种各样。

1. 按低压电器的用途分类

（1）低压配电电器。主要用于配电线路，对电路及设备进行通断、保护以及转换电源和负载，如刀开关、熔断器、低压断路器等。

（2）低压控制电器。用于各种控制电路和控制系统中，控制受电设备并使其达到预期工作状态要求的电器，如手动电器有转换开关、按钮开关等，自动电器有接触器、继电器、电磁阀等，自动保护电器有热继电器、熔断器等。

（3）终端电器。用于线路末端的一种小型化、模数化的组合式开关电器，可根据需要组合成对电路和用电设备进行配电、保护、控制、调节、报警等功能，包括各种智能单元、信号指示、防护外壳和附件等。

（4）执行电器。用于完成某种动作或传送功能的电器，如电磁铁、电磁离合器等。

（5）可通信低压电器。带有计算机接口和通信接口，可与计算机网络连接的电器，如智能化断路器、智能化接触器及电动机控制器等。

（6）其他电器。包括变频调速器、可编程序控制器、软起动器、稳压与调压电器等。

2. 按低压电器的动作性质分类

可分为自动切换电器和非自动切换电器。自动切换电器是依靠本身参数或外来信号自动进行动作的；非自动切换电器又称手动电器，它是用手来直接操作进行切换的。

3. 按低压电器的工作条件分类

可分为一般用途电器、矿用电器、船用电器、牵引电器和航空电器等。

4. 按低压电器有无触头的结构特点分类

可分为有触头电器和无触头电器。目前有触头电器仍占多数，随着电子技术的发展，无触头电器的应用会日趋广泛。

5.1.2　电磁机构

电磁机构是电磁式继电器和接触器等低压电器的主要组成部件之一，它是将电磁能转换为机械能，从而带动触头动作。此外，电磁机构还用于某些设备的电磁执行机构。

1. 电磁机构的结构形式

电磁机构主要由磁路和吸引线圈两个部分组成，其中磁路包括铁芯、铁轭、衔铁和气隙，吸引线圈由骨架、导线和绝缘构成。如图5.1所示为几种常用电磁机构的结构示意图。按照不同的依据，电磁机构的分类情况如下。

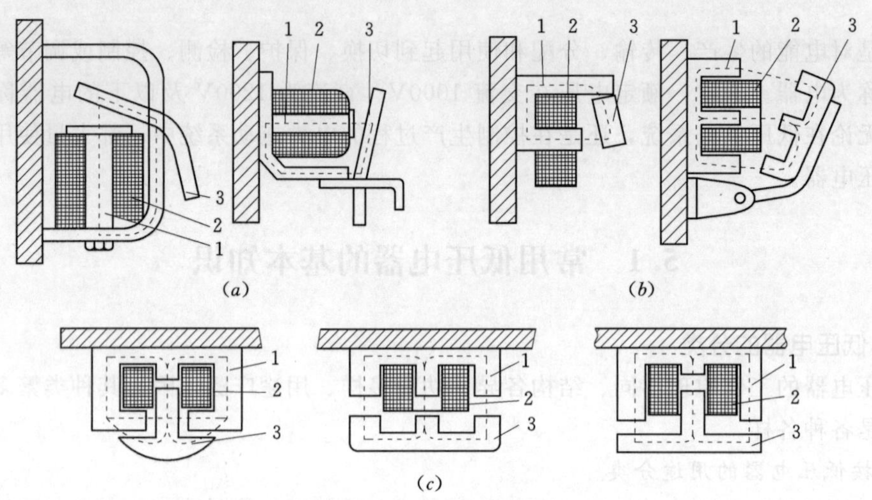

图5.1 常用电磁机构的形式

(a) 衔铁沿棱角转动的拍合式铁芯；(b) 衔铁沿轴转动的拍合式铁芯；

(c) 衔铁直线运动的直动式铁芯

1—铁芯；2—线圈；3—衔铁

(1) 按衔铁的运动方式分类有以下几种。

1) 衔铁沿棱角转动的拍合式铁芯，如图5.1 (*a*) 所示。衔铁绕铁轭的棱角而转动，磨损较小，铁芯用软铁，适用于直流接触器。

2) 衔铁沿轴转动的拍合式铁芯，如图5.1 (*b*) 所示。衔铁可绕轴转动，铁芯用硅钢片叠成，用于交流接触器。

3) 衔铁直线运动的直动式铁芯，如图5.1 (*c*) 所示。衔铁在线圈内直线运动，多用于交流接触器中。

(2) 按磁路系统形状分类。电磁机构可分为U形和E形，如图5.1 (*b*) 所示。

(3) 按线圈与电路的连接方式分类。可分为并联（电压）线圈和串联（电流）线圈两种。并联（电压）线圈，通常用绝缘性能好的电磁线绕制而成；串联（电流）线圈匝数少、导线粗、阻抗小、电流大，故通常用粗圆铜线或扁铜线制成。

(4) 按吸引线圈通电的种类分类。可分为直流线圈和交流线圈两种。

2. 电磁机构的工作原理

当吸引线圈通以一定的电压或电流时，通过铁芯和空气隙产生磁场，这一磁场将对衔铁产生电磁吸力，并通过空气隙将电磁能转换为机械能，从而使衔铁吸合。衔铁吸合时带动其他机械机构动作，实现相应的功能，如打开阀门、实现抱闸等，或带动触头动作以完成触头的分断和接通。在衔铁上除作用一个使其吸合的电磁吸力外，还作用一个使衔铁释放的力，这个力称之为反力。当吸引线圈无电压或电流时，电磁吸力消失，衔铁在反力的

作用下释放，此时衔铁带动其他机械机构动作，实现与上述相反的功能。

3. 单相交流电磁机构短路环的作用

单相交流电磁机构的吸力是脉动的，衔铁将产生振动和噪声。为削弱振动和噪声，在单相交流电磁机构的铁芯柱端面上 2/3 处开一个槽，槽内嵌以由铜材料制成的短路环，如图 5.2（*a*）所示。铁芯柱端面上嵌上短路环后，经过气隙的磁通被分成两部分，一部分是不穿过短路环进入气隙的磁通 ϕ_1，另一部分是穿过短路环进入气隙的磁通 ϕ_2。由于短路环的作用，磁通 ϕ_2 的相位滞后于磁通 ϕ_1 的相位一个角度 ψ，它们分别产生的电磁吸力 f_1 和 f_2 的相位也相差一个角度 ψ。总电磁吸力 f 是 f_1 与 f_2 的叠加，虽然总吸力仍是脉动的，但其最小吸力 f_{min}不再为零，如图 5.2（*b*）所示。如果短路环设计得比较理想，使 $\psi=90°$，且 f_1 与 f_2 近乎相等，将使总吸力 f 比较平坦，只要 F_{min}大于反力，衔铁的振动和噪声就会大大削弱。

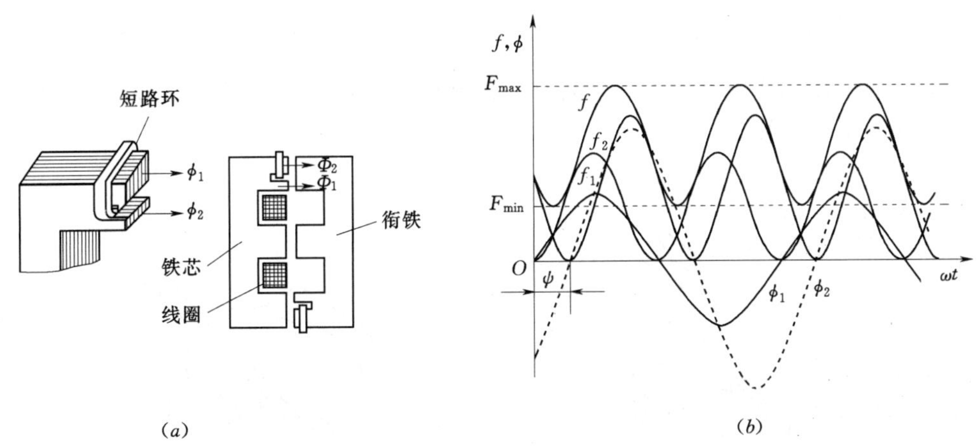

图 5.2 短路环的作用原理

（*a*）短路环与磁能；（*b*）磁通与力的变化

5.1.3 低压电器的触头系统和灭弧系统

1. 触头系统

触头是电磁式继电器、接触器等电器的执行部件，这些电器就是通过触头的动作来接通和分断电路的。因此，触头工作的好坏直接影响电器的工作性能，因此要求触头有良好的导电、导热能力。

触头的接触形式和结构形式很多，按触头的接触形式可分为三种，即点接触、面接触和线接触，如图 5.3（*a*）～（*c*）所示；按触头的结构形式可分为指形、桥式、分裂式和片簧式等，如图 5.3（*d*）～（*g*）所示。小型继电器中常采用分裂式和片簧式触头。按触头控制的电路，可分为主触头和辅助触头。主触头一般用于接通或分断主电路，允许通过较大的电流；辅助触头一般用于接通或分断控制电路，只允许通过较小的电流。

线接触触头通常采用指形结构，这种指形触头在接通时有一个滚动过程，消耗了撞击能量，防止了触头的跳动；同时接通和分断点均在触头的端部，工作点在触头的底部，即接通和分断点与工作点不在同一点，这样有利于电弧的转移，减少了电气磨损，还能清除触头表面的氧化膜，保证触头的良好接触。如图 5.4 所示为指形触头的接通和分断过程。

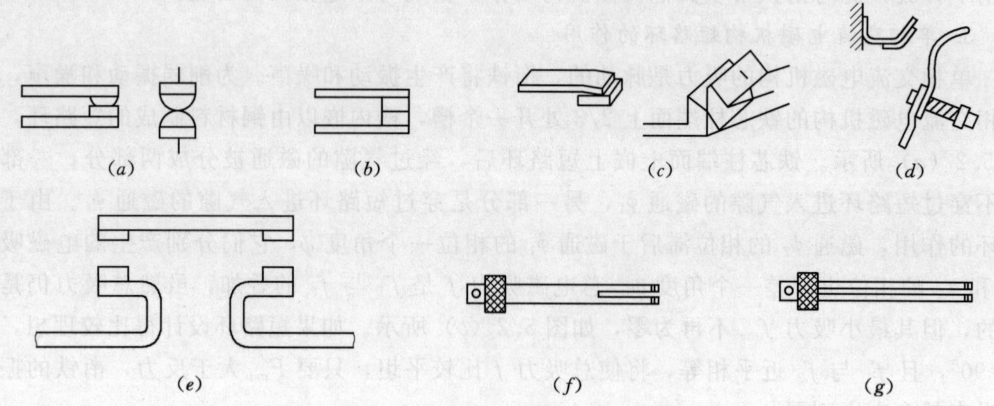

图 5.3 触头的接触形式和结构形式

(a) 点接触；(b) 面接触；(c) 线接触；(d) 指形；(e) 桥式；(f) 分裂式；(g) 片簧式

接通时的接触位置从 A 滚动到 B，分断时的接触位置从 B 滚动到 A。指形触头常用于直流接触器和低压断路器中。

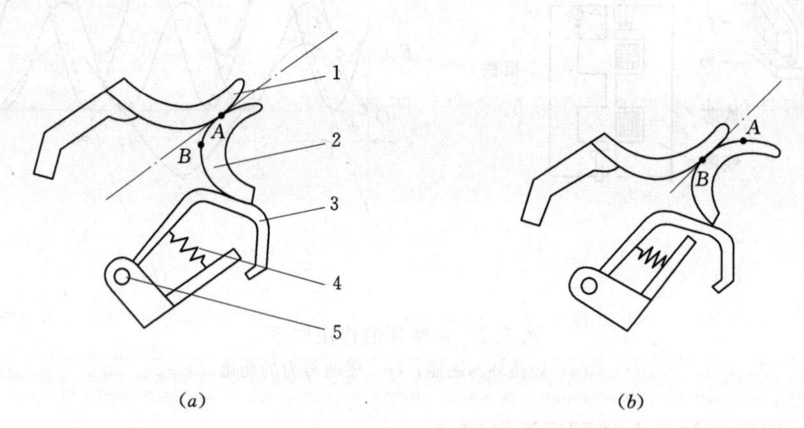

图 5.4 指形触头的接触过程

(a) 接通瞬间；(b) 接通结束

1—静触头；2—动触头；3—触头支架；4—触头弹簧；5—触头支架销孔

触头有接通和分断两个状态，原始状态是指未操作或电磁机构线圈未通电时，触头的状态。按原始状态的不同，触头可分为常开和常闭两种。在未操作或电磁机构线圈未通电时，处于分断状态的触头称为常开触头，处于接通状态的触头称为常闭触头；操作后或电磁机械线圈通电后，常开触头接通，常闭触头分断。

2. 灭弧系统

在触头接通和分断的短时间内，触头间隙处往往产生电弧。电弧的存在不仅延迟了电路的分断，触头产生电磨损，而且还可能烧坏电器的其他部件，甚至引起火灾。因此，应尽量减小电弧和尽快熄灭电弧，以保证电器的正常工作。

(1) 常用的灭弧方法有以下几种。

1) 拉长电弧，以降低电场强度。

2) 用电磁力使电弧在冷却介质中运动，降低弧柱周围的温度。

3）将电弧挤入绝缘壁组成的窄缝中以冷却电弧。

4）将电弧分成许多串联的短弧，增加维持电弧所需的临界电压。

5）将电弧密封于高气压或真空的容器中。

（2）常用的灭弧装置有以下几种：

1）桥式结构双断点灭弧。如图 5.5 所示为桥式结构双断点触头的灭弧原理图。当触头分断时，在断口中产生电弧，流过两电弧的电流 I 方向相反，电弧受到互相排斥的电动力 F 作用向外运动并被拉长；这时电弧迅速进入冷却介质，加快了电弧冷却；这种双断点触头在分断时形成两个断点，将一个电弧分为两个电弧，从而使电弧减小以利于灭弧。这种灭弧方法效果较弱，故一般多用于小功率的电器；但用金属栅片配合灭弧后，也可用于大功率的电器。交流接触器常采用这种灭弧方法。

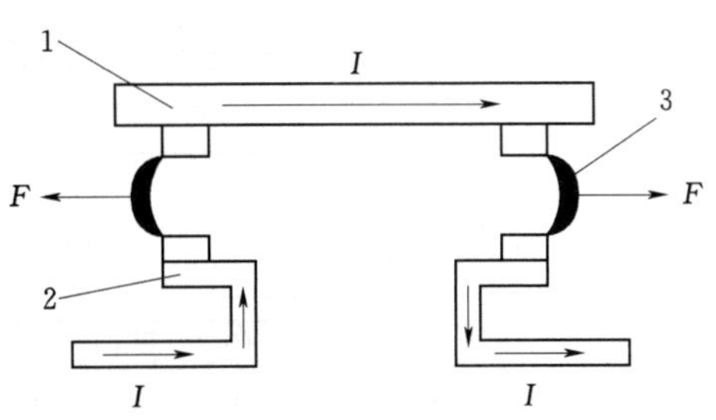

图 5.5 桥式结构双断点灭弧原理图

1—动触头；2—静触头；3—电弧

2）金属栅片灭弧。如图 5.6（a）所示为金属栅片灭弧装置原理结构图。灭弧罩内装有许多由 2～3mm 钢片冲成的金属栅片，栅片外表面镀铜以加大传热性并防止生锈。每一栅片上冲有三角形的缺口，缺口底部稍许偏离栅片中心线，成为不等边三角状。安装时，将相邻栅片的缺口错开，如图 5.6（b）所示。当位于栅片下方的动、静触头分断并产生电弧时，由于栅片的存在，电弧电流在周围空间产生的磁场发生畸变，如图 5.6（b）中虚线所示。电弧在磁场力的作用下而进入栅片，栅片缺口错开是为了减小电弧进入栅片的阻力。

电弧进入栅片后，被分割成许多串联的短弧，如图 5.6（c）所示。当触头上所加的电压是交流时，交流电产生的交流电弧要比直流电弧容易熄灭。因为每个周期有两次过零点，电压在过零时电弧显然容易熄灭。因此，交流电器常用金属栅片灭弧装置。另外灭弧栅片还具有散热作用，可降低电弧温度，更有利于灭弧。

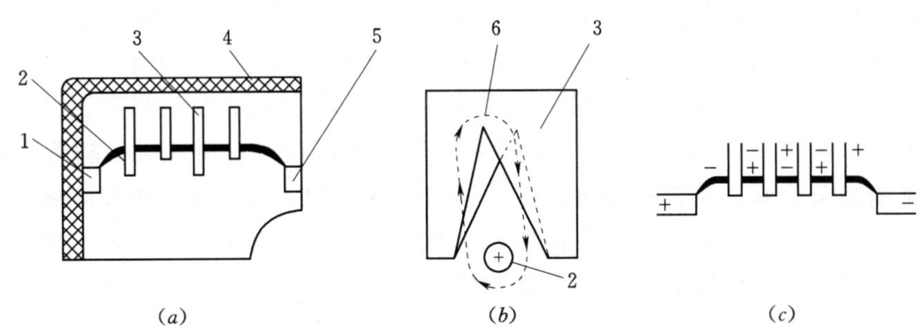

图 5.6 金属栅片灭弧装置原理结构图

（a）灭弧装置原理结构；（b）栅片形状；（c）栅片将电弧分成短弧

1—动触头；2—电弧；3—金属栅片；4—灭弧罩；5—静触头；6—磁通

3）磁吹灭弧。磁吹灭弧的原理如图 5.7 所示。将磁吹线圈与主电路串联，主电路的电流 I 流过磁吹线圈产生磁场。触头分断产生的电弧时，在磁场力 F 的作用下，使电弧在灭弧罩窄缝中向上运动，在运动过程中电弧被拉长的同时，电弧又被冷却，从而产生强

烈的消电离作用，将电弧熄灭。磁吹灭弧装置广泛应用于直流接触器等直流电器中。

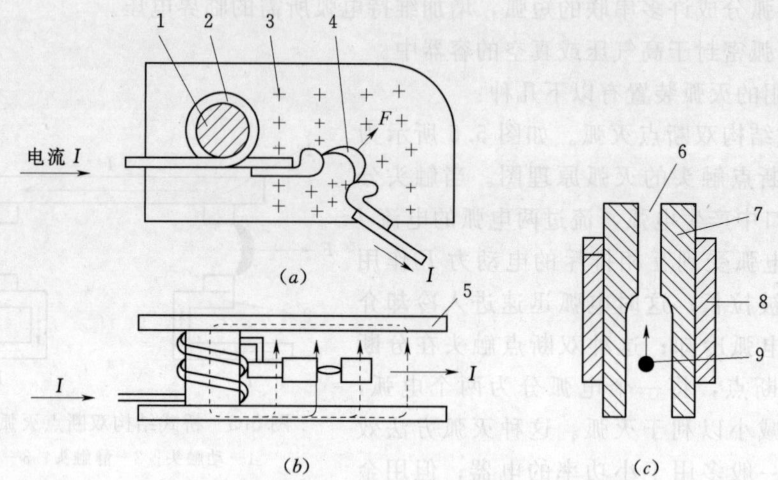

图 5.7 磁吹灭弧的原理图

(*a*) 磁吹线圈产生的磁场力；(*b*) 俯视图；(*c*) 窄缝灭弧室

1—铁芯；2—线圈；3—磁通；4—电弧；5—磁轭；

6—窄缝；7—灭弧室；8—磁性夹板；9—电弧

5.2 主令电器与转换开关

5.2.1 主令电器

主令电器是在自动控制系统中发出指令的电器。主令电器应用广泛，种类繁多，按其作用可分为控制按钮、行程开关、接近开关、万能转换开关、主令控制器等。这里只介绍几种常用的主令电器。

1. 控制按钮

控制按钮通常用来接通或分断控制电路，以控制接触器、继电器、电磁起动器等电器，从而控制电动机或电气设备的运行；或用于信号电路和电气联锁电路。

(1) 控制按钮的结构及工作原理。控制按钮一般由按钮帽、复位弹簧、触头和外壳等组成，其外形和结构如图 5.8 (*a*)、(*b*) 所示。当按下按钮时，桥式触头随着推杆一起往下移动，常闭触头分断；桥式触头继续往下移动，直到和下面一对静触头接触，于是常开触头接通。松开按钮后，复位弹簧使推杆和触头复位，常开触头恢复为分断状态，常闭触头恢复为接通状态。根据需要，按钮中触头数量可装配成 1 常开 1 常闭到 6 常开 6 常闭，触头一般采用桥式结构。

控制按钮的文字符号为 SB，其常开触头、常闭触头和复合触头的图形符号如图 5.8 (*c*) 所示。

(2) 控制按钮类型及主要技术参数。按保护形式分，控制按钮有开启式、保护式、防水式和防腐式等。按结构形式分，控制按钮有嵌压式、紧急式、带灯紧急式、钥匙式、旋钮式、带信号灯式、带灯揿钮式等。控制按钮的颜色有红、黑、绿、黄、白、蓝等，以示不同用途，一般红色按钮用作停止按钮，绿色按钮用作起动按钮。

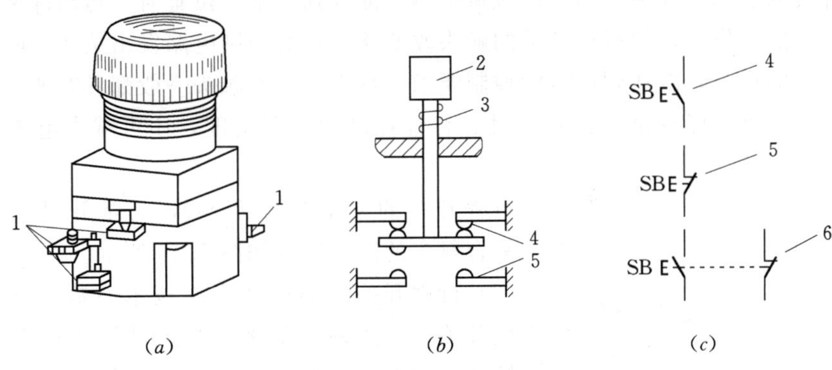

图 5.8 按钮外形、结构及符号

(a) 按钮外形；(b) 按钮的结构原理；(c) 符号

1—触头接线柱；2—按钮帽；3—复位弹簧；4—常开触头；5—常闭触头；6—复合触头

常用国产控制按钮有 LAY3、LAY6、LA18、LA19、LA20、LA25、LA38 等系列，另外还有防尘、防溅作用的 LA30 系列，以及性能更全的 LA101 系列。国外进口及引进产品的种类也很多。

控制按钮的主要技术参数有额定电压、额定电流、结构形式、触头数量、钮数、按钮颜色等。

2. 行程开关

在电气控制中有时需要按照物件位置的变化，来改变用电设备的工作情况。例如，在电力拖动系统中的某些运动部件，当它们移动到某一位置时，往往要求电动机能自动停止、反向或改变移动速度等，这可以使用行程开关来达到上述控制要求。

(1) 行程开关的基本结构及工作原理。行程开关由操作头、触头系统和外壳三部分组成。操作头是感测部分，用以感受生产机械发出的动作信号，将此信号传递到触头系统；触头系统是行程开关的执行部分，它根据操作头传来的机械信号改变触头的状态，实现相应的电气控制。行程开关的外形如图 5.9 所示。

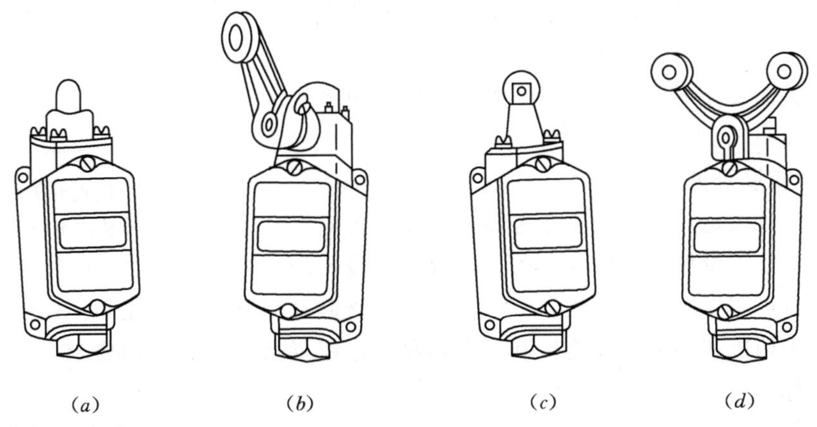

图 5.9 行程开关的外形

(a) 直动式；(b) 摆动式；(c) 直动式；(d) 摆动式

行程开关的工作原理为：当生产机械的运动部件到达某一位置时，运动部件上的挡块碰压行程开关的操作头，使行程开关的触头改变状态，对控制电路发出接通、断开或变换某些控制电路的指令，以达到设定的控制要求。行程开关的触头一般都具有速动机械，使触头瞬时动作，可以保证动作的可靠性、行程控制的位置精度，还可减少电弧对触头的灼伤。

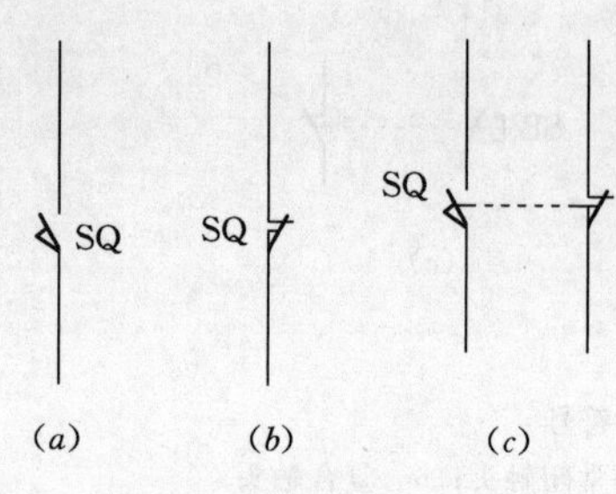

图 5.10　行程开关的文字符号和图形符号

(a) 常开触头；(b) 常闭触头；(c) 复合触头

行程开关的文字符号为 SQ，其常开触头、常闭触头、复合触头的图形符号如图 5.10 所示。

(2) 行程开关的类型及主要技术参数。行程开关也叫限位开关，它的种类很多。按运动形式可以分为直动式、转动式和微动式行程开关；按工作原理可分为机械式和电子式行程开关；按复位方式可分为自动复位和非自动复位行程开关；按有无触头可以分为有触头和无触头行程开关等。

常用的行程开关有 LX、LXW、JLXK1、JLXW5、JW2、3E（德国西门子）、831（法国柯赞）等系列。行程开关的主要技术参数有额定电压、额定电流、结构形式、触头对数、动作行程（距离或角度）、超行程（距离或角度）等。

3. 接近开关

电子式接近开关是当运动的物体与之接近到一定距离时，便发出接近信号，它不需施以机械力。由于这种接近开关具有电压范围宽、重复定位精度高、响应频率高及抗干扰能力强、安装方便、使用寿命长等特点，它的用途已远超出一般行程控制和限位保护，在检测、计数、液面控制，以及计算机和可编程序控制器的传感器上，获得广泛的应用。

常用的接近开关有 LJ、LXJ、CWY 等系列，以及引进德国西门子公司技术生产的 3SG、LXT3 系列等。

接近开关的技术参数除工作电压、输出电流或控制功率外，还有动作距离、重复精度、操作频率和复位行程等。

接近开关的文字符号为 SP，常开触头和常闭触头的图形符号如图 5.11 所示。

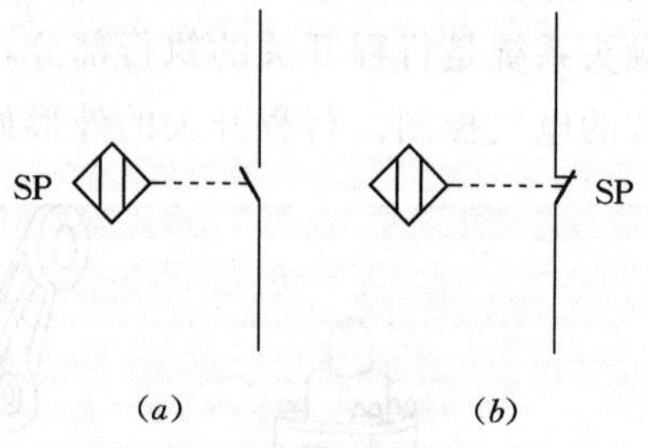

图 5.11　接近开关的文字符号和图形符号

(a) 常开触头；(b) 常闭触头

5.2.2　万能转换开关

万能转换开关是一种手控主令电器，主要作为电气控制线路和电气测量仪表的转换开关，以及配电设备的遥控开关，也可用作小容量三相异步电动机不频繁起动、制动、调速和换向的控制开关。由于它具有多档位和多触头，能控制多个回路，适应复杂线路的控制要求，故有“万能”转换开关之称。

万能转换开关由接触系统、凸轮机构、转轴、手柄和定位机构等主要部件组成，其外形如图 5.12 (*a*) 所示。接触系统由 1～30 层触头座叠装起来，每层均可装 2～3 对触头，并由触头座中套在转轴上的凸轮来控制这些触头的接通和分断。由于各层凸轮可

制成不同形状，因此当手柄转到不同位置时，通过凸轮的作用，可使各对触头按所需的变化规律接通或分断，以适应不同线路的控制需要。万能转换开关的结构示意如图 5.12（*b*）所示。

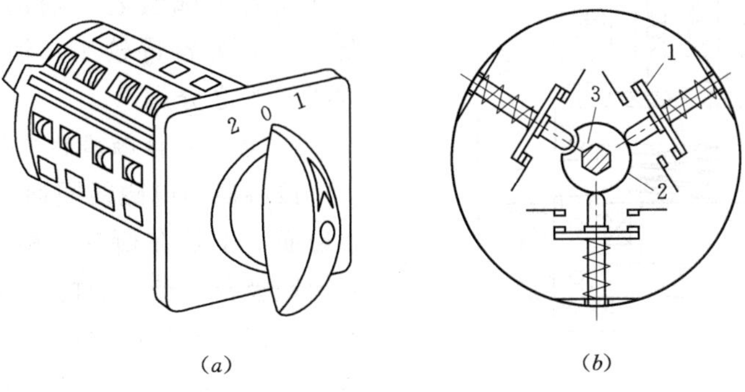

图 5.12 万能转换开关的外形和结构原理示意图

（*a*）外形；（*b*）结构示意图

1—触头；2—凸轮；3—转轴

万能转换开关的文字符号为 SA，图形符号如图 5.13（*a*）所示。图形符号中，每一横线代表一个触头，而用三条竖的虚线代表手柄的三个位置。手柄在某一位置时，触头下方的虚线上有黑点表示该触头接通，无黑点表示该触头分断。触头的状态用通断表来表示，表中"×"表示触头接通，空白表示触头分断，如图 5.13（*b*）所示。

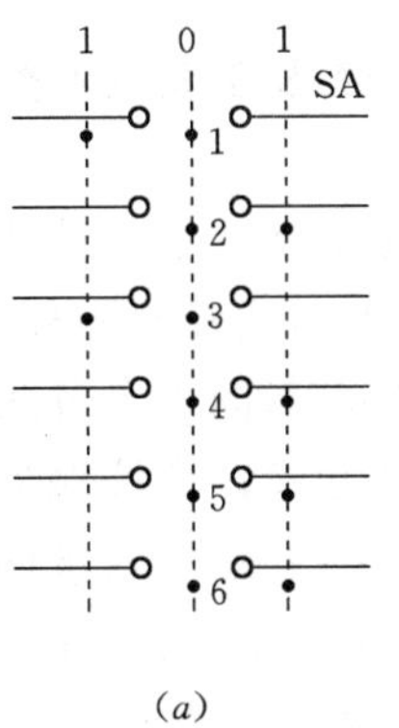

(*a*)

触点号	Ⅰ	0	Ⅱ
1	×	×	
2		×	×
3	×	×	
4		×	×
5		×	×
6		×	×

(*b*)

图 5.13 万能转换开关的符号及触头状态

（*a*）图形符号；（*b*）触头通断表

万能转换开关的主要技术参数有：额定电压、额定电流、触头技术数据、操作频率、触头数及挡数、操作方式等。

常用的万能转换开关有 LW2、LW5、LW6、LW8、LW16 等系列。

5.3 电 磁 式 接 触 器

接触器在正常工作条件下，主要用作频繁地接通或分断电动机等主电路，且可以远距离控制的开关电器。它具有操作频率高、使用寿命长、工作可靠、性能稳定、结构简单、维护方便等优点。因此，在电力拖动控制系统中获得广泛应用。

5.3.1 电磁式接触器的结构及工作原理

1. 电磁式接触器的结构

电磁式接触器由电磁机构、触头系统、弹簧、灭弧装置及支架底座等部分组成。交流接触器的结构如图 5.14 所示。

电磁机构是由铁芯、衔铁和电磁线圈组成。接触器的触头有主触头和辅助触头两

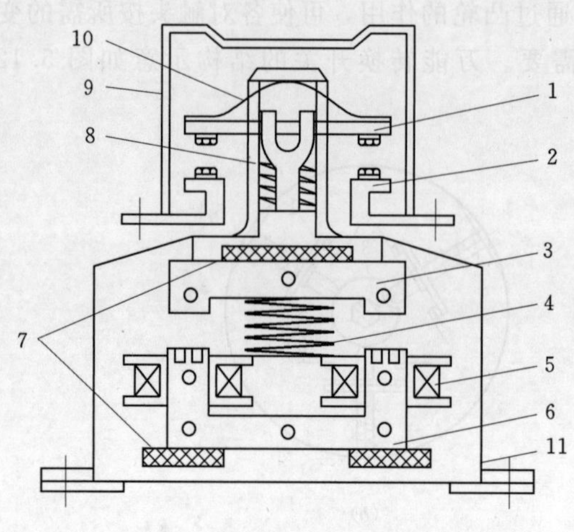

图 5.14 交流接触器的结构

1—动触头；2—静触头；3—衔铁；4—缓冲弹簧；5—电磁线圈；6—铁芯；7—垫毡；8—触头弹簧；9—灭弧罩；10—触头压力弹簧；11—底座

种，主触头是用在主电路中，按其容量大小有桥式触头和指形触头两种形式，对于直流接触器和电流在 20A 以上的交流接触器均装有灭弧装置。辅助触头用在控制电路中，触头容量较小。辅助触头有常开与常闭触头之分。

2. 电磁式接触器的工作原理

接触器的电磁线圈通电后，在铁芯中产生磁通，于是在衔铁气隙处产生电磁吸力，使衔铁吸合，经传动机构带动主触头和辅助触头动作。而当接触器的电磁线圈断电或电压显著降低时，电磁吸力消失或减弱，衔铁在释放弹簧作用下释放，使主触头与辅助触头均恢复到原来状态。

接触器的文字符号为 KM，图形符号如图 5.15 所示。

5.3.2 电磁式接触器的分类及主要技术参数

1. 电磁式接触器的分类

按接触器主触头接通或分断电流性质的不同，可分为直流接触器与交流接触器；按接触器电磁线圈励磁方式不同，可分为直流励磁方式与交流励磁方式；按接触器主触头极数，直流接触器有单极与双极两种；交流接触器有三极、四极和五极三种。

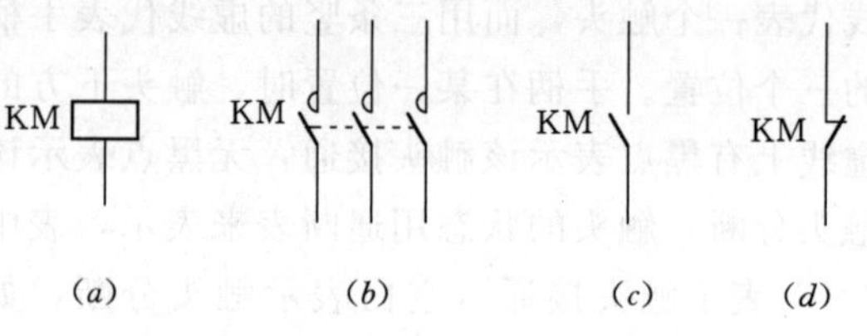

图 5.15 接触器的文字符号和图形符号

(*a*) 线圈；(*b*) 主触头；(*c*) 辅助常开触头；(*d*) 辅助常闭触头

2. 电磁式接触器的主要技术参数

主要技术参数有接触器额定电压、额定电流，接触器线圈额定电压，主触头接通与分断能力，接触器机械寿命与电气寿命，接触器额定操作频率，接触器线圈起动功率与吸持功率等。

(1) 接触器额定电压是指主触头之间正常工作电压值。该值标注在接触器铭牌上。

交流接触器常用的额定电压等级为：220V、380V、660V、1140V 等。

直流接触器常用的额定电压等级为：110V、220V、440V、750V 等。

(2) 接触器额定电流是指接触器主触头正常工作的电流值。该值也标注在接触器铭牌上。常用接触器的额定电流等级为：

交流接触器：10A、20A、40A、60A、100A、150A、250A、400A 及 600A 等。

直流接触器：40A、80A、100A、150A、250A、400A 及 600A 等

(3) 线圈额定电压是指接触器电磁线圈正常工作的电压值。常用接触器线圈的额定电压等级为：

交流线圈：24V、36V、48V、110V、127V、220V、380V 及 660V 等。

直流线圈：24V、48V、110V、220V 及 440V 等。

（4）主触头接通与分断能力是指主触头在规定条件下，能可靠地接通和分断的电流值。在此电流值下接通电路时，主触头不会发生熔焊；断开电路时，主触头不应产生长时间的燃弧。当电流大于此值时，在电路中的熔断器、自动开关等保护电器应当起作用。

主触头的接通与分断能力与接触器的使用类别有关。接触器的使用类别代号通常在产品手册中给出或在产品铭牌中标注，它用额定电流的倍数来表示，具体含义是：AC－1和DC－1类要求接触器主触头允许接通和分断额定电流；AC－2和DC－3、DC－5类要求主触头允许接通和分断4倍的额定电流；AC－3类要求主触头允许接通6倍额定电流和分断额定电流；AC－4类要求主触头允许接通和分断6倍的额定电流。

（5）操作频率是接触器在每小时内可能实现的最高操作循环次数。交流接触器额定操作频率有1200次/h、600次/h、300次/h等；直流接触器额定操作频率有1200次/h、600次/h等。操作频率不仅直接影响接触器的电寿命和灭弧罩的工作条件，还影响到交流接触器电磁线圈的温升。

由于交流电路的使用场合比直流电路广泛，交流电动机使用又特别多，所以交流接触器的品种和规格更为繁多。常用的有CJ20、B、3TB、LC1－D与CJ40等系列交流接触器。其中CJ20为我国20世纪70年代后期到80年代完成的更新换代产品；B、3TB、LC1－D系列为同期引进国外技术制造的产品；CJ40系列为20世纪90年代跟踪国外新技术、新产品自行开发、设计、试制的产品，达到国外20世纪80年代末90年代初水平。

直流接触器常用于远距离接通和分断直流电压至440V、直流电流至1600A的电力线路，并适用于直流电动机的频繁起动、停止、正反转或反接制动等。常用直流接触器有CZ0系列与CZ18等系列。

5.4 电磁式继电器

继电器是一种当输入量的变化达到规定值时，使输出量发生预定阶跃变化的自动开关电器。其输入量可以是电压、电流等电量，也可以是温度、速度、压力等非电量；输出量是触头的接通和断开。

继电器的种类很多，依据不同分类情况也不一样。按动作原理分，可分为电磁式继电器、感应式继电器、电动式继电器、电子式继电器和热继电器等；按输入量不同分，可分为电压继电器、电流继电器、时间继电器、热或温度继电器、速度继电器和压力继电器等；按用途分，可分为控制继电器、保护继电器和通信继电器。其中电磁式继电器应用最为广泛。

电磁式继电器的文字符号为KA，线圈的电气图形符号同接触器，触头的电气图形符号与接触器的辅助触头相同。

5.4.1 电磁式继电器的基本知识

1. 电磁式继电器的原理与分类

电磁式继电器的工作原理与电磁式接触器相同，是根据输入的电压、电流等电量，利用电磁机构衔铁的动作，带动触头动作，来接通或断开控制电路，从而改变被控制对象的工作状态。

电磁式继电器种类很多，按用途分有控制继电器、保护继电器和通信继电器。按输入

量分有电压继电器、电流继电器、时间继电器和中间继电器等。按线圈电流种类不同，有交流继电器和直流继电器。

2. 电磁式继电器的结构

电磁式继电器的结构和电磁式接触器相似，由电磁机构、触头系统、调节装置和支架底座等构成。

(1) 电磁机构。直流继电器是指线圈通直流电的继电器，其电磁机构形式为U形拍合式，铁芯和衔铁均由电工软铁制成。为了加大闭合后的气隙，在衔铁的内侧装有非磁性垫片。直流电磁式继电器的结构原理如图5.16所示。

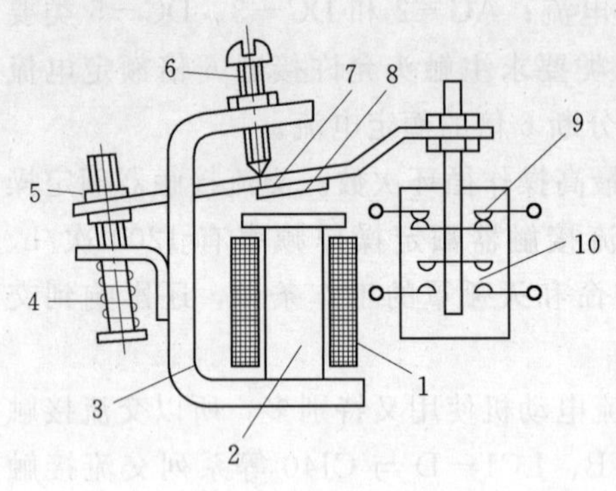

图5.16 直流电磁式继电器的结构原理图

1—线圈；2—铁芯；3—磁轭；4—弹簧；5—调节螺母；6—调节螺钉；7—衔铁；8—非磁性垫片；9—常闭触头；10—常开触头

交流继电器是指线圈通交流电的继电器，其电磁机构形式有U形拍合式、E形直动式、等结构形式。U形拍合式和E形直动式的铁芯及衔铁均由硅钢片叠成，且在铁芯柱端面上装有短路环，以削弱振动和噪声。

(2) 触头系统。由于继电器触头是接在小电流的控制电路中，故不装设灭弧装置。触头一般为桥式结构，有常开和常闭两种形式。

(3) 调节装置。为了改变继电器的动作参数，继电器一般还具有改变释放弹簧松紧和改变衔铁打开后磁路气隙大小的调节装置。

3. 电磁式继电器的特性

继电器的特性是用输入—输出特性来表示的，当改变继电器输入量大小时，对于输出量触头的动作只有“通”与“断”两个状态，所以继电器的输出量也只有“有”和“无”两个量。如图5.17所示为继电器的输入—输出特性。

当输入量X从零开始增加时，在$X<X_0$的过程中，输出量Y为零；当$X=X_0$时，衔铁吸合，通过其触头的输出量由零跃变为Y_1；再增加X时，Y_1值不变。而当输入量减小时，在$X>X_r$的过程中，Y仍保持Y_1值不变；当X减小到X_r时，衔铁打开，输出量由Y突降为零；X再减小，Y值保持为零。图中X_0称为继电器的吸合值，X_r称为继电器的释放值，它们均为继电器的动作参数。释放值X_r与吸合值X_0之比称为返回系数，用K表示。

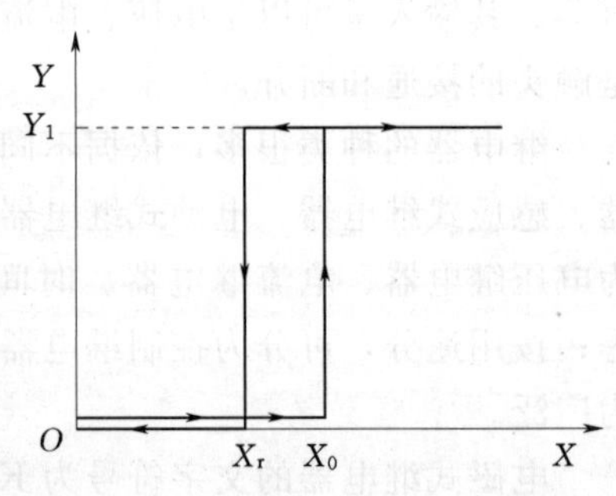

图5.17 继电器的输入—输出特性

5.4.2 电磁式电流继电器

电磁式电流继电器的线圈与电路串接，线圈中流过电路的电流，触头是否动作决定于线圈中电流的大小。按线圈电流种类，有交流电流继电器和直流电流继电器两种；按动作电流大小，又可分为过电流继电器和欠电流继电器两种。

1. 过电流继电器

过电流继电器在正常工作时，继电器线圈中流过负载电流，即便达到额定负载电流，

衔铁也不会吸合。当出现比额定负载电流大一定值的电流时，衔铁才被吸合，从而带动触头动作。在电力拖动控制系统中，常用过电流继电器来做电路的过电流保护。

2. 欠电流继电器

欠电流继电器在正常工作时，由于流过线圈的负载电流大于继电器的吸合电流值，所以衔铁处于吸合状态。当负载电流降低至继电器的释放电流值时，则衔铁释放，从而使触头动作。在直流电动机上，如果励磁回路断线，可能会产生“飞车”的严重后果，故用直流欠电流继电器作为直流电动机励磁回路的欠电流保护。因在交流电路中无需欠电流保护，故无交流欠电流继电器这种产品。

3. 电流继电器的整定

在不同的使用场合，电流继电器需要有不同的动作电流值，这个电流的调整过程称为电流的整定，电流的整定值应根据被控制对象的要求来确定。过电流继电器对释放电流值无要求，故不需要整定，但吸合电流值必须整定；对于直流欠电流继电器，释放电流是一重要参数，必须进行整定。

5.4.3 电磁式电压继电器

电压继电器与电流继电器的区别主要在线圈上，前者是电流线圈，后者是电压线圈。电磁式电压继电器线圈并联在电路上，其触头是否动作与线圈两端的电压大小有关，它在电力拖动控制系统中起电压保护和控制作用。按线圈所加电压的种类，分为交流电压继电器和直流电压继电器；按动作电压大小又可分为过电压继电器和欠电压继电器。

1. 过电压继电器

当过电压继电器线圈加额定电压时，衔铁不会吸合，仍处于释放状态，只有当线圈电压高于其额定电压时衔铁才会吸合。在衔铁吸合后，当电路电压降低到继电器释放电压值时，衔铁又返回释放状态。所以过电压继电器释放值小于吸合值。

由于直流电路一般不会出现过电压现象，所以在产品中没有直流过电压继电器。交流过电压继电器在电路中起过电压保护作用。

2. 欠电压继电器

在线圈电压低于额定电压时衔铁就会吸合，而当线圈电压很低时衔铁才释放。释放值与吸合值之比称为返回系数，用 K_V 表示。欠电压继电器可作为线路或电动机等用电电器的欠电压保护，一般要求高返回系数，其 K_V 值在 0.6 以上。如某欠电压继电器 $K_V=0.66$，吸合电压为 $0.9U_N$，则当电源电压低于 $0.6U_N$ 时继电器动作，起到欠电压保护的作用。

3. 电压继电器动作电压的整定

在不同的使用场合，电压继电器需要有不同的动作电压，即有不同的释放电压和吸合电压。过电压继电器对释放电压无要求，故一般释放电压不需要整定，但吸合电压必须整定。而欠电压继电器的释放电压，必须按电路的要求进行整定。

5.4.4 电磁式中间继电器

电磁式中间继电器实质上是一种电压继电器，其触头数量较多，在控制电路中起增加触头数量和中间放大作用。

根据电磁式中间继电器线圈电压种类不同，有直流中间继电器与交流中间继电器两种。有的电磁式直流继电器，当更换不同的线圈时，可做成直流电压、直流电流及直流中

间继电器；如果在铁芯上套装阻尼套筒，还可做成电磁式时间继电器。因此，这类继电器从结构上看，它具有通用性，故又称为通用直流继电器。

5.4.5 常用电磁式继电器

JL14系列交直流电流继电器，主要用于交流电压380V及以下、直流电压440V及以下的控制电路中，作为过电流或欠电流保护用。JZ11、JZ14、JZ15系列中间继电器，适用于交直流控制线路。JT4系列交流电磁式通用继电器，适用于交流50Hz、380V及以下的控制电路，作为过电流、过电压和零电压（或中间）继电器用。JT18系列直流电磁式通用继电器，主要用于直流电压至440V的主电路，直流电流至630A，直流电压至220V的控制电路，作为电压（或中间）继电器、欠电流继电器及时间继电器用。JL17系列交流起动用电流继电器，适用于绕线式异步电动机转子串电阻起动控制电路。

5.5 时间继电器

继电器的感测元件在感受外界信号后，经过一段时间才使执行部分动作，这类继电器称为时间继电器。按其动作原理可分为电磁阻尼式、空气阻尼式、电动机式和电子式等；按延时方式可分为通电延时型和断电延时型两种。

时间继电器的文字符号为KT，线圈和触头的电气图形符号如图5.18所示。

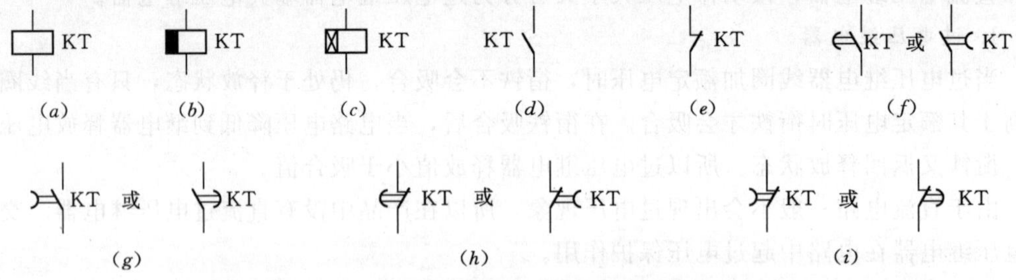

图5.18 时间继电器的文字符号和图形符号

(*a*) 线圈一般符号；(*b*) 断电延时线圈；(*c*) 通电延时线圈；(*d*) 瞬动常开触头；(*e*) 瞬动常闭触头；(*f*) 常开延时闭合触头；(*g*) 常开延时断开触头；(*h*) 常闭延时断开触头；(*i*) 常闭延时闭合触头

5.5.1 电磁阻尼式时间继电器

1. 工作原理

对于JT18系列通用电磁式继电器，在直流电压继电器的铁芯柱上套装一个阻尼铜套，便成为电磁阻尼式时间继电器，如图5.19所示。由电磁感应定律可知，在线圈接通电源时，将在阻尼铜套内产生感应电势和感应电流，感应电流产生感应磁通，在感应磁通作用下，使气隙磁通增加减缓，使达到吸合磁通值的时间延长，从而使衔铁延时吸合，触头延时动作；当线圈断开直流电源时，由于阻尼铜套的作用，使气隙磁通减小变慢，从而使达到释放磁通值的时间延长，衔铁延时打开，触头也延时动作。因此，在直流电压继电器的磁路上加上铜套，无论线圈在通电还是断电时，在铜套作用下都能产生延时作用。

这种时间继电器，线圈通电吸合延时不显著，一般只有0.1～0.5s的延时。线圈断电获得的释放延时比较显著，可达0.3～5s的延时。在电力拖动控制系统中通常采用线圈断

电延时。

2. 延时时间的调整方法

不同的使用场合，对延时时间长短的要求有不同，因此需要调整时间继电器的延时时间，以满足控制要求。延时时间有如下调整方法：

（1）改变非磁性垫片厚度。垫片厚时延时时间短，垫片薄时延时时间长。由于垫片厚度增减是阶跃式的变化而不是连续的，故此调整方法是释放延时的粗调。改变非磁性垫片厚度对通电吸合延时无影响。

（2）调整释放弹簧。释放弹簧越松，释放磁通越小，释放延时越长。因延时时间可以连续调节，故调整释放弹簧是释放延时的细调。释放弹簧的调节是有限的，太松则因剩磁而不能释放，太紧则不能吸合。调整释放弹簧同时影响吸合延时时间，释放弹簧越松，吸合磁通越小，吸合延时越短。

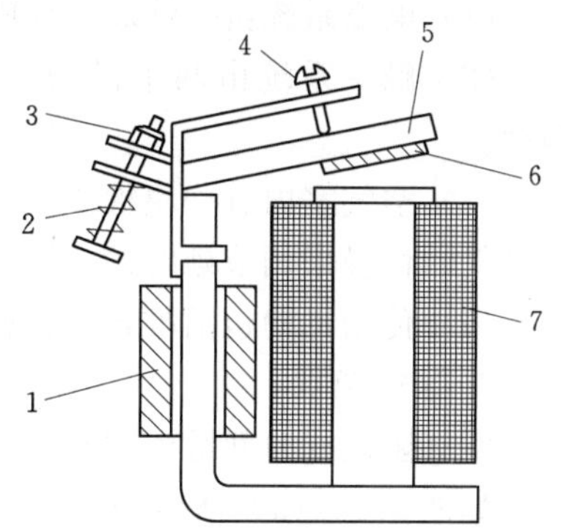

图 5.19 电磁阻尼式时间继电器结构原理

1—阻尼铜套；2—释放弹簧；3—调节螺母；4—调节螺钉；5—衔铁；6—非磁性垫片；7—电磁线圈

5.5.2 空气阻尼式时间继电器

空气阻尼式时间继电器是利用空气阻尼作用而达到延时的目的，它是应用最广泛的一种时间继电器。JS7—A 系列空气阻尼式时间继电器的结构原理如图 5.20 所示。

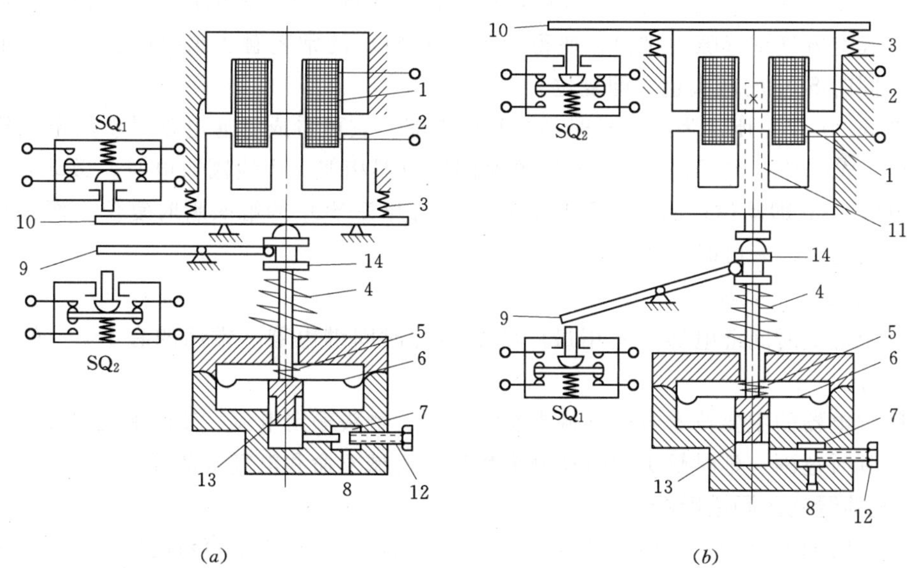

图 5.20 空气阻尼式时间继电器的结构原理

（a）通电延时型；（b）断电延时型

1—线圈；2—衔铁；3—复位弹簧；4、5—弹簧；6—橡皮膜；7—节流孔；8—进气孔；9—杠杆；10—推板；11—推杆；12—调节螺钉；13—活塞；14—活塞杆

1. 结构

空气阻尼式时间继电器的结构由电磁系统、触头系统、空气室及传动机构等部分组成。

(1) 电磁系统包括铁芯、线圈、衔铁、复位弹簧等。

(2) 触头系统由两个微动开关组成，根据动作情况不同，有瞬时融头和延时触头两种。

(3) 空气室内有一块橡皮膜，随空气量的增减而移动。气室上面有调节螺丝，通过调节进气的快慢来调节延时的长短。

(4) 传动机构包括推板、推杆、杠杆及宝塔弹簧等。

2. 工作原理

空气阻尼式时间继电器有通电延时与断电延时两种。

如图 5.20 (*a*) 所示为通电延时型时间继电器，它是在线圈通后触头要延时一段时间才动作；而线圈失电时，触头立即复位。工作原理是：当线圈 1 通电时，衔铁 2 克服复位弹簧 3 的阻力与固定铁芯立即吸合，活塞杆 14 在宝塔弹簧 4 的作用下向上移动，使与活塞 13 相连的橡皮膜 6 也向上运动，但受到进气孔 8 进气速度的限制，这时橡皮膜下面形成负压，对活塞的移动产生阻尼作用。随着空气由进气孔进入气囊，经过一段时间，活塞才能完成全部行程而压动微动开关 SQ_2，使常闭触头延时断开，常开触头延时闭合。延时时间的长短决定于节流孔 7 的节流程度，进气越快，延时越短。旋动节流孔螺钉 12 可调节进气孔的大小，从而达到调节延时时间长短的目的。微动开关 SQ_1 在衔铁吸合后，通过推板 10 立即动作，使常闭触头瞬时断开，常开触头瞬时闭合。

当线圈 1 断电时，衔铁 2 在弹簧 3 的作用一下，通过活塞杆 14 将活塞 13 推向最下端，这时橡皮膜 6 下方气室内的空气通过橡皮膜、弹簧 5 和活塞的局部所形成的单向阀迅速从橡皮膜上方气室缝隙中排掉，使得微动开关 SQ_2 的常闭触头瞬时闭合，常开触头瞬时断开，同时 SQ_1 的触头也立即复位。

如图 5.20 (*b*) 所示为断电延时型时间继电器。它可看成将通电延时型的电磁铁翻转 180°安装而成，其工作原理与通电延时型时间继电器相似。当线圈通电时，微动开关 SQ_1 和 SQ_2 的触头立即动作；而当线圈断电时，微动开关 SQ_1 的触头瞬时复位，而微动开关 SQ_2 的触头要延时一段时间才能复位。

3. 型号与技术数据

空气阻尼式时间继电器是应用最广泛的一种时间继电器，常用的有 JS7－A、JS23、JSK 系列等。

时间继电器的主要技术数据有触头额定电压、触头额定电流、线圈额定电压、额定操作频率、延时范围、延时触头和瞬动触头数量、机械寿命和电气寿命等。

5.5.3 晶体管式时间继电器

阻容式时间继电器为常用的晶体管式时间继电器，它利用电容对电压变化的阻尼作用来实现延时的。这类产品具有延时范围广、精度高、体积小、耐冲击、耐振动、调节方便以及寿命长等优点。这类产品有 JS13、JS14、JS15 及 JS20 等系列。此外，还有引进国外技术生产的 JSF 系列电子式时间继电器，JSS1、JSS1P、JSS2 系列数字式时间继电器等。其中 JS20 系列为全国推广的统一设计产品。

5.5.4 电动式时间继电器

电动式时间继电器是由微型同步电动机拖动减速齿轮，经传动机构获得触头延时动作的时间继电器。它由微型同步电动机、离合电磁铁、减速齿轮组、差动轮系、复位游丝、

触头系统、脱扣机构和延时整定装置等部分组成。延时方式有通电延时型和断电延时型两种。

这种类型时间继电器的优点是，延时值不受电源电压波动和环境温度变化的影响，延时范围大、延时精度高，延时过程能通过指针直观地表示出来。这种继电器还有断电记忆功能，即当断电时，由断电记忆杠杆将已经走过的时间记忆，当电压恢复后，可以继续走完余下的时间；也可以通过手动复位后，将其回复到原始位置。其缺点是机械结构复杂，不适用于频繁动作，延时误差受电源频率的影响，价格较高且寿命低。其中常用电动式时间继电器，有国产的 JS11、JS17 系列和引进国外制造技术生产的 7PR 系列等。

5.6 热 继 电 器

热继电器是电流通过发热元件产生的热量，使检测元件的物理量发生变化，从而使触头改变状态的一种继电器。

5.6.1 热继电器的结构及工作原理

1. 双金属片式热继电器的结构及工作原理

所谓双金属片，是将两种线膨胀系数不同的金属片用机械压碾方式使之形成一体。线膨胀系数大的为主动层，线膨胀系数小的为被动层。双金属片受热后产生线膨胀，由于两层金属的线膨胀系数不同，且两层金属又紧密地压合在一起，因此，使得双金属片向被动层一侧弯曲，由双金属片弯曲产生的机械力经传动机构使触头动作。

双金属片的加热方式有直接加热、间接加热、复式加热和电流互感器加热等多种。直接加热是把双金属片当作发热元件，让电流直接通过。间接加热是用与双金属片无电气联系的加热元件产生的热量来加热。复式加热是直接加热与间接加热相结合。电流互感器加热是间接加热的推广，多用于电动机容量大的场合，发热元件不直接串接在电动机主电路，而是接于电流互感器的二次侧，这样减小了通过发热元件的电流。

双金属片热继电器结构原理如图 5.21 所示。采用复合加热，主双金属片 11 与加热元件 12 串联后接于电动机定子电路，当流过过载电流时，主双金属片受热向左弯曲，推动导板 13，向左推动补偿双金属片 15，补偿双金属片与推杆 5 固定为一体，它可绕轴 16 顺时针方向转动，推杆推动片簧 1 向右，当向右推动到一定位置时，弓簧 3 的作用力方向改变，使片簧 2 向左运动，常闭触头 4 断开。由片簧 1、2 与弓簧 3 构成一组跳跃机构，实现快速动作。

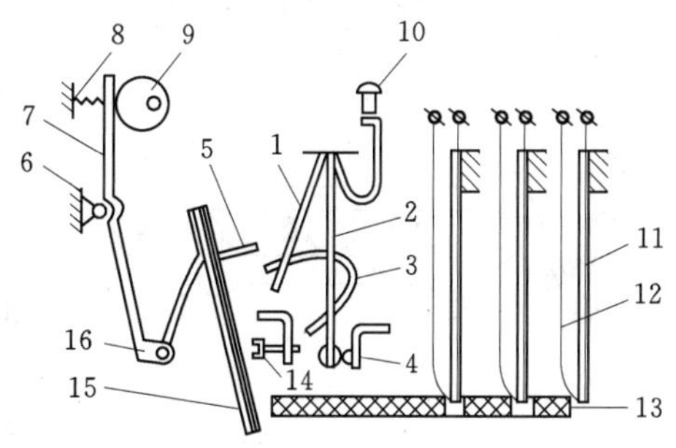

图 5.21 双金属片热继电器的结构原理

1、2—片簧；3—弓簧；4—触头；5—推杆；6—轴；7—杠杆；8—压簧；9—电流调节凸轮；10—手动复位按钮；11—主双金属片；12—加热元件；13—导板；14—复位调节螺钉；15—补偿双金属片；16—轴

凸轮 9 是用来调节整定电流的。为了减少发热元件的规格，要求热继电器的整定电流能在发热元件额定电流的 66%～100%范围内调节。旋转凸轮 9，改变杠杆 7 的位置，也就改变了补偿双金属片 15 与导板 13 之间的距

离，也就是改变了热继电器动作时主双金属片 11 弯曲的距离，即改变了热继电器的整定电流值。补偿双金属片 15 可在规定范围内补偿环境温度对热继电器的影响。如果周围环境温度升高，主双金属片 11 向左弯曲程度加大，此时，补偿双金属片 15 也向左弯曲，使导板 13 与补偿双金属片之间距离不变。这样，热继电器的动作电流将不受环境温度变化的影响。有时可采用欠补偿，即同一环境温度下使补偿双金属片向左弯曲的距离小于主双金属片向左弯曲的距离，以便在环境温度较高时，热继电器动作较快，更好地保护电动机。

若要使热继电器手动复位时，将复位调节螺钉 14 向左拧出稍许。当按下手动复位按钮 10 时，迫使片簧 1 退回原位，片簧 2 随之往右跳动，使常闭触头 4 闭合。若要使热继电器自动复位，应将复位调节螺钉 14 向右旋转一定长度即可实现。

由于热继电器的发热元件有热惯性，在电路中不能做瞬时过载保护，更不能做短路保护，主要用于电动机的过载保护、断相保护和三相电流不平衡运行的保护以及其他电气设备发热状态的控制。

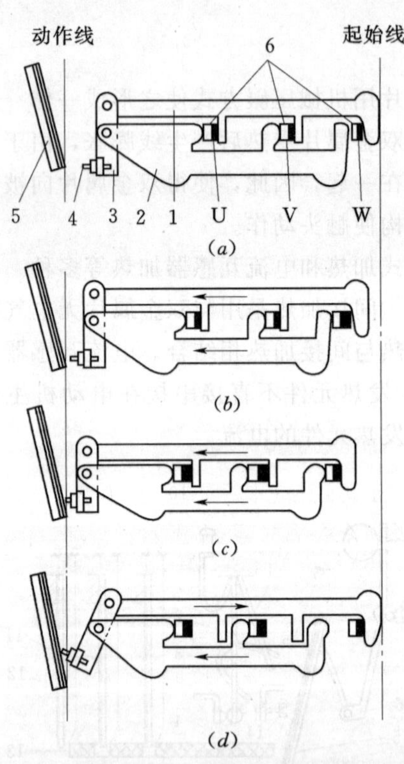

图 5.22 带断相保护热继电器的工作原理
(*a*) 通电前；(*b*) 三相电流不大于整定电流时；
(*c*) 三相均匀过载；(*d*) W 相断路
1—上导板；2—下导板；3—杠杆；4—顶头；
5—补偿双金属片；6—主双金属片

2. 带断相保护的热继电器的工作原理

上述结构的热继电器，当三相同时出现过载电流时，对电动机能起到保护作用；但对于三角形连接的电动机，若发生一相断路，那就不一定能起到保护作用。为对三相异步电动机进行断相保护，可将热继电器的导板改成差动机构，如图 5.22 所示。

差动机构由上导板 1、下导板 2 及装有顶头 4 的杠杆 3 组成，它们之间均用转轴连接。图 5.22 (*a*) 为通电前机构各部件的位置。图 5.22 (*b*) 为在不大于整定电流下工作时，三相双金属片均匀受热而同时向左弯曲，上、下导板同时向左平行移动一小段距离，但顶头 4 尚未碰到补偿双金属片 5，热继电器不动作。图 5.22 (*c*) 是三相同时均匀过载，此时，三相双金属片同时向左弯曲，推动下导板，也同时带动上导板左移，顶点 4 碰到补偿双金属片端部，使热继电器动作。图 5.22 (*d*) 为一相发生断路的情况，此时断路相的双金属片逐渐冷却，其端部向右移动，推动上导板向右移动，而另外两相双金属片在电流加热下端部仍向左移动。由于上、下导板一右一左地移动，产生了差动作用，通过杠杆的放大作用，迅速推动补偿双金属片 5，使热继电器动作。

热继电器的文字符号为 FR，热元件和触头的电气图形符号如图 5.23 所示。

5.6.2 常用的热继电器

常用热继电器的型号有 JR0、JR15、JR16、JR20 系列等，还有引进国外技术生产的

3UA、LR1－D、T 和 CDR 系列等，电子式热继电器有 3RB10、3RB12 系列等。

JR20 系列热继电器是一种双金属片式热继电器，适用于交流 50Hz，主电路电压至 660V、电流至 160A 的传动系统中，作为三相笼形异步电动机的过载和断相保护；并能与 CJ20 等交流接触器配套组成新型电磁起动器，作为电动机的起动、运转控制和保护，也可单独使用。

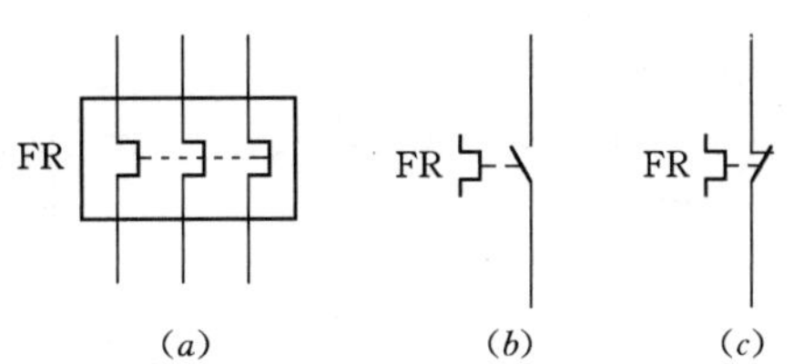

图 5.23　热继电器的文字符号和图形符号
(a) 热继电器的热元件；(b) 热继电器的常开触头；(c) 热继电器的常闭触头

5.7 速度继电器

速度继电器是当转速达到规定值时动作的继电器。它常被用于电动机反接制动的控制电路中，当反接制动使电动机转速下降到接近于零时，速度继电器的触头复位，通过控制电路的作用自动及时地切断电源，以防电动机反向起运。感应式速度继电器是根据电磁感应原理实现触头动作的，其电磁系统与一般电磁式继电器的电磁系统不同，而与交流电动机的电磁系统相似，即由定子和转子组成。

JFZ0 系列速度继电器由转子、定子和触头系统三部分组成。转子是一个圆柱形永久磁铁。定子是一个笼形空心圆环，由硅钢片叠压而成，并装有笼形绕组，如图 5.24 所示。

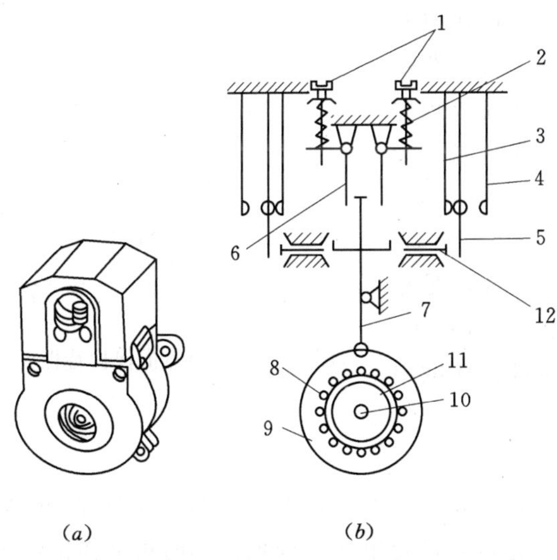

图 5.24　速度继电器的外形及结构原理
(a) 外形；(b) 结构原理
1—调节螺钉；2—反力弹簧；3—常闭触头；4—动触头；5—常开触头；6—返回杠杆；7—杠杆；8—笼形导体；9—定子；10—转轴；11—转子；12—推杆

速度继电器的转轴 10 与电动机轴相连接，当电动机转动时，继电器的转子 11 随着一起转动，使永久磁铁的磁场变成旋转磁场。定子 9 内的笼形导体 8 因切割磁力线而产生感应电势并产生感应电流。载流导体与旋转磁场相互作用产生电磁转矩，于是定子向转子旋转的方向偏转一个角度。转子转速越高，定子导体内产生的电流就越大，电磁转矩就越大，定子偏转的角度也就越大。当定子偏转到一定角度时，杠杆 7 就会推动推杆 12，使常闭触头断开，常开触头闭合。在杠杆 7 推动推杆 12 的同时，也压缩反力弹簧 2，其作用力阻止定子继续偏转。当电动机转速下降时，速度继电器转子的转速也随之下降，定子导体内产生的电流也相应减小，因而电磁转矩也相应减小。当速度继电器转子的速度下降到一定数值时，电磁转

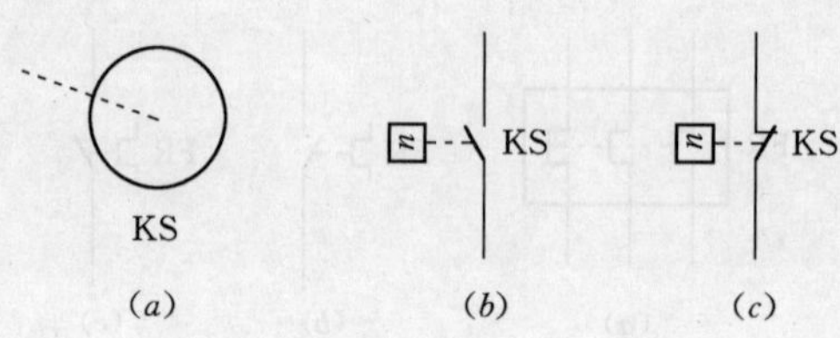

图 5.25 速度继电器的文字符号和图形符号

(a) 转子；(b) 常开触头；(c) 常闭触头

矩小于反力弹簧的反作用力矩，定子便返回到原来的位置，使对应的触头恢复到原来状态。调节螺钉 1 可以调节反力弹簧反作用力大小，从而可以调节触头动作时所需转子的转速。

常用的感应式速度继电器有 JFZ0 和 JY1 系列，速度继电器的文字符号为 KS，电气图形符号如图 5.25 所示。

5.8 熔 断 器

熔断器是一种结构简单、体积小、重量轻，使用维护方便、价格低廉的保护电器，广泛的应用低压配电系统和控制电路中，主要作为短路保护元件，也可作为单台电气设备的过载保护元件。

5.8.1 熔断器的结构、原理及保护特性

熔断器的种类很多，按结构形式分有插入式、螺旋式、无填料密封管式、有填料密封管式和自复式熔断器。按用途分有一般工业用熔断器、半导体器件保护用快速熔断器、自复式熔断器等。

熔断器主要由熔体、绝缘底座（熔管）及导电部件等部件组成。熔体是熔断器的核心部分，它既是感测元件又是执行元件。熔体常做成丝状或片状，其材料有两类：一类为低熔点材料，如铅锡合金、锌等；另一类为高熔点材料，如银、铜、铝等。熔断器接入电路时，熔体串联在电路中，负载电流流过熔体，由于电流的热效应，当电路电流为正常时，熔体的温度较低；当电路发生过载或短路时，流过熔体的电流增大，熔体发热快速增多使温度急剧上升，熔体温度达到熔点便自行熔断，从而断开电路，起到保护作用。

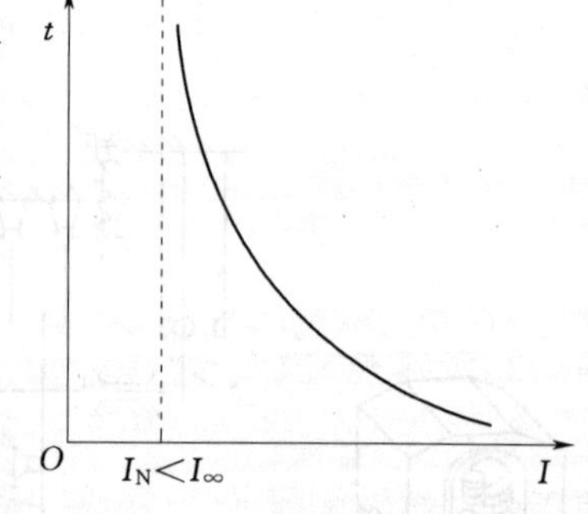

图 5.26 熔断器的保护特性

熔断器的保护特性亦称熔断特性或安秒特性，是指熔体的熔断电流与熔断时间的关系曲线，如图 5.26 所示。图中 I_∞ 为最小熔化电流或临界电流，即当通过熔体的电流小于 I_∞ 时熔体不会熔断。

5.8.2 熔断器的主要技术参数

(1) 额定电压。熔断器的额定电压是从灭弧的角度出发，熔断器长期工作时和分断后能正常工作的电压。如果熔断器所接电路电压超过其额定电压，长期工作时可能使绝缘击穿，或熔体熔断后电弧可能不能熄灭。

(2) 额定电流。熔断器额定电流是指熔断器长期工作，各部件温升不超过允许值时，所允许通过的最大电流。额定电流分熔管额定电流和熔体额定电流，熔管额定电流的等级比较少，而熔体额定电流的等级比较多。在一个额定电流等级的熔管内可选用若干个额定电流等级的熔体，但熔体的额定电流不可超过熔管的额定电流。

（3）极限分断能力。是指熔断器在额定电压下工作时，能可靠分断的最大电流值。它取决于熔断器的灭弧能力，与熔体的额定电流无关。

5.8.3 常用熔断器

1. 插入式熔断器

插入式熔断器又称瓷插保险，具有结构简单、价格低廉、更换熔体方便等优点，被广泛用于照明电路和小容量电动机的短路保护，其外形结构如图 5.27 所示。

2. 螺旋式熔断器

螺旋式熔断器用于电压在 500V 及以下的电路，作过载和短路保护用。其中 RL1 系列多用于机床电路中，RL6、RL7、RL96 系列熔断器用于电缆和线路保护，RL96 系列适用于船舶，其外形结构如图 5.28 所示。

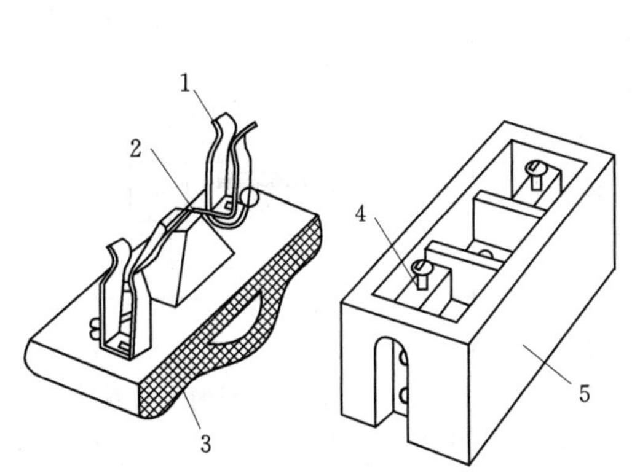

图 5.27 插入式熔断器

1—动触头；2—熔丝；3—瓷盖；4—静触头；5—瓷座

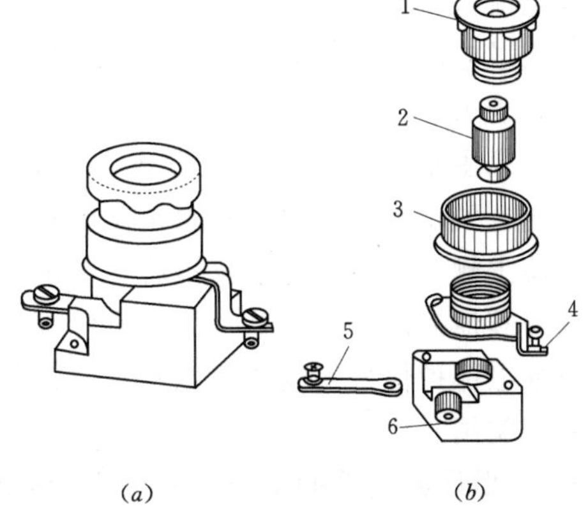

图 5.28 螺旋式熔断器

（a）外形；（b）结构

1—瓷帽；2—熔管；3—瓷套；4—上接线端；5—下接线端；6—底座

3. 无填料密闭管式熔断器

这种熔断器是一种可拆卸的熔断器，其特点是当熔体熔断时，管内产生高气压，能加速灭弧；熔体熔断后，工作人员可自行拆开，装上新熔体后即可使用，以便尽快恢复供电。还具有分断能力大、保护特性好和运行安全可靠等优点，常用于频繁发生过载和短路故障的场合，其结构如图 5.29 所示。

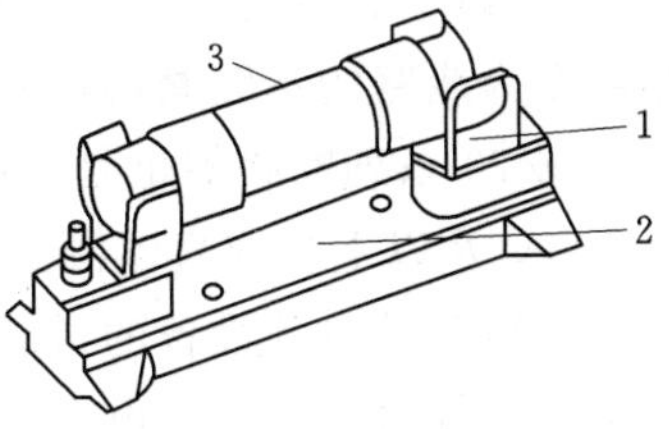

图 5.29 无填料密闭管式熔断器

1—静触头；2—底座；3—熔管

4. 有填料封闭管式熔断器

有填料封闭管式熔断器具有分断能力强、保护特性好、带有醒目的熔断指示器、使用安全等优点，广泛用于具有高短路电流的电网或配电装置中，作为电缆、导线、电动机、变压器以及其他电器设备的短路保护和电缆、导线的过载保护。其缺点是熔体熔断后必须更换熔管，经济性较差。

常用的有填料封闭管式熔断器有 RT 系列和引进国外技术生产的 NT 系列等。

5.9　低压断路器

低压断路器常称为自动开关或空气开关等。在功能上，它相当于刀开关、熔断器、热继电器、过电流继电器以及欠电压继电器的组合，是一种既有手动开关的作用，又能实现欠压、失压、过载、短路和漏电保护功能的电器。

5.9.1　低压断路器的结构和工作原理

各种低压断路器在结构上都具有主触头及灭弧装置、各种脱扣器、自由脱扣机构和操作机构三个部分。

如图5.30所示为一个三极断路器，主触头2串接于三相电路中且处于闭合状态。传动杆3由锁扣4钩住，分闸弹簧1已被拉伸。当主电路出现过电流故障且达到过电流脱扣器的动作电流时，则过电流脱扣器6的衔铁吸合，顶杆向上将锁扣4顶开，在分闸弹簧1作用下使主触头断开。如果主电路出现欠压、失压及过载故障时，则欠压、失压脱扣器及过载脱扣器分别将锁扣顶开，使主触头分开。分励脱扣器9可由主电路电源或由其他控制电源供电，可由操作人员发出命令或继电保护信号使线圈通电，其衔铁吸合，使断路器跳闸。

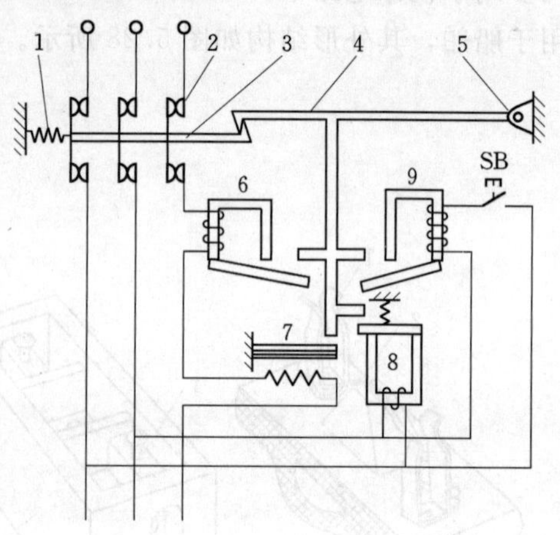

图5.30　低压断路器的工作原理

1—分闸弹簧；2—主触头；3—传动杆；4—锁扣；5—轴；6—过电流脱扣器；7—过载脱扣器；8—失压、欠压脱扣器；9—分励脱扣器

5.9.2　低压断路器的型号及主要技术参数

1. 常用低压断路器

常用的塑壳式断路器有国产DZ系列，引进国外技术生产的有T系列、H系列、3VE系列、C45系列等，电子式CM1E系列等。常见的万能式断路器有国产DW系列，引进国外技术生产的有ME系列、AE系列、3WE系列等。

DZ15系列低压断路器是全国统一设计的系列产品，适用于交流50Hz或60Hz、电压500V及以下、电流40～100A的电路中作为配电、电动机和照明电路的过载及短路保护，亦可作为线路的不频繁切换和电动机不频繁起动用。

DZ20系列断路器也是全国统一设计的系列产品，适用于交流50Hz或60Hz，额定电压500V及以下，或直流额定电压220V及以下，额定电流100～1250A的电路中，作为配电、线路及电源设备的过载、短路和欠电压保护；额定电流200A及以下和Y型400A的断路器亦可作为保护电动机的过载、短路和欠电压保护；在正常情况下，断路器可作为线路的不频繁切换和电动机不频繁起动用。

2. 低压断路器的主要技术参数

(1) 额定电压。指断路器在规定条件下长期运行所能承受的工作电压，一般指线电压。常用的有220V、380V、500V、660V等。

(2) 额定电流。指在规定条件下断路器可长期通过的电流，又称脱扣器额定电流。

(3) 壳架等级额定电流。断路器的框架或塑料外壳中能安装的最大脱扣器的额定电流。

(4) 通断能力。指在规定操作条件下，断路器能接通和断开短路电流的值。

(5) 动作时间。指从出现短路的瞬间开始，到触头分离、电弧熄灭、电路被完全断开所需的全部时间。一般断路器的动作时间为 30～60ms，限流式和快速断路器的动作时间通常小于 20ms。

(6) 保护特性。指断路器的动作时间与动作电流的关系曲线。

本 章 小 结

本章主要介绍在电气控制线路中常用低压电器的主要结构、工作原理、型号及主要技术参数，主要内容包括：

1. 低压电器的工作原理不同、结构各异、功能多样，用途各异，通常可按用途、动作性质、工作条件和结构特点进行分类。电磁机构主要由磁路和吸引线圈两个部分组成，它是利用衔铁吸合或释放时带动机械机构动作来实现相应的功能，交流电磁机构铁芯上的短路环是为削弱振动和噪声而设置的。触头系统是电磁式继电器、接触器等电器的执行部件，这些电器就是通过触头的动作来接通和分断电路的，可按接触形式、结构形式、控制的电路对触头进行分类。由于在触头接通和分断时，触头间隙处往往产生电弧而产生不良后果，因此，应尽量减小电弧和尽快熄灭电弧。常用的灭弧装置有三种，即桥式结构双断点灭弧、金属栅片灭弧和磁吹灭弧。

2. 在自动控制系统中发出指令的电器称为主令电器，主要有控制按钮、行程开关、接近开关、万能转换开关、主令控制器等。控制按钮是一种手控电器，其主要技术参数有额定电压、额定电流、结构形式、触头数量、钮数、按钮颜色等。行程开关的工作原理是当生产机械的运动部件到达某一位置时，运动部件上的挡块碰压行程开关的操作头，使行程开关的触头改变状态，对控制电路发出接通、断开或变换某些控制电路的指令，以达到设定的控制要求。行程开关的主要技术参数有额定电压、额定电流、结构形式、触头对数、动作行程（距离或角度）、超行程（距离或角度）等。电子式接近开关是当运动的物体与之接近到一定距离时，便发出接近信号来对设备进行控制，其主要技术数据有工作电压、输出电流或控制功率外、动作距离、重复精度、操作频率和复位行程等。万能转换开关也是一种手控主令电器，由于它具有多挡位和多触头，能控制多个回路，适应复杂线路的控制要求，故有“万能”转换开关之称。万能转换开关的主要技术参数有额定电压、额定电流、触头技术数据、操作频率、触头数及挡数、操作方式等。

3. 接触器主要用作频繁地接通或分断电动机等主电路，且可以远距离控制的开关电器。电磁式接触器由电磁机构、触头系统、弹簧、灭弧装置及支架底座等部分组成，其基本工作原理是通过线圈的通断电使电磁机构动作，从而带动触头的接通和断开。电磁式接触器的主要技术参数有接触器额定电压、接触器额定电流、线圈额定电压、主触头接通与分断能力、操作频率等。

4. 继电器是一种当输入量的变化达到规定值时，使输出量发生预定阶跃变化的自动开关电器。其输入量可以是电压、电流等电量，也可以是温度、速度、压力等非电量；输出量是触头的接通和断开。继电器可按动作原理、输入量、用途等进行分类，其中电磁式继电器应用最为广泛。电磁式继电器按用途分有控制继电器、保护继电器和通信继电器，按输入量分有电压继电器、电流继电器、时间继电器和中间继电器等，按线圈电流种类不同有交流继电器和直流继电器。电磁式继电器的结构和电磁式接触器相似，由电磁机构、触头系统、调节装置和支架底座等构成。

5. 继电器的感测元件在感受外界信号后，经过一段时间才使执行部分动作，这类继电器称为时间继电器。按动作原理可分为电磁阻尼式、空气阻尼式、电动机式和电子式等；按延时方式可分为通电延时型和断电延时型两种。空气阻尼式时间继电器是利用空气阻尼作用而达到延时的目的，它是应用最广泛的一种时间继电器。时间继电器的主要技术数据有触头额定电压、触头额定电流、线圈额定电压、额定操作频率、延时范围、延时触头和瞬动触头数量、机械寿命和电气寿命等。

6. 热继电器是利用电流通过发热元件产生的热量，使检测元件的物理量发生变化，从而使触头改变状态的一种继电器双金属片。双金属片式热继电器是应用最广泛的一种热继电器，它有带断相保护和不带断相保护两种，主要用于电动机的过载保护、断相保护和三相电流不平衡运行的保护以及其他电气设备发热状态的控制。

7. 速度继电器是当转速达到规定值时动作的继电器。它常被用于电动机反接制动的控制电路中。感应式速度继电器是一种常用的速度继电器，它是根据电磁感应原理实现触头动作的，常用的感应式速度继电器有JFZ0和JY1系列。

8. 熔断器主要由熔体、绝缘底座（熔管）及导电部件等部件组成，它是利用电流的热效应，使熔体发热熔断，从而断开电路，起到保护作用。常用的熔断器有插入式、螺旋式、无填料密封管式、有填料密封管式等，熔断器的主要技术参数有额定电压、额定电流、极限分断能力等。

9. 低压断路器是一种既能接通和分断电路，又能实现欠压、失压、过载、过流、短路和漏电保护功能的开关电器。低压断路器在结构上都具有主触头及灭弧装置、各种脱扣器、自由脱扣机构和操作机构三个部分。常用的塑壳式断路器有国产DZ系列，引进国外技术生产的有T系列、H系列、3VE系列、C45系列等，电子式CM1E系列等。常用的断路器有塑壳式和万能式两种，主要技术参数有额定电压、额定电流、壳架等级额定电流、通断能力、动作时间、保护特性等。

思考题与习题

5.1 何为低压电器？何为低压控制电器？

5.2 从外部结构特征上如何区分直流电磁机构与交流电磁机构？怎样区分电压线圈与电流线圈？

5.3 为什么直流电磁机构的铁芯无短路环，而交流电磁机构的铁芯有短路环？

5.4 直流电磁线圈误接入额定电压的交流电源，交流电磁线圈误接入额定电压的直流电源，将发生什么问题？为什么？

5.5 电弧有哪些危害？有哪些灭弧方法？有哪几种灭弧装置？

5.6 主令电器有哪些常用类型？分别起什么作用？

5.7 按钮和行程开关有哪些类型？分别有哪些主要技术参数？

5.8　交流接触器与直流接触器以什么来区分？接触器有哪些主要技术参数？

5.9　接触器主触头在使用中产生过热的原因是什么？交流接触器在使用中线圈产生过热的原因是什么？

5.10　交流电磁式继电器与直流电磁式继电器以什么来区分？

5.11　中间继电器与电压继电器在结构上有哪些异同点？在电路中各起什么作用？

5.12　电磁式继电器有哪些主要技术参数？

5.13　简述电磁阻尼式时间继电器延时工作原理及调节延时的方法。

5.14　电磁阻尼式、空气阻尼式、电动机式、电子式时间继电器分别适用于什么场合？

5.15　简述双金属片式热继电器的工作原理。

5.16　热继电器与熔断器在电路中功能有何不同？

5.17　熔断器的额定电流、熔体的额定电流和熔断器的极限分断电流，三者有何不同？

5.18　低压断路器各脱扣机构的工作原理是怎样的？断路器在电路中起什么作用？

5.19　常用低压断路器有哪些类型？有哪些主要技术参数？

第6章　电动机的基本电气控制电路

在现代，大量的生产机械都是由电动机拖动。电动机的控制方式很多，但是最基本和简单的控制还是由继电器—接触器组成的电路来完成。由于各种生产机械的工作过程不同，控制电路也千差万别，但都是由一些比较简单的基本控制电路组合而成。本章将通过对电动机基本控制电路进行分析，掌握其规律，为进一步阅读机械设备的电气控制电路和设计电气控制电路打下基础。

6.1 电　气　图

用电气图形符号绘制的图称为电气图，它是电工技术领域中主要的信息提供方式。电气图的种类很多，包括电气原理图、位置图、接线图等。

6.1.1　电气图用符号

1. 文字符号

电气图中的文字符号应符合国家标准规定，适用于电气技术领域中技术文件的编制，也可表示在电气设备、装置和元器件上或其近旁，以标明电气设备、装置和元器件的名称、功能、状态和特征。文字符号分为基本文字符号和辅助文字符号。

（1）电气设备基本文字符号。基本文字符号有单字母符号与双字母符号两种。将各种电气设备、装置和元器件划分为若干大类，每一大类用一个字母表示，即为单字母符号。如“*C*”表示电容器类、“*R*”表示电阻器类等。双字母符号是由表示种类的单字母符号后接另一字母组成。只有当用单字母符号不能满足要求、需要将大类进一步划分时，才采用双字母符号。如“F”表示保护器件类，而“FU”表示熔断器，“FR”表示具有延时动作的限流保护器件，“FV”表示限压保护器件等。

（2）电气设备辅助文字符号。辅助文字符号是用以表示电气设备、装置和元器件以及电路的功能、状态和特征，如“L”表示限制，“SYN”表示同步，“RD”表示红色等。

（3）补充文字符号。当规定的基本文字符号和辅助文字符号如不满足使用时，可按国家标准中规定的文字符号组成规律和原则予以补充。

2. 接线端子标记

接线端子标记是指连接器件和外部导电件的标记。主要用于基本件（如电阻器、熔断器、继电器、变压器、旋转电机等）和这些器件组成的设备（如电动机控制设备）的接线端子标记，也适用于执行一定功能的导线线端（如电源接地、机壳接地等）的识别。根据国家标准规定，常用标记介绍如下。

交流系统三相电源导线和中性线用 L_1、L_2、L_3、N 标记，直流系统电源正、负极导线和中间线用 L_+、L_-、M 标记，保护接地线用 PE 标记，接地线用 E 标记。

带 6 个接线端子的三相电器，首端分别用 U_1、V_1、W_1 标记，尾端用 U_2、V_2、W_2 标记，中间抽头用 U_3、V_3、W_3 标记。

对于同类型的三相电器，其首端或尾端在字母 U、V、W 前冠以数字来区别，即 $1U_1$、$1V_1$、$1W_1$ 与 $2U_1$、$2V_1$、$2W_1$ 来标记两个同类三相电器的首端，而 $1U_2$、$1V_2$、$1W_2$ 与 $2U_2$、$2V_2$、$2W_2$ 为其尾端标记。

控制电路接线端采用阿拉伯数字编号，一般由三位或三位以下的数字组成。标注方法按“等电位”原则进行，在垂直绘制的电路中，标号顺序一般由上而下编号，凡是被线圈、绕组、触头或电阻、电容等元件所间隔的线段，都应标以不同的电路标号。

3. 图形符号

图形符号分电气图用图形符号和电气设备用图形符号两种。电气图用图形符号适用于绘制各种电气图，表示一个设备或概念的图形、标记或字符。电气设备用图形符号直接用在各种电气设备或设备部件上，帮助操作人员了解该设备的特性、用途和操作方法，有时用在安装或移动设备的场合，以指出如禁止、警告、规定或限制等注意事项。

6.1.2 电气原理图

电气控制电路按功能可分为主电路和辅助电路。主电路是电源向负载直接输送电能的电路。辅助电路为监视、测量、控制以及保护主电路的电路，其中给出监视信号的电路称为信号电路；测量各种电气参数的电路称为测量电路；控制用电设备的电路称为控制电路。

电气原理图是用符号来表示电路中各个电器元件之间连接关系和工作原理的电路图。在电气原理图中，并不考虑电器元件的外形、实际安装位置和实际连线情况，只是把各元件按接线顺序、按功能布局用符号绘制在平面上，用直线将各电器元件连接起来。

电气原理图是电气技术中使用最广泛的电气图，它用于详细解读电气电路、设备或成套装置及其组成部分的作用原理，作为编制接线图的依据，为测试和寻找故障提供信息。绘制电气原理图时应按照国家标准规定的原则进行。

如图 6.1 所示为 CW6132 型车床电气原理图。

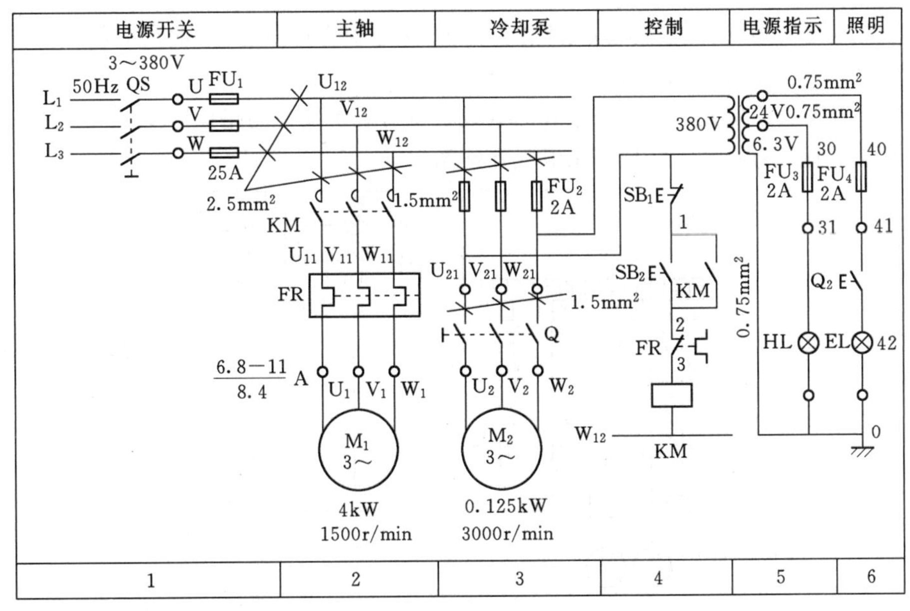

图 6.1 CW6132 型车床电气原理图

6.1.3　位置图

位置图是表示成套装置、设备或装置中各个项目位置的一种图。如机床上各电气设备的位置，机床电气控制柜上各电气的位置，都由相应的位置图来表示。如图 6.2 所示为 CW6132 型车床控制盘电器位置图，如图 6.3 所示为 CW6132 型车床电气设备安装位置图。

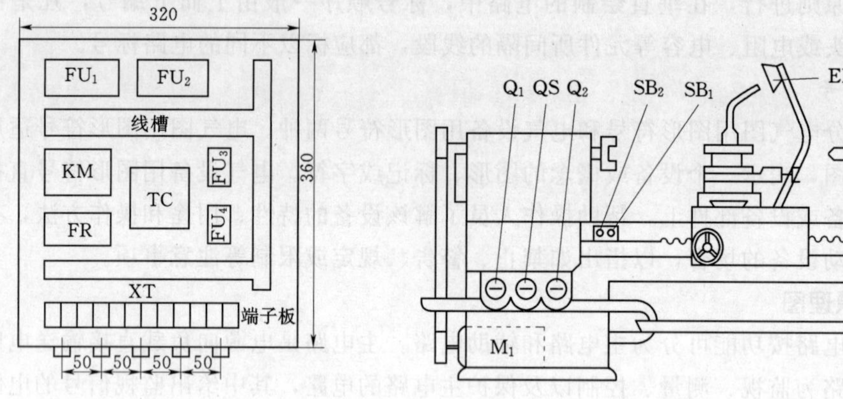

图 6.2　CW6132 型车床控制盘电器位置图　　图 6.3　CW6132 型车床电气设备安装位置图

6.1.4　接线图

接线图表示成套装置、设备或装置的连接关系，用于安装接线、电路检查、电路维修和故障处理等，在实际应用中接线图通常需要与电气原理图和位置图一起使用。接线图分为单元接线图、互连接线图、端子接线图、电缆配置图等。

单元接线图表示单元内部的连接情况，通常不包括单元之间的外部连接，但可给出与之有关的互连图图号。

互连接线图表示单元之间的连接情况，通常不包括单元内部的连接，但可给出与之有关的电路图或单元接线图的图号。

端子接线图表示单元和设备的端子及其与外部导线的连接关系，通常不包括单元或设备的内部连接，但可提供与之有关的图号。

电缆配置图表示单元之间外部电缆的敷设，也可表示线缆的路径情况。

如图 6.4 所示为 CW6132 型车床电气互连图。

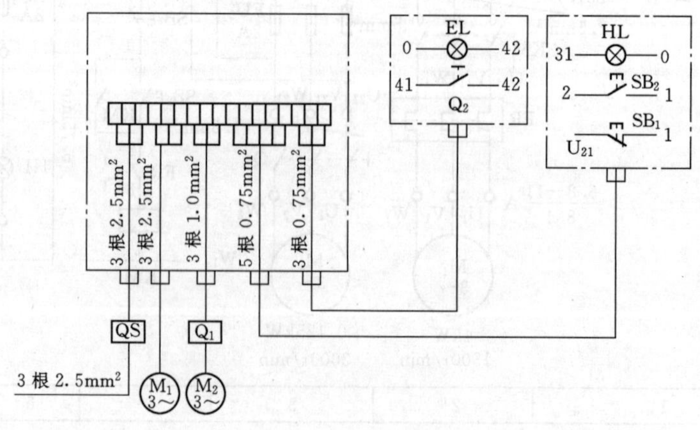

图 6.4　CW6132 型车床电气互连图

6.2　三相笼形异步电动机的全压起动控制电路

三相笼形电动机具有结构简单、价格便宜、坚固耐用、维修方便等优点，获得广泛应用。笼形异步电动机的起动控制有直接起动与减压起动两种。

三相笼形电动机定子绕组按规定接接成三角形接或星形，再接到额定电压、额定频率的三相交流电源上，电动机由静止状态逐渐加速到稳定运行状态称直接起动。直接起动是一种简单、经济的起动方法，但由于直接起动时的起动电流为额定电流的 4～7 倍，过大的起动电流会造成电网电压明显下降，直接影响在同一电网工作的其他负载，所以允许直接起动的电动机容量受到一定限制。可根据电源变压器容量、电动机容量、电动机起动频繁程度和电动机拖动的机械设备等来分析是否可以直接直起动，也可用下面经验公式来确定

$$\frac{I_{st}}{I_N} \leqslant \frac{3}{4} + \frac{S_N}{4P_N}$$

式中：I_{st} 为电动机直接起动时起动电流，A；I_N 为电动机额定电流，A；S_N 为电源变压器容量，kVA；P_N 为电动机额定功率，kW。

满足上述条件可直接起动，否则应采取减压起动。一般容量小于 10kW 的电动机可以采用直接起动。

6.2.1　三相笼形异步电动机单向旋转控制电路

1. 电动机单向点动控制电路

点动是指按下按钮时电动机转动，松开按钮时电动机停止。这种控制是最基本的电气控制，在很多机械设备的电气控制电路上，特别是在机床电气控制电路上得到广泛应用。

如图 6.5 所示为单向点动控制电路，它由主电路图 6.5（*a*）和控制电路图 6.5（*b*）两部分组成，主电路和控制电路共用三相交流电源。图中 L_1、L_2、L_3 为三相交流电源电路，Q 为电源开关，FU_1 为主电路的熔断器，FU_2 为控制电路的熔断器，KM 为接触器，SB 为按钮，M 为三相笼形异步电动机。

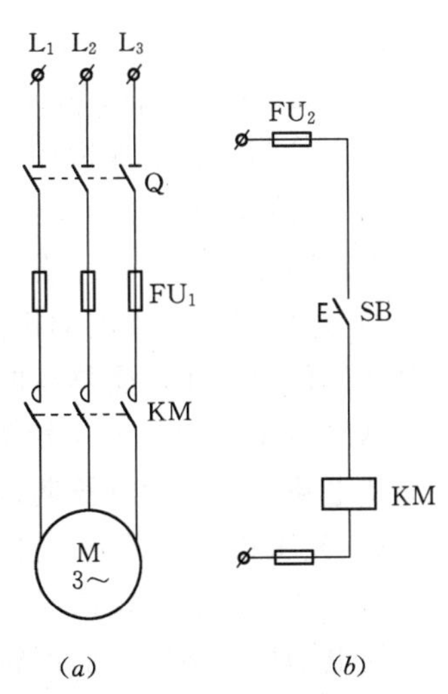

图 6.5　单向点动控制电路

（*a*）主电路；（*b*）控制电路

点动控制的操作及动作过程如下：

首先合上电源开关 Q，接通主电路和控制电路的电源。

按下按钮 SB→SB 常开触头接通→接触器 KM 线圈通电→接触器 KM（常开）主触头接通→电动机 M 通电起动并进入工作状态。

松开按钮 SB→SB 常开触头断开→接触器 KM 线圈断电→接触器 KM 主触头（常开）断开→电动机 M 断电并停止工作。

由上述可见，当按下按钮 SB（应按到底且不要放开）时，电动机转动；松开按钮 SB

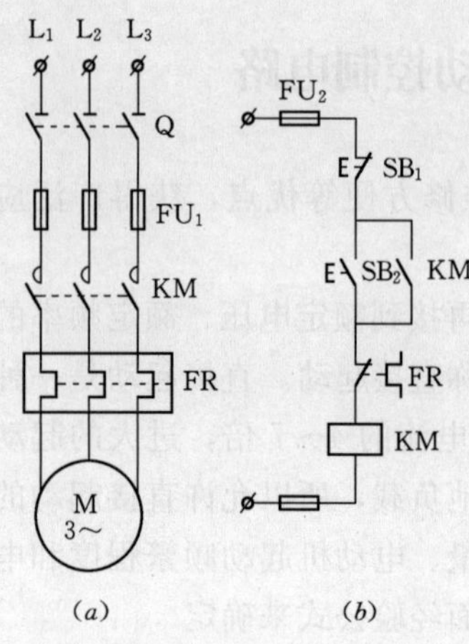

图 6.6　单向连续运转控制电路
(a) 主电路；(b) 控制电路

时，电动机 M 停止。

熔断器 FU_1 为主电路的短路保护，熔断器 FU_2 为控制电路的短路保护。由于本电路不存在过载，所以不设过载保护。

2. 电动机单向连续运转控制电路

在各种机械设备上，电动机最常见的一种工作状态是单向连续运转。如图 6.6 所示为电动机单向连续运转控制电路。图中 L_1、L_2、L_3 为三相交流电源，Q 为电源开关，FU_1、FU_2 分别为主电路与控制电路的熔断器，KM 为接触器，SB_1 为停止按钮，SB_2 为起动按钮，FR 为热继电器，M 为三相异步电动机。

(1) 单向连续运转控制的操作及动作过程。首先合上电源开关 Q，接通主电路和控制电路的电源。

1) 起动。

按下按钮 SB_2 → SB_2 常开触头接通 → 接触器 KM 线圈通电
→ 接触器 KM 常开辅助触头接通（实现自保持）。
→ 接触器 KM（常开）主触头接通 → 电动机 M 通电起动并进入工作状态。

当接触器 KM 常开辅助触头接通后，即使松开按钮 SB_2 仍能保持接触器 KM 线圈通电，所以此常开辅助触头称为自保持触头。

2) 停止。

按下按钮 SB_1 → SB_1 常闭触头断开 → 接触器 KM 线圈断电
→ KM 常开辅助触头断开（解除自保持）
→ KM 常开主触头断开 → 电动机 M 断电并停止工作。

(2) 控制电路的保护环节。

1) 短路保护。

由熔断器 FU_1、FU_2 分别实现主电路与控制电路的短路保护。

2) 过载保护。当电动机出现长期过载时，串接在电动机定子电路中热继电器 FR 的发热元件使双金属片受热弯曲，经联动机构使串接在控制电路中的常闭触头断开，切断接触器 KM 线圈电路，KM 触头复位，其中主触头断开电动机的电源、常开辅助触头断开自保持电路，使电动机长期过载时自动断开电源，从而实现过载保护。

3) 欠压和失压保护。自保持电路具有欠压与失压保护的作用。欠压保护是指当电动机电源电压降低到一定值时，能自动切断电动机电源的保护；失压（或零压）保护是指运行中的电动机电源断电而停转，而一旦恢复供电时，电动机不至于在无人监视的情况下自行起动的保护。

在电动机运行中当电源下降时，控制电路电源电压相应下降，接触器线圈电压下降，将引起接触器磁路磁通下降，电磁吸力减小，衔铁在反作用弹簧的作用下释放，自保持触头断开（解除自保持），同时主触头也断开，切断电动机电源，避免电动机因电源电压降

低引起电动机电流增大而烧毁电动机。

在电动机运行中，电源停电则电动机停转。当恢复供电时，由于接触器线圈已断电，其主触头与自保触头均已断开，主电路和控制电路都不构成通路，所以电动机不会自行起动。只有按下起动按钮 SB_2，电动机才会再起动。

3. 电动机连续运转与点动控制电路

机械设备的运动是由电动机来拖动的，机械设备通常需要单向连续运转，有的同时还需要单向点动，这就要求电动机既能单向连续运转又能单向点动。如图 6.7 所示为电动机单向连续运转与点动控制电路。其中，图 6.7（*a*）为主电路，图 6.7（*b*）、（*c*）为两种不同的控制电路，SA 为手动开关，其他符号同单向连续运转控制电路。

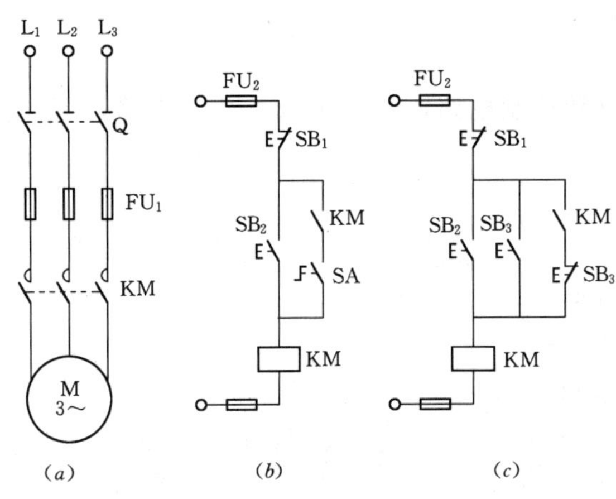

图 6.7 单向连续运转与点动控制电路

（*a*）主电路；（*b*）、（*c*）控制电路

在图 6.7（*b*）中，用手动开关 SA 进行选择，当 SA 断开时为点动控制，当 SA 闭合时为连续控制。SB_2 既是连续运转的起运按钮，又是点动按钮，SB_1 是连续运转时的停止按钮。

在图 6.7（*c*）中，是用不同的按钮来实现连续运转与点动控制，SB_2 为连续运转按钮，SB_1 为连续运转时的停止按钮。SB_3 为点动按钮，点动控制是利用按钮 SB_3 的常闭触头断开自保持电路来实现的。

点动控制电路与连续运转控制电路的根本区别在于有无自保持。

6.2.2 三相笼形异步电动机正反转控制电路

机械设备的运动部件往往要求正反两个方向的运动，这就要求拖动电动机能作正反向旋转。由电机原理可知，改变电动机三相电源相序即可改变电动机旋转方向，由此出发，电动机正反转控制电路常用的有以下几种。

1. 转换开关控制的正反转控制电路

如图 6.8 所示为转换开关控制的正反转控制电路。图中转换开关 SA 有正转、反转和停止三个位置，如图 6.8（*a*）中的虚线所示；SA 在不同位置时，其触头的通断情况见图 6.8（*a*）中的黑点所示。

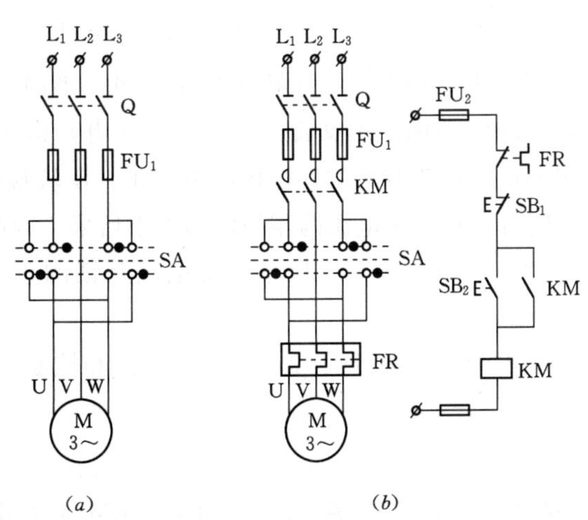

图 6.8 转换开关控制的正反转控制电路

（*a*）直接控制；（*b*）开关预选

在图 6.8（*a*）中，用转换开关 SA 来直接控制电动机的正反转。由于转换开关无灭弧装置，它仅适用于电动机容

量为 5.5kW 以下的电动机。对于容量大于 5.5kW 的电动机，应使用图 6.8（*b*）所示有控制电路。

在图 6.8（*b*）中，转换开关用来预选电动机旋转方向，由按钮来控制接触器主触头接通与断开电源，实现电动机的起动与停止。可见此控制电路与单向连续运转的控制电路相同，只是主电路接入了转换开关。

由于采用了接触器控制，并且接入了热继电器 FR，所以电路除具有短路保护外，还具有过载保护和欠压（零电压）保护的功能。

2. 按钮控制的正反转控制电路

如图 6.9 所示为按钮控制的电动机正反转控制电路，图 6.9（*a*）为主电路，图 6.9（*b*）～（*e*）为四种不同的控制电路。

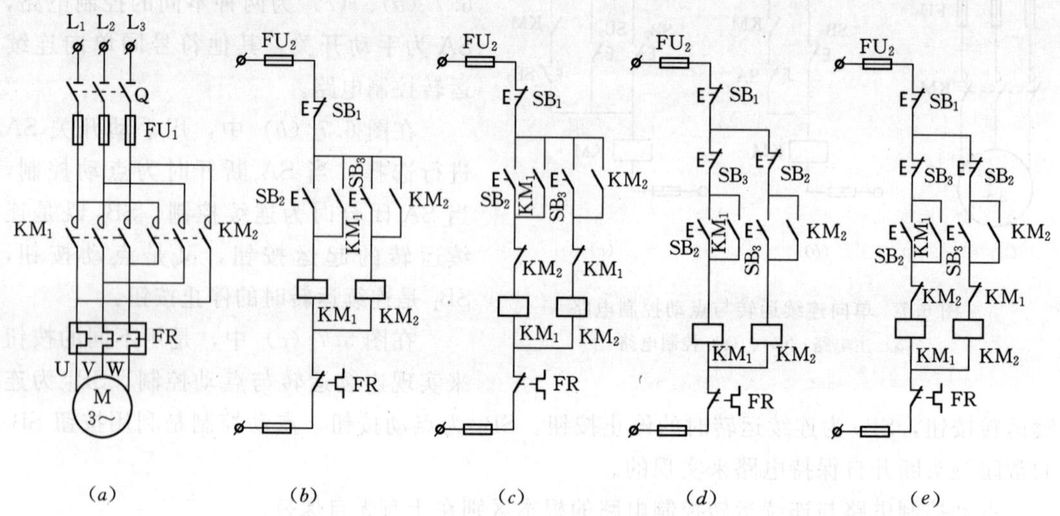

图 6.9　按钮控制的电动机正反转电路

（*a*）主电路；（*b*）基本电路；（*c*）电气互锁电路；（*d*）机械互锁电路；（*e*）复合互锁电路

（1）如图 6.9（*b*）所示为基本正反转控制电路，系由两个单向连续运转控制电路组合而成。主电路用正、反转接触器 KM_1、KM_2 的主触头，来改变接到电动机上电源的相序，实现电动机的正反转。但若发生在电动机正转时按下反转按钮 SB_3，或在电动机反转时按下正转按钮 SB_2 的误操作，由于正、反转接触器 KM_1、KM_2 线圈均通电吸合，其主触头均闭合，将发生电源两相短路的严重后果，因此图 6.9（*a*）正反转控制电路不宜使用。

（2）如图 6.9（*c*）所示为带电气互锁的正反转控制电路，其操作及操作后的动作过程如下。

首先合上电源开关 Q，接通主电路和控制电路的电源。

1）正转。

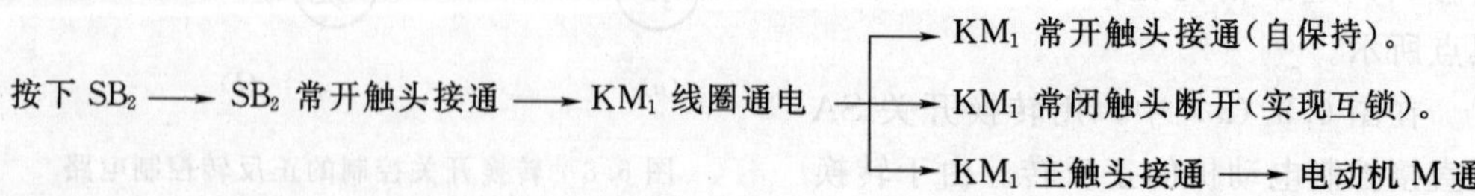

电正向起动并进入工作状态。

2）停止。

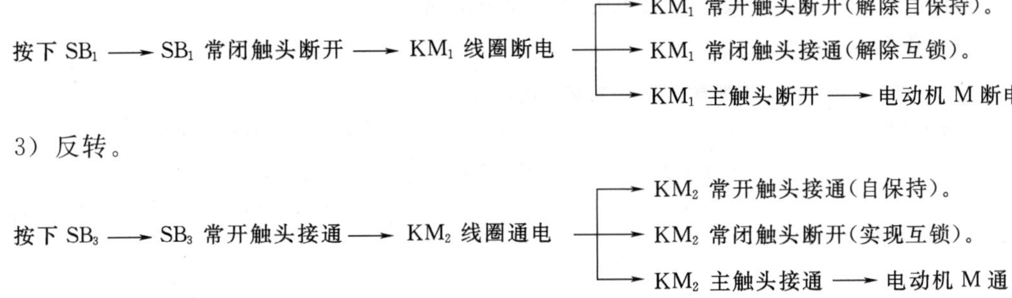

电反向起动并进入工作状态。

在电动机正转时若想使其反转，若直接按正转按钮将不起作用，必须先按停止按钮后，再按反转按钮电动机才能反转；要实现电动机由反转变成正转，也必须先按停止按钮，再按正转按钮，电动机才能正转。其原因是 KM_1、KM_2 的常闭触头分别串接在对方的电路中，形成 KM_1 和 KM_2 线圈只允许有一个通电，从而避免误操作时使 KM_1 和 KM_2 线圈同时通电，发生电源两相短路的严重故障，这种相互制约的关系称为互锁。用接触器或继电器常闭触头构成的互锁称为电气互锁。

(3) 如图 6.9（*d*）所示为带机械互锁的正反转控制电路，其操作及操作后的动作过程如下。

首先合上电源开关 Q，接通主电路和控制电路的电源。

1）正转。

按下 SB_2 → SB_2 常闭触头断开(实现互锁)
→ SB_2 常开触头接通 ⟶ KM_1 线圈通电 → KM_1 常开触头接通(实现自保持)。
→ KM_1 主触头接通 ⟶ 电动机 M 通

电正向起动并进入工作状态。

2）停止。

按下 SB_1 ⟶ SB_1 常闭触头断开 ⟶ KM_1 线圈断电 → KM_1 常开触头断开(解除自保持)。
→ KM_1 主触头断开 ⟶ 电动机 M 断电。

3）反转。要使电动机反转，可先按停止按钮 SB_1 再按反转按钮 SB_2，其动作过程与上述正转的动作过程相似。也可在电动机正转的情况下直接按反转按钮，其动作过程如下。

电反向起动并进入工作状态。

由上可知，利用按钮 SB_2 和 SB_3 的常闭触头，实现 KM_1 和 KM_2 接触器线圈只允许有一个通电，即实现 KM_1 和 KM_2 之间的互锁，这种利用按钮常闭触头实现的互锁也称为机械互锁。

(4) 如图 6.9（*e*）所示为复合互锁的正反转控制电路，它既有电气互锁又有机械互锁。下面只分析正转和停止操作的动作过程。

首先合上电源开关 Q，接通主电路和控制电路的电源。

1）正转。

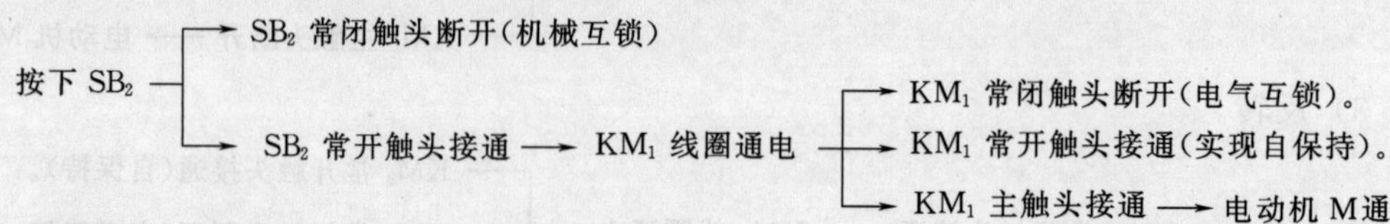

电正向起动并进入工作状态。

2）停止。

按下 SB_1 → SB_1 常闭触头断开 → KM_1 线圈断电 → KM_1 常开触头断开（解除自保持）。
→ KM_1 主触头断开 → 电动机 M 断电。

若想改变转向，可从正转状态直接按反转按钮来实现。工作原理请自行分析。

6.2.3 自动往返行程控制电路

机械设备的运动部件，如磨床的工作台等往往需要自动往返运动。常用行程开关作控制元件，来控制电动机的正反转，实现运动部件的往返运动。图 6.10 为自动往返行程控制电路。图 6.10 中 SB_1 为停止按钮，SB_2、SB_3 为电动机正、反转起动按钮。正常工作时，工作台在 SQ_1 与 SQ_2 之间往返运动，因此 SQ_1 和 SQ_2 称为工作限位行程开关；当工作台因某种原因超出正常工作区域时，SQ_3 或 SQ_4 动作使电动机停止，所以 SQ_3 和 SQ_4 称为极限保护行程开关。

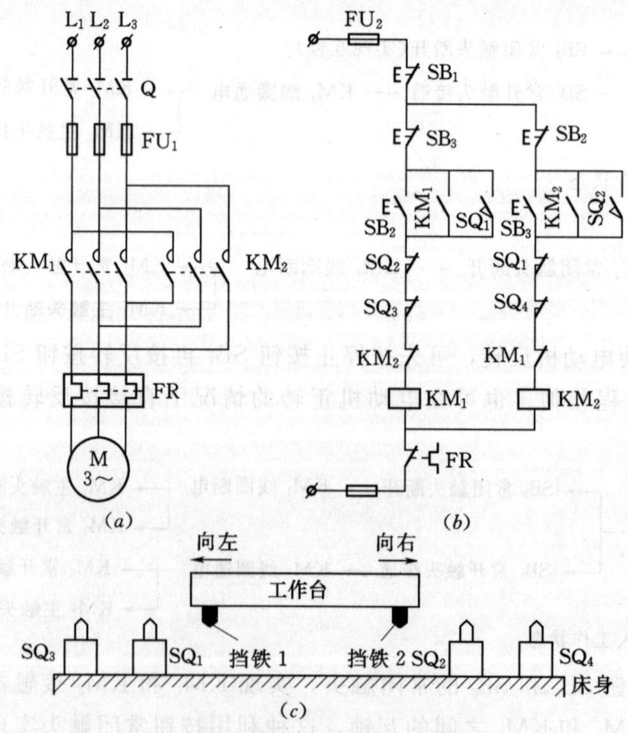

图 6.10 自动往返行程控制电路

（a）主电路；（b）控制电路；（c）自动往返示意图

实际操作时，首先应根据需要确定工作台的运动方向，然后按相应的按钮。若按 SB_2 电动机正转，工作台开始向右运动；若按 SB_3 电动机反转，工作台开始向左运动。

假设开始时工作台需要向右运动，其操作后的动作过程分析如下：

首先合上电源开关 Q，接通主电路和控制电路的电源，此时电路不会动作。

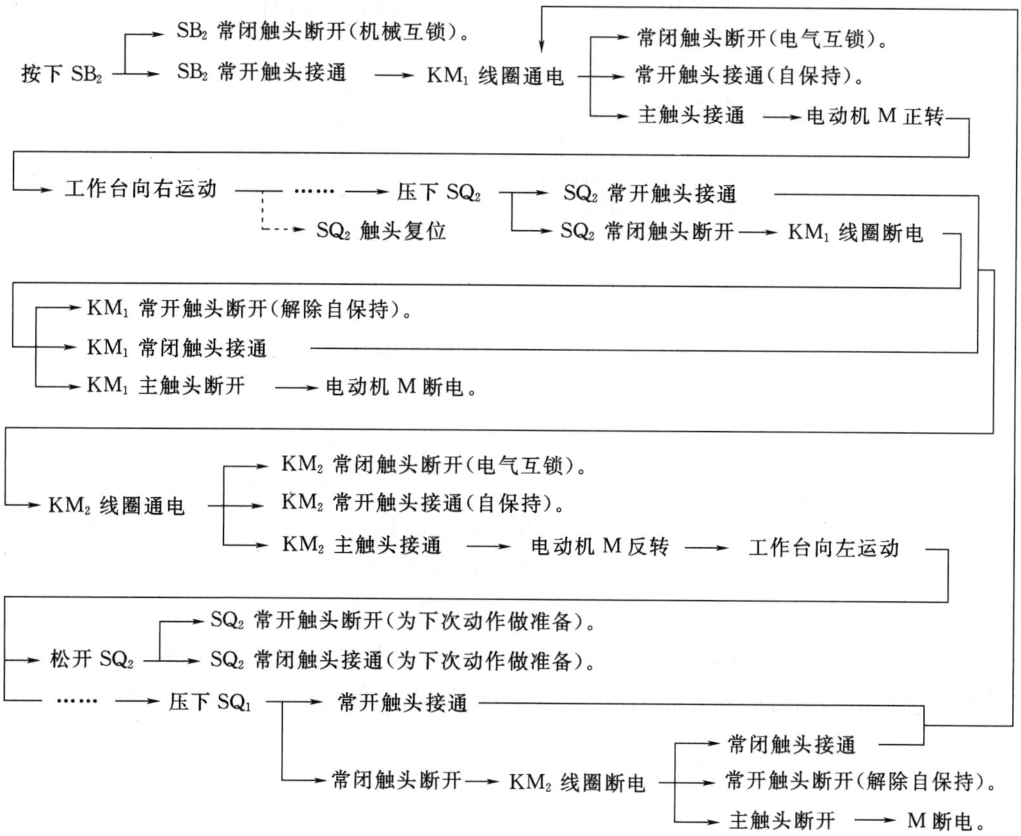

按下 SB_2 → SB_2 常闭触头断开（机械互锁）。
　　　　→ SB_2 常开触头接通 → KM_1 线圈通电 → 常闭触头断开（电气互锁）。
　　　　　　　　　　　　　　　　　　　→ 常开触头接通（自保持）。
　　　　　　　　　　　　　　　　　　　→ 主触头接通 → 电动机 M 正转
→ 工作台向右运动 → …… → 压下 SQ_2 → SQ_2 常开触头接通
　　　　　　　　 ⇢ SQ_2 触头复位　　　→ SQ_2 常闭触头断开 → KM_1 线圈断电
→ KM_1 常开触头断开（解除自保持）。
→ KM_1 常闭触头接通
→ KM_1 主触头断开 → 电动机 M 断电。
→ KM_2 线圈通电 → KM_2 常闭触头断开（电气互锁）。
　　　　　　　　　→ KM_2 常开触头接通（自保持）。
　　　　　　　　　→ KM_2 主触头接通 → 电动机 M 反转 → 工作台向左运动
→ 松开 SQ_2 → SQ_2 常开触头断开（为下次动作做准备）。
　　　　　　　→ SQ_2 常闭触头接通（为下次动作做准备）。
→ …… → 压下 SQ_1 → 常开触头接通
　　　　　　　　　　→ 常闭触头断开 → KM_2 线圈断电 → 常闭触头接通
　　　　　　　　　　　　　　　　　　　　　　　　　　→ 常开触头断开（解除自保持）。
　　　　　　　　　　　　　　　　　　　　　　　　　　→ 主触头断开 → M 断电。

若开始时工作台需要向左运动，则合上电源开关 Q 后，按下 SB_3。其操作后的动作过程与上述相似，这里不再重复。

若工作台向右运动压下行程开关 SQ_2 时不起作用，工作台将超出工作范围时。此时工作台会继续向右运动压下行程开关 SQ_3，使 SQ_3 的常闭触头断开，接触器 KM_1 的线圈断电，其主触头断开，电动机断电停止。若工作台向左运动压下行程开关 SQ_1 时不起作用，则压下行程开关 SQ_4，接触器 KM_2 的线圈断电，其主触头断开，电动机断电停止。所以行程开关 SQ_3 和 SQ_4 实现了工作台的极限保护。

本电路设置了短路保护和过载保护，同时电路还具有失压或欠压保护的功能。

6.2.4　顺序控制与多地控制电路

1. 顺序控制电路

在装有多台电动机的生产机械上，各电动机所起的作用不同，有时需要按一定的顺序起动才能保证操作过程的合理和工作的安全可靠。例如在铣床上就要求先起动主轴电动机，然后才能起动进给电动机。又如，带有液压系统的机床，一般都要先起动液压泵电动机，以后才能起动其他电动机。这些顺序关系反映在控制电路上，称为顺序控制。

如图 6.11 所示为两台电动机的顺序起动控制电路。该电路的控制特点一是顺序起动

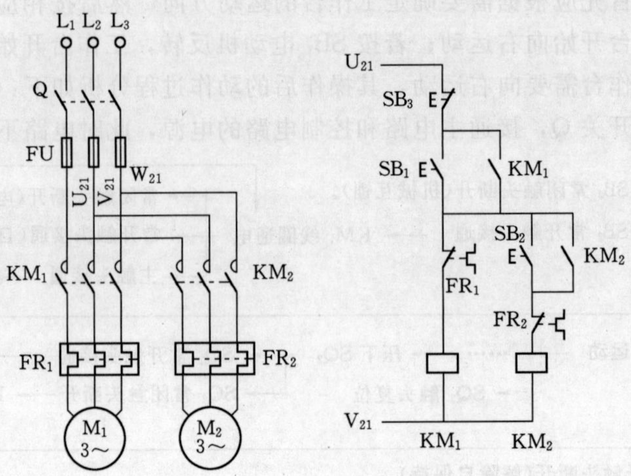

图 6.11　两台电动机的顺序起动控制电路

即 M_1 起动后 M_2 才能起动，二是同时停止。

由控制电路可知，控制电动机 M_2 的接触器 KM_2 的线圈接在接触器 KM_1 的辅助常开触头之后，这就保证了只有当 KM_1 线圈通电、其主触头和辅助常开触头接通、M_1 起动之后，M_2 才能起动。而且，如果由于某种原因如过载或欠压等，使接触器 KM_1 线圈断电或使电磁机构释放，引起 M_1 停转，那么接触器 KM_2 线圈也立即断电，使电动机 M_2 停止，即 M_1 和 M_2 同时停止。若按下停止按钮 SB_1，电动机 M_1 和 M_2 也会同时停止。

顺序控制电路也有多种，如图 6.12 所示是电动机的顺序起动、逆序停止控制电路，其控制特点是起动时必须先起动 M_1，才能起动 M_2；停止时必须先停止 M_2，M_1 才能停止。电路分析如下：

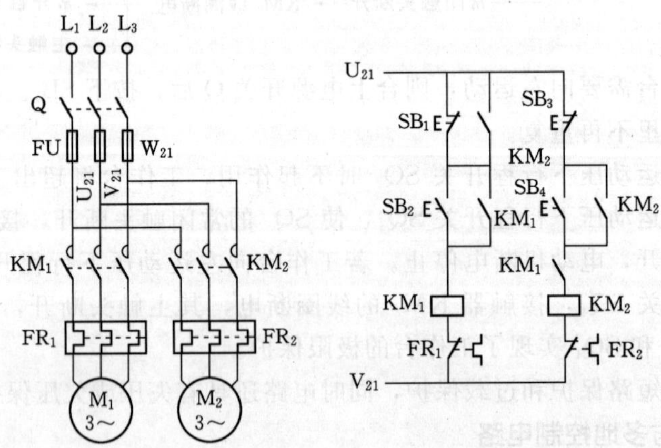

图 6.12　电动机的顺序起动、逆序停止控制电路

合上电源开关 Q，主电路和控制电路接通电源，此时电路无动作。

起动时若先按下 SB_4，因 KM_1 的辅助常开触头断开而使 KM_2 的线圈不可能通电，电动机 M_2 也不会起动。

此时应先按下 SB_2，KM_1 线圈通电，主触头接通使电动机 M_1 起动；两个辅助常开触

头也接通，一个实现自保持，另一个为起动 M_2 做准备。再按下 SB_4，KM_2 线圈因 KM_1 的辅助常开触头已接通而通电，主触头接通使电动机 M_2 起动，辅助常开触头接通实现自保持。

停止时若先按下 SB_1，因 KM_2 的辅助常开触头的接通使 KM_1 的线圈不可能断电，电动机 M_1 不可能停止。

此时应先按下 SB_3，KM_2 线圈断电，主触头断开使电动机 M_2 停止；两个辅助常开触头断开，一个解除自保持，另一个为停止 M_1 做准备。再按下 SB_1，KM_1 线圈断电，主触头断开使电动机 M_1 停止，辅助常开触头断开解除自保持。

上述电路都设有短路保护、过载保护，电路本身还具有失压和欠压保护。

2. 两地控制电路

以上各控制电路，只能对电动机在一个地点、用一套按钮来进行控制操作。但有些生产机械，例如铣床等，为了操作方便，常常希望在两个地点进行同样的控制操作，即所谓两地控制。

如图 6.13 所示为两地控制电路。它可以分别在甲、乙两地控制接触器 KM 线圈的通电与断电，即控制电动机的起动与停止。其中甲地的起动和停止按钮为 SB_{11} 和 SB_{12}，乙地为 SB_{21} 和 SB_{22}。SB_{11} 与 SB_{21} 并联，SB_{12} 与 SB_{22} 串联，本电路可实现在两地控制同一台电动机的目的。

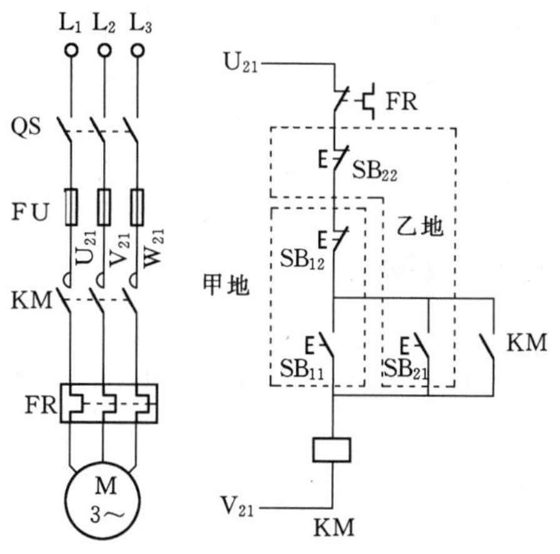

图 6.13 电动机两地控制的控制电路

由分析可知，为了达到从两地同时控制一台电动机的目的，必须在另一地点再装一组起动和停止按钮。这两组起停按钮接线的方法必须是：起动按钮要相互并联，停止按钮要相互串联。按此方法此还可以实现多地控制。

6.3 三相笼形异步电动机的减压起动控制电路

当异步电动机容量不允许采用全压起动时，应采用减压起动。为减小起动时对机械的冲击，即便允许异步电动机采用直接起动，有时也采用减压起动。由于电动机的电磁转矩与端电压的平方成正比，减压起动时会使起动转矩减小，所以减压起动仅适用于空载或轻载起动。

三相笼形异步电动机减压起动方法有：定于电路串电阻或电抗器减压起动、自耦变压器减压起动、Y—△减压起动、延边三角形减压起动等。减压起动是为了减小起动电流，从而保护电源变压器和减小电路压降，而当电动机转速上升到接近稳定转速时，再将电压恢复到额定电压，使电动机进入正常运行。

6.3.1 定子绕组串电阻或电抗器减压起动控制电路

三相异步电动机定子绕组串电阻或电抗器起动时，起动电流在电阻或电抗器上产生电压降，使加在电动机定子绕组上的电压低于电源电压，从而使起动电流减小。待电动机转速接近稳定转速时，再将电阻或电抗器短接，使电动机在额定电压下运行。

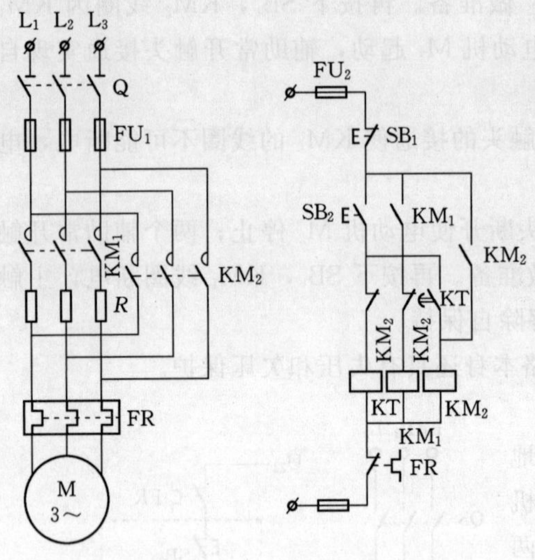

图 6.14　定子绕组串电阻减压起动控制电路

串电抗器减压起动通常用于高压电动机，串电阻减压起动一般用于低压电动机。因串电阻起动时在电阻上消耗大量的电能，所以不宜用于经常起动的电动机；串电抗器起动虽能克服这一缺点，但起动时功率因数低且设备费用较大。这种起动方法不受电动机接法的限制，使用较为方便。

如图 6.14 所示为定子绕组串电阻减压起动控制电路。图中 SB_2 为起动按钮，SB_1 为停止按钮，KM_1 为起动接触器，KM_2 为运行接触器，KT 为时间继电器。

下面对操作后的动作过程进行分析。

首先合上电源开关 Q，接通主电路和控制电路的电源，此时电路无动作。

（1）起动。

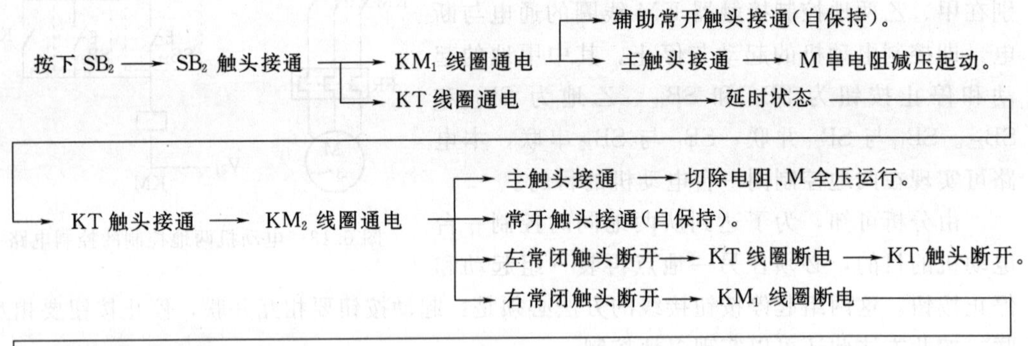

（2）停止。

按下 SB_1 → SB_1 触头断开 → 所有线圈断电 → 所有触头复位 → 电动机 M 断电。
→ 解除自保持。

由上述分析可知，当电动机转速上升到接近稳定转速时，时间继电器 KT 常开延时闭合触头才接通，其延时时间应根据实际需要整定。本电路有两个自保持触头，应注意它们所跨接的电路是不同的。

6.3.2　Y—△减压起动控制电路

Y—△减压起动适用于△接法的三相异步电动机。起动时定子绕组先接成 Y 形，待电动机转速升高到接近于稳定转速时，将定子绕组换接成三角形，电动机便进入全压运行状态。

Y—△减压起动控制电路有两个接触器控制和三个接触器控制两种。在两个接触器控制的 Y—△减压起动控制电路中，因辅助触头用于主电路，只适用于小容量（13kW 以下）的异步电动机；三个接触器控制的 Y—△减压起动控制电路适用于大容量异步电动机。

两个接触器控制的 Y—△减压起动控制电路如图 6.15 所示。图中 SB_2 为起动按钮，

SB_1 为停止按钮，KM_1 为电路接触器，KM_2 为 Y—△转换接触器，KT 为减压起动时间继电器。当 KM_2 线圈未通电时，主触头的断开和两个辅助常闭触头的接通，使电动机 M 接成星形；当 KM_2 线圈通电时，主触头的接通和两个辅助常闭触头的断开，使电动机 M 接成三角形。KT 有瞬动、常开延时闭合和常闭延时断开三种触头。

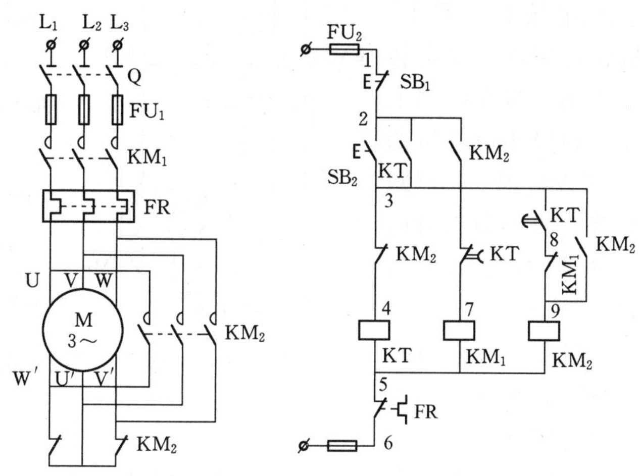

图 6.15　两个接触器控制的 Y—△减压起动控制电路

下面对操作后的动作过程进行分析。

首先合上电源开关 Q，接通主电路和控制电路的电源，此时电路无动作。

(1) 起动。

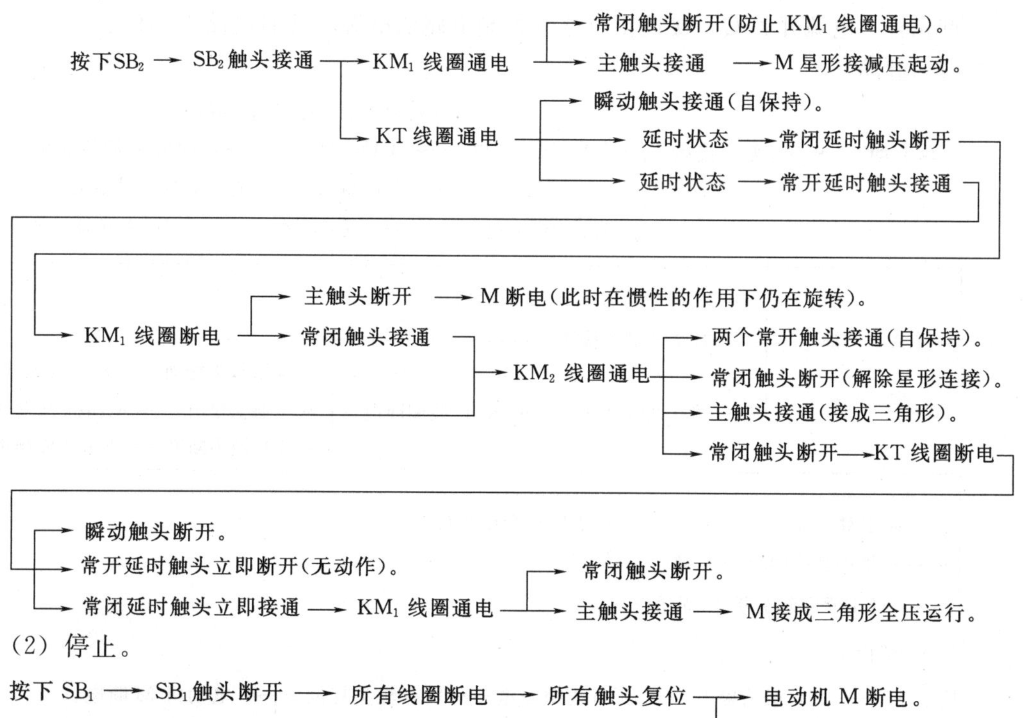

(2) 停止。

按下 SB_1 → SB_1触头断开 → 所有线圈断电 → 所有触头复位 → 电动机 M 断电。/ 解除自保持。

本控制电路具有短路保护、过载保护和失压欠压保护。

6.3.3　自耦变压器减压起动控制电路

自耦变压器减压起动时，自耦变压器原边接在电网上，副边接在三相异步电动机定于绕组上，加在定子绕组的电压是自耦变压器的二次电压 U_2，即 $U_2=U_1/K$，待电动机转速接近于稳定转速时，再将电动机定于绕组接在电网上进入正常运转。由于三相异步电动机的起动转矩正比于 U_2，所以自耦变压器减压起动时的起动转矩降为直接起动时的 $1/K_2$，因此，自耦变压器减压起动常用于电动机的空载或轻载起动。

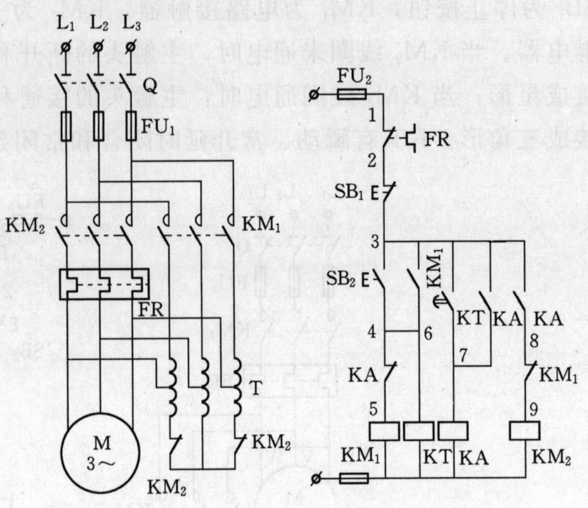

图 6.16　自耦变压器减压起动控制电路

自耦变压器的二次统组上一般有多个抽头，以获得不同的二次电压，从而满足不同起动场合下的使用要求。

自耦变压器减压起动控制电路如图 6.16 所示。图 6.16 中 T 为自耦变压器，SB_2 为起动按钮，SB_1 为停止按钮，KM_1 为减压起动接触器，KM_2 为全压运行接触器，KT 为减压起动时间继电器。当 KM_1 线圈通电而 KM_2 断电时，电动机降压起动；当 KM_2 线圈通电而 KM_1 断电时，电动机全压运行。

操作后的动作过程分析如下。

首先合上电源开关 Q，接通主电路和控制电路的电源，此时电路无动作。

(1) 起动。

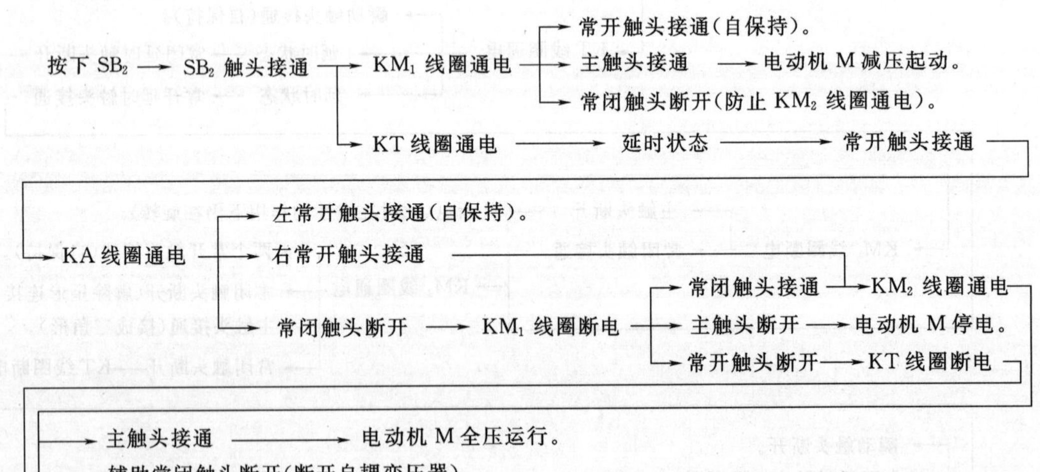

(2) 停止。

按下 SB_1 → SB_1 触头断开 → 所有线圈断电 → 所有触头复位 → 电动机 M 断电。
→ 解除自保持。

本电气控制电路具有短路保护、过载保护和失压欠压保护。

6.3.4　延边三角形减压起动控制电路

三相笼形异步电动机的 Y—△减压起动，可在不增加专用起动设备的情况下实现，但起动转矩只为全压下的1/3。而延边三角形减压起动是一种既不增加专用起动设备，又可适当提高起动转矩的一种减压起动方法，它是在电动机起动过程中将定子绕组接成延边三角形，待起动完毕后，将其改接成三角形进入正常运行。

如图 6.17 所示为延边三角形减压起动定子绕组接线图。图中 U、V、W 为三相绕组的首端，U′、V′、W′为三相绕组的尾端，U″、V″、W″为三相绕组的抽头。当接触器 KM_1 的主触头接通而 KM_3 的主触头断开时，电动机定子绕组接成延边三角形；当接触器 KM_3 的主触头接通而 KM_1 的主触头断开时，电动机定子绕组接成三角形。注意，接触器 KM_1 和 KM_3 的主触头不能同时接通，即接触器 KM_1 和 KM_3 之间应有互锁，以防电动机的部分定子绕组短路产生严重后果。KM_2 的主触头用于接通和断开主电路电源。

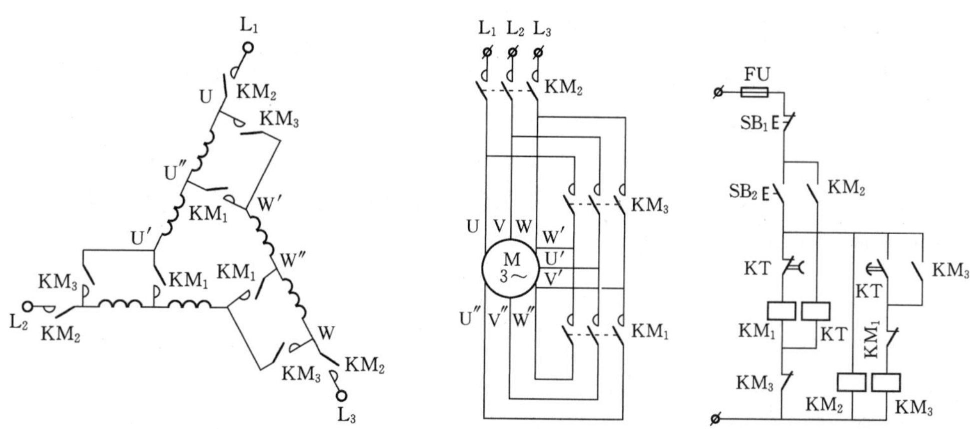

图 6.17　延边三角形减压起动定子绕组接线图　　　　图 6.18　延边三角形减压起动控制电路

如图 6.18 所示为延边三角形减压起动控制电路。图 6.18 中 SB_2 为起动按钮，SB_1 为停止按钮，操作后的动作过程分析如下。

（1）起动。

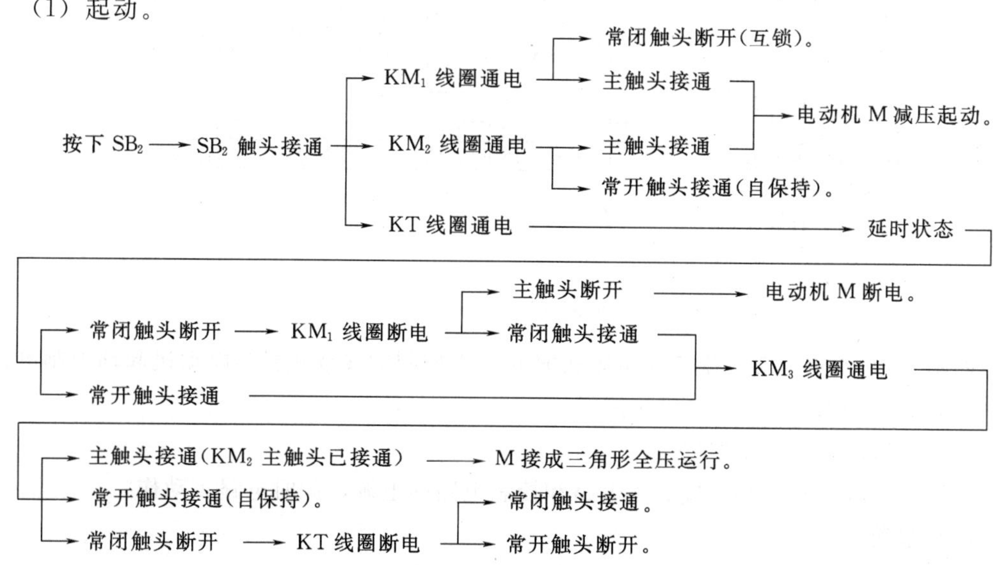

（2）停止。

按下 SB_1 ⟶ SB_1 触头断开 ⟶ 所有线圈断电 ⟶ 所有触头复位 ⟶ 电动机 M 断电。
⟶ 解除自保持。

由上分析可知，在电动机接成三角形全压运行时，只有 KM_2 和 KM_3 线圈通电，其他线圈都不通电，这样既可节电又可延长电器的使用寿命。

6.4 线绕式三相异步电动机起动控制电路

线绕式三相异步电动机的转子绕组端头通过滑环引出，起动时串接电阻或频敏变阻器以减小起动流、提高功率因数和起动转矩，这种起动方法适用于要求起动转矩高的场合。

6.4.1 转子绕组串电阻起动控制电路

串接在三相转子绕组中的起动电阻，一般都连接成星形。起动时将全部电阻接入，随着起动的进行，起动电阻依次被短接，起动结束时转子电阻全部被短接。短接电阻的方法有三相电阻不平衡短接法和三相电阻平衡短接法两种。所谓平衡短接法是三相的各级起动电阻同时被短接，而不平衡短接法是三相的各级起动电阻轮流被短接。这里仅介绍用接触器控制的平衡短法起动控制电路。

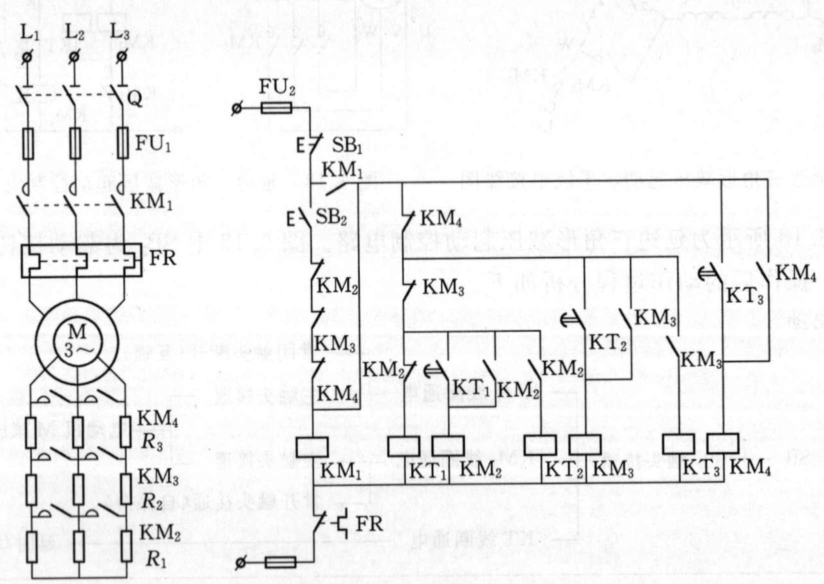

图 6.19 时间原则控制的起动控制电路

如图 6.19 所示为转子串三级电阻按时间原则控制的线绕式异步电动机起动控制电路。图中 SB_2 为起动按钮，SB_1 为停止按钮。

下面分析操作后的动作过程。

首先合上电源开关 Q，接通主电路和控制电路的电源，此时电路无动作。

（1）起动。

按下 SB_2 → 触头接通 → KM_1 线圈通电
- → 主触头接通 → M 串全部电阻起动。
- → 常开触头接通（自保持） → KT_1 线圈通电 → 延时状态 →

常开触头接通 → KM_2 线圈通电
- → 主触头接通 → 短接转子电阻 R_1。
- → 左常闭触头断开。
- → 右常闭触头断开 → KT_1 线圈断电 → 触头复位。
- → 左常开触头接通（自保持）。
- → 右常开触头接通 → KT_2 线圈通电 → 延时状态 →

常开触头接通 → KM_3 线圈通电
- → 主触头接通 → 短接转子电阻 R_2。
- → 左常闭触头断开。
- → 右常闭触头断开
  - → KM_2 线圈断电 → 触头复位。
  - → KT_2 线圈断电 → 触头复位。
- → 左常开触头接通（自保持）。
- → 右常开触头接通 → KT_3 线圈通电 → 延时状态 →

常开触头接通 → KM_4 线圈通电
- → 主触头接通 → 短接转子电阻 R_3。
- → 左常闭触头断开。
- → 右常闭触头断开
  - → KM_3 线圈断电 → 触头复位。
  - → KT_3 线圈断电 → 触头复位。
- → 常开触头接通（自保持）。

（2）停止。

按下 SB_1 → SB_1 触头断开 → 所有线圈断电 → 所有触头复位
- → 电动机 M 断电。
- → 解除自保持。

由上分析可知：

1）由于 KM_2、KM_3、KM_4 的常闭触头与起动按钮 SB_2 串联，这就保证了只有当 KM_2、KM_3、KM_4 线圈断电，即转子串全部电阻时，电动机才能起动。

2）在起动过程中，用时间继电器 KT_1、KT_2、KT_3 来控制，依次短接起动电阻 R_1、R_2、R_3。因短接起动电阻由时间继电器的延时来决定，所以称时间原则控制。

3）起动结束后只有 KM_1 和 KM_4 线圈通电，这样既可节电又可延长电器的使用寿命。

4）本电气控制电路具有短路保护、过载保护和失压欠压保护。

如图 6.20 所示为转子串三级电阻、按电流原则控制的绕线式异步电动机起动控制电路。图中 KA_1～KA_3 为电流继电器，其线圈串接在电动机转子电路中，它们的吸合电流相同而释放电流不同，且 KA_1 释放电流最大，KA_2 次之，KA_3 释放电流最小。KA_4 为中间继电器，KM_1～KM_3 为短接起动电阻的接触器，KM_4 为电路接触器，SB_2 为起动按钮，SB_1 为停止按钮。

本控制电路起动过程的动作情况分析如下：合上电源开关 Q，按下起动按钮 SB_2，KM_4 线圈通电并自保持，电动机定子接通三相交流电源，转子串入全部电阻并接成星，开始起动。同时 KA_4 通电，为 KM_1～KM_3 线圈通电做准备。由于起动电流大，KA_1～KA_3 吸合电流相同，故同时吸合，其常闭触头都断开，使 KM_1～KM_3 均处于断电状态，

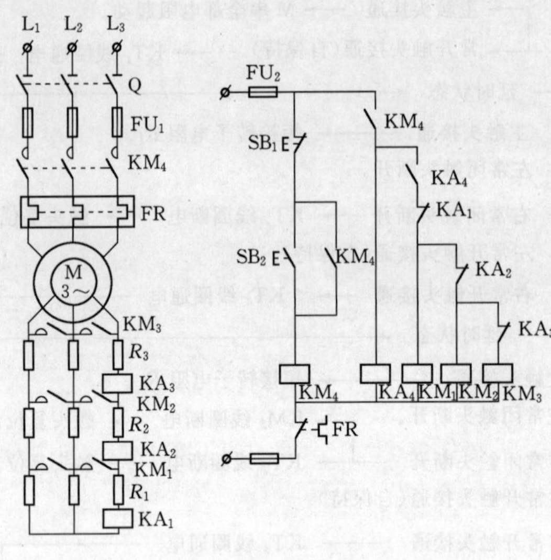

图 6.20　电流原则控制的起动控制电路

转子电阻全部串入，达到减小起动电流和提高起动转矩的目的。随着电动机转速的升高，起动电流逐渐减小，当起动电流减小到 KA_1 整定释放电流时，KA_1 首先释放，其常闭触头接通，使 KM_1 线圈通电，KM_1 主触头短接第一段转子电阻 R_1。此时转子电阻减小，转子电流上升，转矩加大，电动机转速加快上升，这又使转子电流下降，当降至 KA_2 释放整定电流时，KA_2 释放，其常闭触头闭合使 KM_2 线圈通电，其主触头短接第二段转子电阻 R_2。于是转子电流又上升，转矩加大，电动机转速再升高，这又使转子电流下降，当降至 KA_3 释放电流时，KA_3 释放，其常闭触头闭合使 KM_3 线圈通电，其主触头短接第三段转子电阻 R_3。此时转子电阻全部切除，电动机继续升高到稳定转速，起动过程结束。

中间继电器 KA_4 是为避免电动机直接起动而设置的。当按下起动按钮 SB_2，KM_4 先通电吸合，然后才使 KA_4 通电吸合，再使 KA_4 常开触头闭合。此时，起动电流早已达到电流继电器 KA_1～KA_3 的吸合值并吸合，其常闭触头断开，使 KM_1～KM_3 线圈电路切断，主触头断开，确保起动时转子串入全部电阻。

由上分析可知，在起动过程中，按照转子电流的变化，用电流继电器 KA_1～KA_3 来控制，依次短接起动电阻 R_1、R_2、R_3，所以称电流原则控制。起动结束后，控制电路中的所有线圈都通电，因此本电路不是一个最优电路。

6.4.2　转子绕组串频敏变阻器起动控制电路

线绕式三相异步电动机的转子绕组端头通过滑环和电刷引出，并与频敏变阻器串联进行起动，以减小起动电流和增大起动转矩。

频敏变阻器 R_F 是一种静止的、无触点的电磁器件，其等值电路同变压器空载时的等值电路。绕线式异步电动机串接频敏变阻器起动时，随着起动过程的进行，转子转速升高、频率降低，电阻和电抗值随之自动减小，实现了平滑无级的起动。起动结束后，频敏变阻器的阻抗基本上为本身的电阻。

如图 6.21 所示为单向旋转的线绕式三相异步电动机转子串频敏变阻器起动控制电路。图中 KM_1 为电源接触器，KM_2 为短接频敏变阻器接触器，SB_2 为起动按钮，SB_1 为停止按

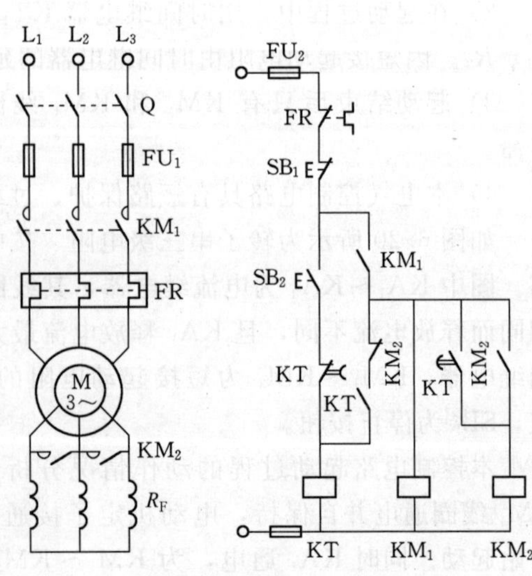

图 6.21　转子串频敏变阻器起动控制电路

钮，KT 为起动时间继电器，它用来控制串频敏变阻器起动时间的长短。

控制电路的工作原理请自行分析。

6.5 三相异步电动机电气制动控制电路

在电力拖动系统中，为提高生产效率，生产机械往往要求能迅速停车，但是由于惯性的作用，三相异步电动机断开电源后转子不可能立即停转。因此，应采取有效的制动措施。通常采用的制动方法有机械制动与电气制动，机械制动是利用外加的机械力使电动机转子迅速停转，电气制动是利用电动机的电磁转矩使电动机转子迅速停转。电气制动有能耗制动、反接制动、电容制动与双流制动等，这里只介绍能耗制动和反接制动控制电路。

6.5.1 能耗制动控制电路

能耗制动是在三相异步电动机断开三相交流电源后，迅速在定于绕组上加一直流电源，以产生定子固定磁场。电动机转子在惯性作用下旋转时，切割定子固定磁场而在转子中产生感应电势，流过感应电流，转子感应电流与固定磁场相互作用产生电磁力和电磁转矩，该转矩方向与转子旋转方向相反，是一个制动转矩，从而使电动机转速迅速下降至零。按接入直流电源的控制方法不同，能耗制动有速度原则控制和时间原则控制，相应的控反接制动控制元件为速度继电器和时间继电器。

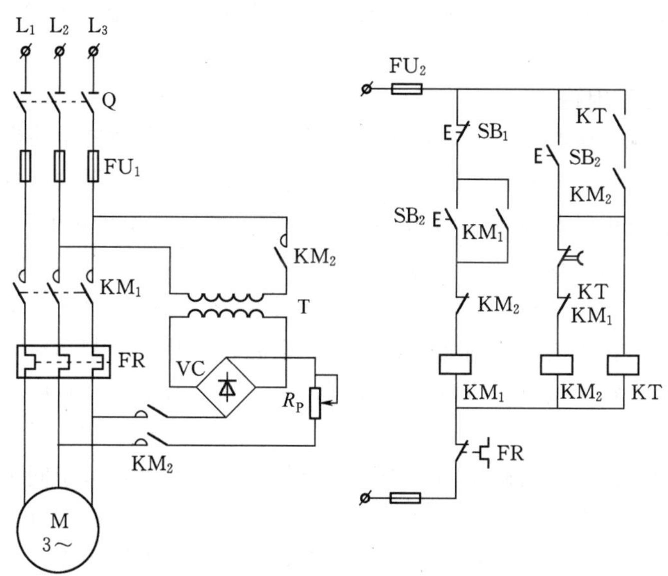

图 6.22 能耗制动控制电路

如图 6.22 所示为时间原则控制的三相异步电动机单向运行能耗制动控制电路。图中 KM_1 为单向运行接触器，KM_2 为能耗制动接触器，KT 为时间继电器，T 为整流变压器，VC 为桥式整流电路。

下面分析操作后的动作过程。

首先合上电源开关 Q，接通主电路和控制电路的电源，此时电路无动作。

（1）起动。

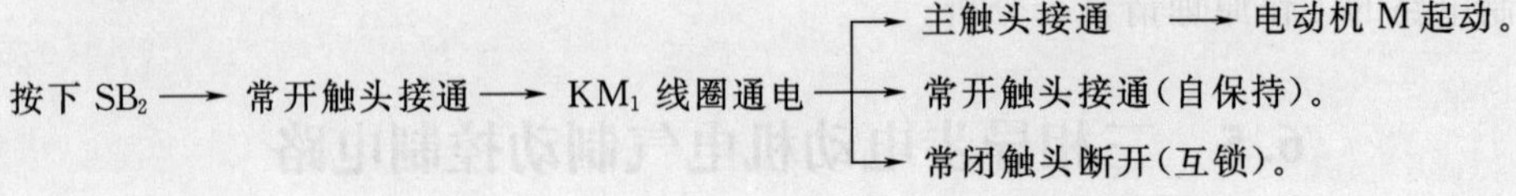

（2）停止。

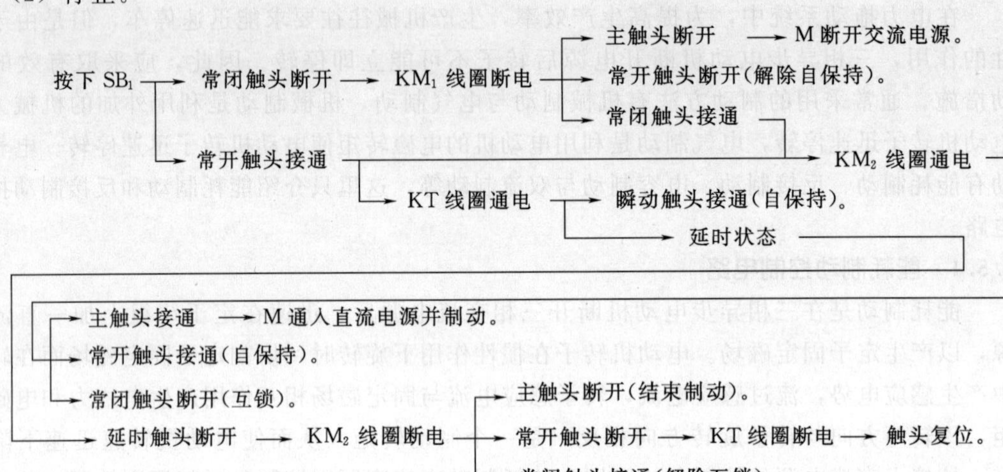

在该电路中，将 KT 常开瞬动触头与 KM_2 常开触头串接来自保持，是为避免时间继电器线圈断线或其他故障，使 KT 常闭延时断开触头断不开，导致 KM_2 线圈长期通电和电动机定子长期通入直流电源。

6.5.2　反接制动控制电路

三相异步电动机反接制动有两种情况：一种是电动机在负载转矩的作用下，使按正转接线的电动机反转，此时电磁转矩为制动转矩，这种制动方法叫倒拉反接制动；另一种是在电动机正转的情况下，将正转接线改为反转接线，即改变电源的相序，而产生制动转矩，这种制动方法叫电源反接制动。前者往往出现在重力负载场合，不能使电动机转速为零，这种制动将在桥式起重机电气控制中讨论。后者是通过改变电动机电源的相序，使电动机定子旋转磁场与转子旋转方向相反，此时的电磁转矩是一个制动转矩，使电动机转速迅速下降，当电动机转速接近于零时，应立即切断三相交流电源，否则电动机将反向起动旋转。

电源反接制动时，电动机转子与定于旋转磁场的相对速度接近于同步转速的两倍，以致反接制动电流接近于电动机全压起动时起动电流的两倍，于是产生过大的制动转矩和使电动机绕组过热。因此，电源反接制动时，应在电动机定子电路中串入限流电阻，并应限制每小时反接制动的次数。限流电阻有三相对称接法和只有两相接入的不对称接法，当采用三相对称接法时，其阻值可按如下经验公式计算

$$R=K\frac{U_N}{I_{ST}}$$

式中：R 为限流电阻，Ω；K 为由反接制动电流允许值决定的系数，当反接制动电流小于 I_{ST} 时，$K=1.5$，当反接制动电流等于 I_{ST} 时，$K=1.3$；U_N 为电动机起动时电源相电压，V；I_{ST} 为电动机额定电压下起动时的起动电流，A。

若采用的是不对称接法，则接入限流电阻阻值为上式计算阻值的 1.5 倍。

1. 电动机单向运行反接制动控制电路

如图 6.23 所示为电动机单向运行反接制动控制电路。图中 KM_1 为电动机单向运行接触器，KM_2 为反接制动接触器，KV 为速度继电器，R 为限流电阻，SB_2 为起动按钮，SB_1 为停止按钮。

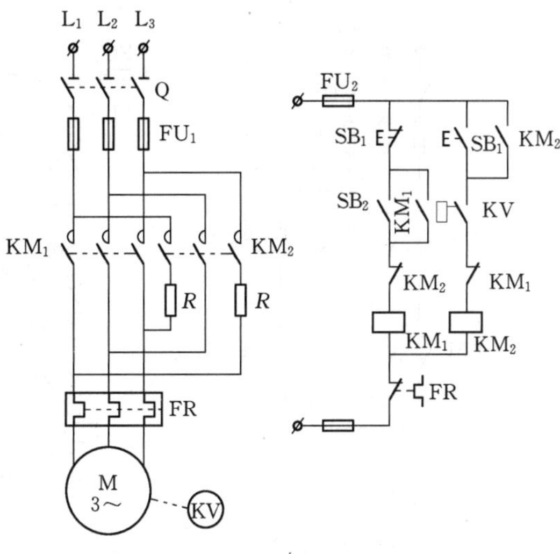

图 6.23　电动机单向运行反接制动控制电路

下面分析控制电路的工作情况。

首先合上电源开关 Q，接通主电路和控制电路的电源，此时电路无动作。

（1）起动。按下起动按钮 SB_2，KM_1 线圈通电，KM_1 主触头接通使电动机 M 直接起动，KM_1 辅助常开触头接通实现自保持，KM_1 辅助常闭触头断开实现互锁；随着电动机转速的升高，KV 常开触头接通（为制动做准备）。

（2）停止。

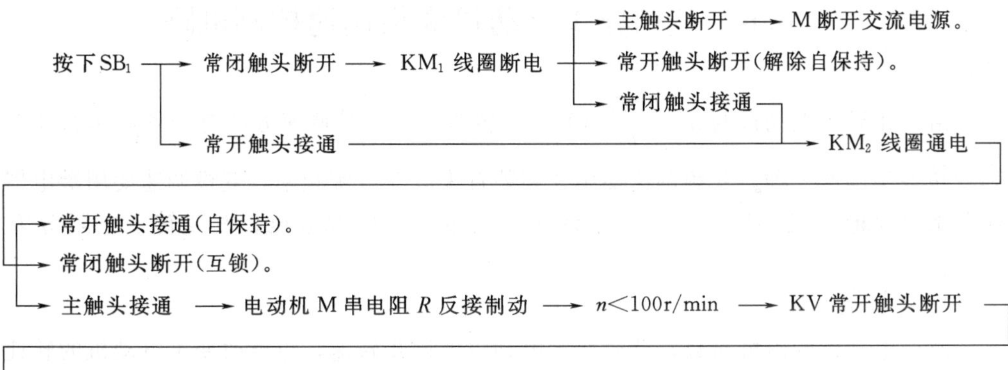

2. 电动机可逆运行反接制动控制电路

如图 6.25 所示为电动机可逆运行反接制动控制电路。图中 KM_1、KM_2 为电动机正、反转接触器，KM_3 为短接限流电阻的接触器，KA_1、KA_2、KA_3 为中间继电器，KV 为速度继电器，其中 KV—1 为正转触头，KV—2 为反转触头，R 为限流电阻，SB_2、SB_3 为正、反转起动按钮，SB_1 为停止按钮。

电动机正、反向起动及停车制动的工作情况与单向运行反接制动控制电路相似，读者可参照上述分析方法自行分析，这里不作详述。分析时应注意以下几点：

（1）当电动机正转转速大于 130r/min 时速度继电器触头 KV—1 接通，正转转速小于 100r/min 时速度继电器触头 KV—1 断开；当反转转速大于 130r/min 时速度继电器触头 KV—2 接通，反转转速小于 100r/min 时速度继电器触头 KV—2 断开。

（2）电阻 R 具有限制起动电流和反接制动电流的双重作用。

（3）停车时应将 SB_1 按钮按到底，否则将因 SB_1 的常开触头不闭合而无制动。

(4) 热继电器发热元件接于图 6.24 中位置，可避免起动电流和制动电流的影响。

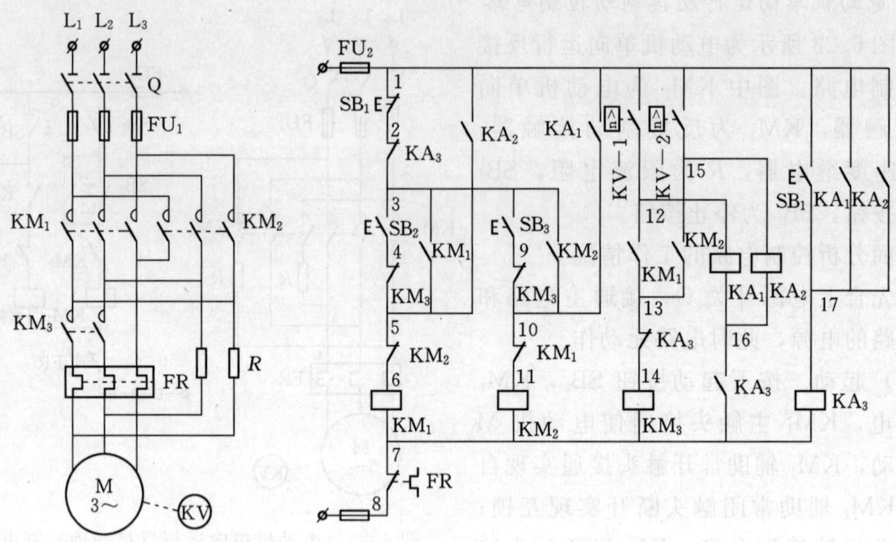

图 6.24 电动机可逆运行反接制动控制电路

6.6 三相异步电动机变极调速控制电路

由三相异步电动机的 $n=\frac{60f_1}{p}(1-s)$ 转速可知，其调速方法有变频调速、变极调速和变转差率调速三种。变频调速要用变频装置来改变电源频率，变极调速要用继电器、接触器来改变电动机接线，变转差率调速可通过改变电源电压、改变转子电阻等方法来实现。

1. 变极调速概述

改变电动机的磁极对数，就改变了电动机的同步转速，也就改变了电动机的转速。变极调速必须选用“双速”或“多速”电动机，一般三相异步电动机的磁极对数不能改变的。由于电动机的极对数是整数，所以这种调速是有级调速。

从原理上讲，变极调速对笼型异步电动机和绕线型异步电动机都适用，但对绕线型异步电动机，要改变转子磁极对数并使其与定子磁极对数一致，转子结构则相当复杂，故一般不采用。而笼型异步电动机转子极对数具有自动与定子极对数相等的能力，因而只要改变定子极对数即可，所以变极调速主要适用于三相笼型异步电动机。

通常采用以下两种方法来改变定子绕组的极对数：一是在定子上设置具有不同极对数的两套相互独立的绕组，此法变极方便；二是采用单绕组、改变定子绕组的接线，此法不仅引出线较少、用铜省，而且可以实现双速、三速等变极调速，应用较多。有时为了获得更多的转速等级，在同一台电动机中同时采用上述两种方法。

单绕组双速电动机有 Y—YY 变换和△—YY 变换两种常用的接线方法，它们都是通过改变各相一半绕组的电流方向来实现变极的。

如图 6.25 所示为△—YY 变换的变极调速三相绕组接线图。如图 6.25 (a) 是将三相

绕组的首尾端依次相接，并从相接处引出接三相电源，中间抽头空着，则构成三角形接线。若将三相绕组首尾端相接的三点连接在一起，构成一个中性点，而将各绕组的中间抽头接三相电源，如图 6.25（*b*）所示，则构成双星形接线。由于双星形接线中每相的两个半相绕组并联，使其中一个半相绕组的电流方向反，从而使电动机的极对数减小一半，即 $p_{\triangle}=2p_{YY}$，此时 $n_{1YY}=2n_{1\triangle}$。

应当注意，变极后若电源相序不变，电动机将反转，为保持电动机变极后的转向不变，在变极的同时应改变电源相序。

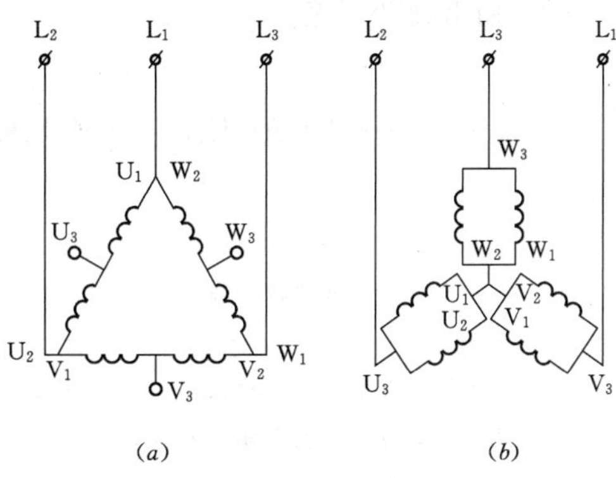

图 6.25　△—YY 变换的变极调速三相绕组接线图
（*a*）△接线；（*b*）YY 接线

2. 双速电动机变极调速控制电路

如图 6.26 所示为 4/2 极双速电动机△—YY 变换的变极调速控制电路。在主电路中，当接触器 KM_1 的主触头接通而 KM_2、KM_3 的主触头断开时，电动机△接线后与电源相接；当接触器 KM_2、KM_3 的主触头接通而 KM_1 的主触头断开时，电动机 YY 接线后与电源相接。在控制电路中，SB_2 为低速按钮，SB_3 为高速按钮，SB_1 为停止按钮，HL_1、HL_2 分别为低、高速指示灯。

操作后的动作过程分析如下：

首先合上电源开关 Q，接通主电路和控制电路的电源，此时电路无动作。

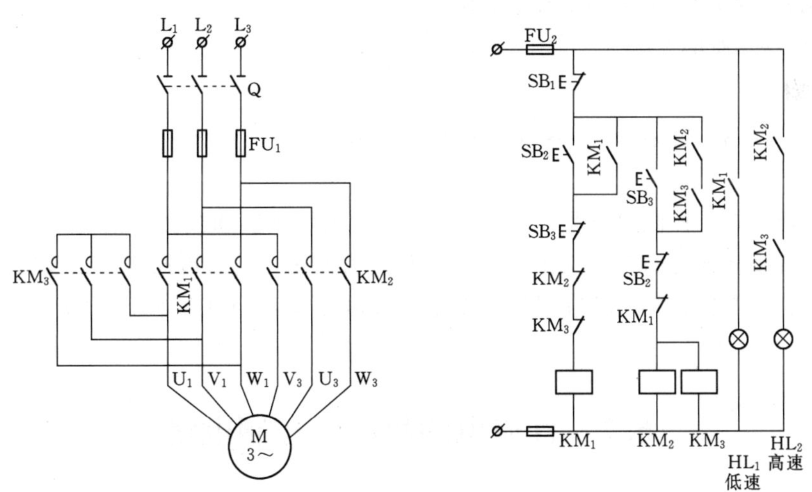

图 6.26　△—YY 变换的变极调速控制电路

(1) 低速起动。

按下 SB_2 → 常开触头接通 → KM_1 线圈通电 → 主触头接通 → M 接成 Δ 低速起动。
　　　　　　　　　　　　　　　　　　　　 → 左常开触头接通（自保持）。
　　　　　　　　　　　　　　　　　　　　 → 右常开触头接通 → HL_1 灯亮（低速）。
　　　　　　　　　　　　　　　　　　　　 → 常闭触头断开（互锁）。
　　　　　→ 常闭触头断开（自保持）。

（2）由低速变高速。

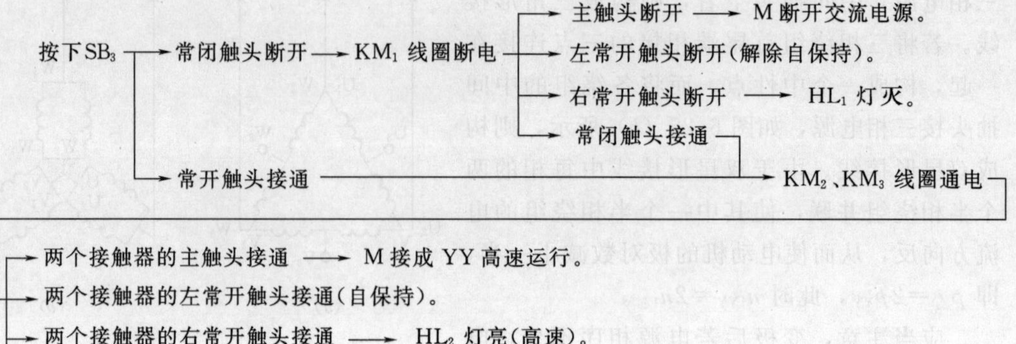

两个接触器的主触头接通 → M 接成 YY 高速运行。
两个接触器的左常开触头接通（自保持）。
两个接触器的右常开触头接通 → HL_2 灯亮（高速）。
两个接触器的常闭触头断开（互锁）。

（3）由高速变低速。

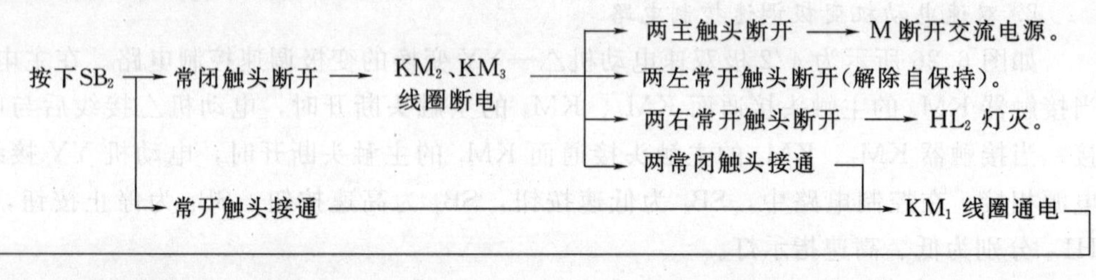

主触头接通 → M 接成 YY 高速运行。
左常开触头接通（自保持）。
右常开触头接通 → HL_1 灯亮（低速）。
常闭触头断开（互锁）。

（4）停止。

按下 SB_1 → SB_1 触头断开 → 所有线圈断电 → 所有触头复位 → 电动机 M 断电。
→ 解除自保持。

由上分析可知，控制电路采用了 SB_2、SB_3 的机械互锁和接触器的电气互锁，能够实现低速运行直接转换为高速，或由高速直接转换为低速，无需再操作停止按钮。

应当注意，本控制电路电动机可以直接高速起动，但在实际应用中往往不允许这样做。

6.7　直流电动机电气控制电路

直流电动机具有良好的起动、制动与调速性能，容易实现各种运行状态的自动控制，在工业生产中直流拖动系统得到广泛的应用。直流电动机有串励、并励、复励和他励四种，其电气控制电路基本相同。这里只讨论他励直流电动机的起动、正反转和制动的电气控制电路。

6.7.1　直流电动机单向起动控制电路

由电机原理可知，直流电动机的电压平衡方程式为

$$U = E_M + I_M R_m$$

$$E_M = C_e \Phi n$$

式中：U 为电源电压，V；E_M 为电枢反电势，V；I_M 为电枢电流，A；R_m 为电枢回路电阻，Ω。

若采用直接起动，直流电动机在接通电源起动的瞬间，由于 $n=0$，$E_M=0$，电枢电流 $I_M=U/R_m$，因电枢回路电阻 R_m 很小，起动电流可高达电动机额定电流的 10～20 倍，引起电动机换向条件的恶化，产生极严重的火花和机械冲击。因此，除小容量的直流电动机外，一般不允许直接起动。常用的起动方法是在电枢电路串入电阻或降低加在电枢上的电压，以限制起动电流。

如图 6.27 所示为电枢串二级电阻起动控制电路。图中 KM_1 为电路接触器，KM_2、KM_3 为短接起动电阻接触器，KA_1 为过电流继电器，KA_2 为欠电流继电器，KT_1、KT_2 为时间继电器，R_1、R_2 为起动电阻，R_3 为放电电阻，M 为直流电动机的励磁绕组。

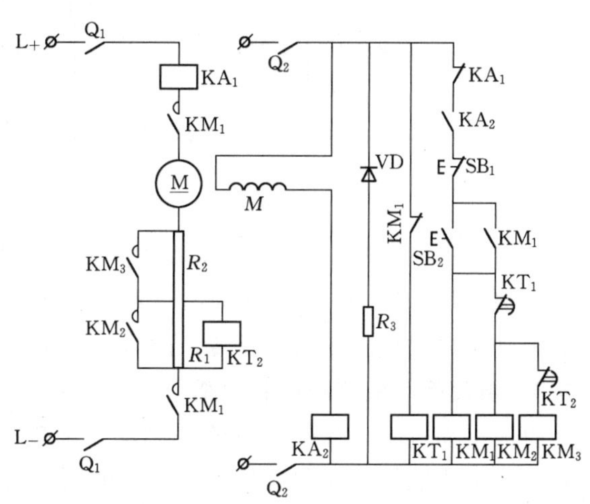

图 6.27 电枢串二级电阻起动控制电路

电路工作情况：首先合上电源开关 Q_1，电路无动作。再合上控制电路开关 Q_2，此时 KA_2 线圈通电吸合，其触头接通为起动做准备；同时 KT_1 线圈通电，其常闭触头断开，切断 KM_2、KM_3 线圈电路，保证起动时电阻 R_1、R_2 串入电枢回路。

按下起动按钮 SB_2，KM_1 线圈通电并自保持，主触头接通使电枢串入二级电阻 R_1、R_2 起动电阻开始起动；同时 KM_1 常闭辅助触头断开，KT_1 线圈断电，KT_1 的常闭延时闭合触头进入延时状态。同时，并接在电阻 R_1 两端的 KT_2 线圈通电，其常闭触头断开，使 KM_3 线圈不可能通电，确保 R_2 串入电枢电路。

经一段时间延时后，KT_1 常闭延时闭合触头接通，KM_2 线圈通电，主触头接通短接第一级电枢起动电阻 R_1，电动机转速升高，电枢电流减小。就在 R_1 被 KM_2 主触头短接的同时，KT_2 线圈断电释放，再经一定时间延时，KT_2 常闭延时闭合触头接通，KM_3 线圈通电，其主触头短接第二级电枢起动电阻 R_2，电源电压全部加在电动机电枢上，电动机转速进一步升高到稳定转速，起动过程结束。

电路保护环节：过电流继电器 KA_1 实现直流电动机的过载保护和短路保护；欠电流继电器 KA_2 实现直流电动机的弱磁和失磁保护；电阻 R_3 与二极管 VD 构成直流电动机励磁绕组断开电源时的放电回路，以免产生过电压。

6.7.2 直流电动机正反转起动控制电路

改变直流电动机的旋转方向有两种方法，一种是改变励磁电流的方向；另一种是改变电枢电压极性。由于前者电磁惯性大，对于要求频繁正反向运转的电动机，通常采用后一种方法。

如图 6.28 所示为直流电动机正反转起动控制电路。图中 KM_1、KM_2 为正、反转接触器，KM_3、KM_4 为短接电枢电阻接触器，KT_1、KT_2 为时间继电器，KA_1 为过电流继电器，

KA_2 为欠电流继电器，R_1、R_2 为起动电阻，R_3 为放电电阻，M 为直流电动机的励磁绕组。

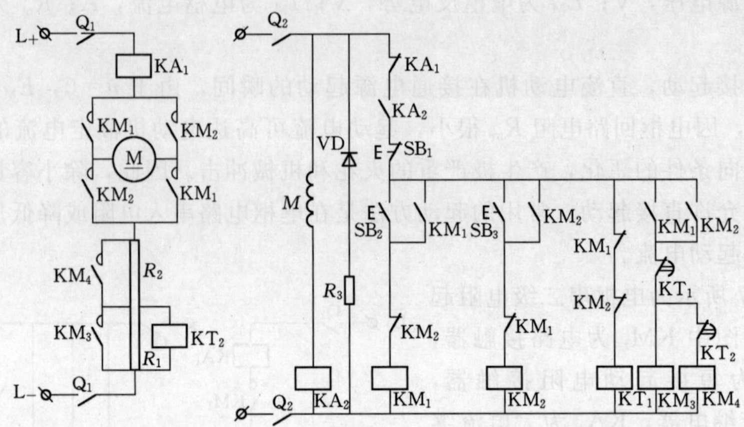

图 6.28　直流电动机正反转起动控制电路

该电路工作情况与图 6.27 基本相同，在此不再重复。但应注意，若按停止按钮后电动机在惯性的作用下正转，此时按下反转按钮，电动机会先反接制动再反转；若按停止按钮后电动机在惯性的作用下反转，此时按下正转按钮，电动机也会先反接制动再正转。

6.7.3　直流电动机制动控制电路

直流电动机的电气制动有能耗制动、反接制动和再生制动。为获得迅速、准确的停车，一般采用能耗制动和反接制动。这里只介绍能耗制动控制电路。

如图 6.29 所示为直流电动机单向旋转能耗制动控制电路。图中 KM_1 为电路接触器，KM_2、KM_3 为起动短接电阻接触器，KM_4 为制动接触器，KA_1 为过电流继电器，KA_2 为欠电流继电器，KA_3 为电压继电器，KT_1、KT_2 为时间继电器。

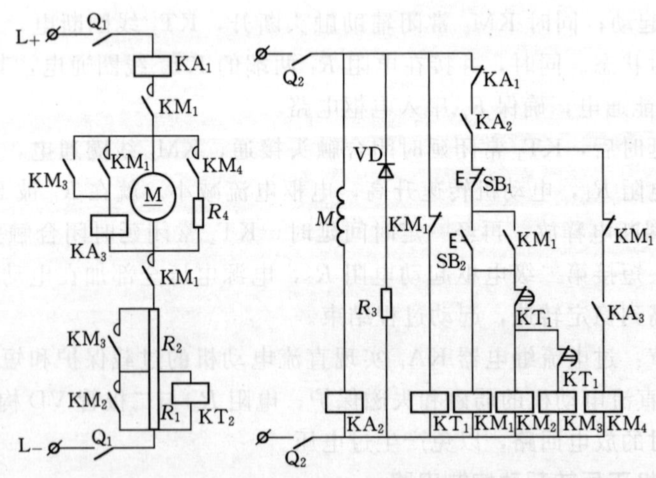

图 6.29　直流电动机单向旋转能耗制动控制电路

电路工作情况：电动机起动时电路工作情况与图 6.28 相同，这里不再重复。停车时，按下停止按钮 SB_1，KM_1 线圈断电释放，其主触头断开电动机电枢直流电源。电动机以惯性旋转，此时电动机转速较高，电枢两端电压也较高，并联在电动机电枢两端的电压继电器

KA_3 经自保触头仍保持通电。KA_3 常开触头接通，使 KM_4 线圈通电吸合，其常开主触头将电阻 R_4 并接在电枢两端，在电枢内产生电流。此时直流电动机工作在发电状态，产生制动转矩，实现能耗制动。随着电动机转速的迅速下降，电枢电动势也随之下降，当降至一定值时，KA_3 释放，KM_4 线圈断电，电动机能耗制动结束，以后自然停车至转速为零。

本 章 小 结

本章主要介绍了电气图及其符号的有关知识，重点讲述了电动机的基本控制电路，即笼形三相异步电动机的起动、制动、调速电气控制电路，线绕式三相异步电动机的起动电气控制电路，直流电动机的起动、制动电气控制电路等。通过这些电气控制电路的分析，给出基本分析方法，以便为将来阅读电气图、分析电气控制电路故障、设计机械设备的电气控制打下基础，因此必须熟练掌握本章知识。同时，掌握本章的知识也为本课程后续章节的学习服务。

思 考 题 与 习 题

6.1　笼形三相异步电动机允许采用直接起动的容量大小是如何决定的？

6.2　什么是失压欠压保护？利用哪些电器元件可以实现失压欠压保护？

6.3　电动机点动控制与连续运转控制电路的关键环节是什么？试画出几种既可点动又可连续运转的电气控制电路图。

6.4　试设计一个采取两地操作的点动与连续运转的电路图。

6.5　试分析图 6.9 中四种控制电路的区别点及应用场合。

6.6　试述图 6.10 中各电器触头的作用。

6.7　笼形三相异步电动机在何情况下应采用减压起动？定子绕组为 Y 接法的笼型三相异步电动机能否采用 Y—△起动？为什么？

6.8　图 6.30 中的一些电路各有什么错误？工作时会出现什么现象？应如何改正？

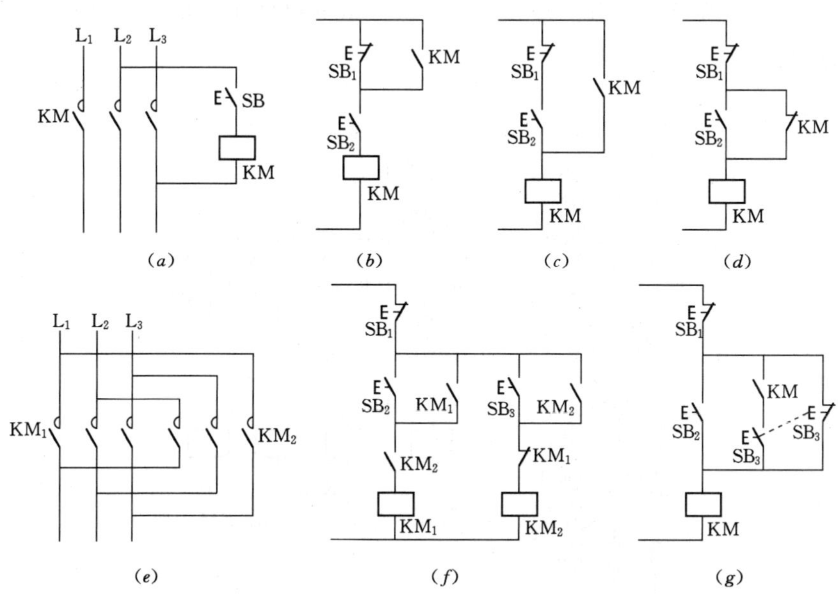

图 6.30　题 6.8 图

6.9　在图 6.9（e）控制电路中，已采用按钮常闭触头的机械互锁，为什么还要采用接触器常闭触头的电气互锁？

6.10　画出三台三相异步电动机的顺序控制电路。要求：起运时，M_1 起动后 M_2 才可起动，M_2 起动后 M_3 才可起动；停止时，三台电动机同时停止。

6.11　试画出两台三相异步电动机的电气控制电路，要求 M_1、M_2 可以分别起动和停止，也可以实现同时起动和停止。

6.12　图 6.10 为自动往返行程控制电路，假设开始时工作台需要向左运动，试操作分析后的动作过程。

6.13　图 6.31 为三接触器控制的三相异步电动机 Y—△起动控制电路，试分析起动操作后的动作过程。

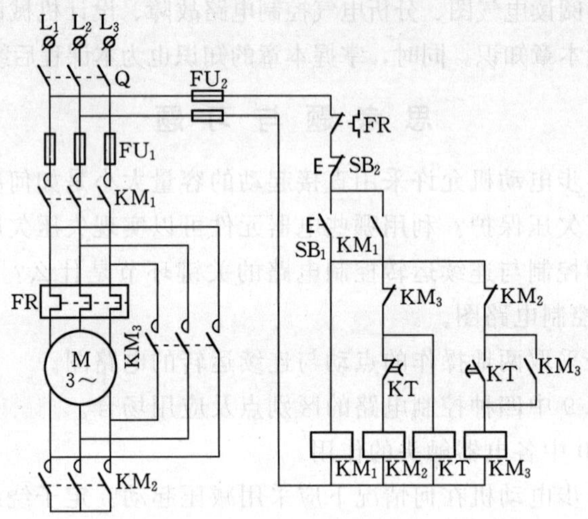

图 6.31　题 6.13 图

6.14　图 6.32 为手动控制的绕线式三相异步电动机转子串电阻起动控制电路，试分析其起动过程。

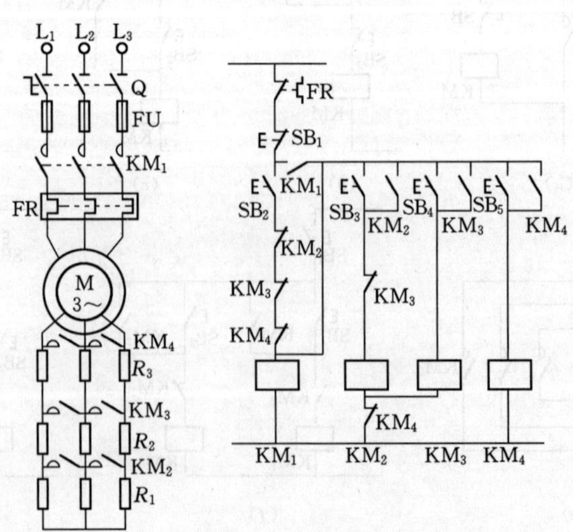

图 6.32　题 6.14 图

6.15　图 6.22 为速度原则控制的三相异步电动机可逆运行能耗制动控制电路。试分析当速度继电器的触头 KV－1 或 KV－2 不能断开时，会出现怎样？

6.16　图 6.24 为电动机可逆运行反接制动控制电路。试分析电动机正向起动操作和停车操作后的动作过程。

6.17　在图 6.24 中，若将速度继电器的触头 KV—1 错接成 KV—2，KV—2 错接成 KV—1，会发生什么情况？如何调节反接制动的制动强度？

6.18　图 6.26 为 4/2 极双速电动机△—YY 变换的变极调速控制电路。若 KM_2 或 KM_3 的自保持触头有一个不能接通，会出现什么现象？

6.19　图 6.28 为直流电动机正反转起动控制电路。试分析直流电动机正向起动操作后的动作过程。

6.20　如何分析电动机的基本电气控制电路？

第 7 章 常用生产机械的电气控制

机床电气控制电路是机床的重要组成部分，它完成对机床运动部件的运动、制动、反向和调速等控制，保证各运动部件运动的准确和协调动作，以达到生产工艺的要求。

本章是在前几章的基础上，通过对典型生产机械电气控制电路原理的分析，进一步了解各基本控制电路在生产机械控制系统中的应用，进一步阐明电气控制系统的分析方法与步骤，提高阅图能力，了解电气控制系统中机械、液压与电气控制的配合，为电气控制系统的安装、调试、使用、维护和设计奠定基础。

7.1 普通车床的电气控制

车床是一种应用极为广泛的金属切削设备，用于对各种具有旋转表面的工件进行加工，如车削外圆、内圆、端面和螺纹等。除车刀之外，还可用钻头、铰刀和镗刀等刀具进行加工。

7.1.1 卧式车床的主要结构、运动形式及控制要求

1. 卧式车床的主要结构

卧式车床的外形结构如图 7.1 所示，主要由床身、主轴变速箱、挂轮箱、进给箱、溜板箱、溜板与刀架、尾座、光杠和丝杠等部分组成。

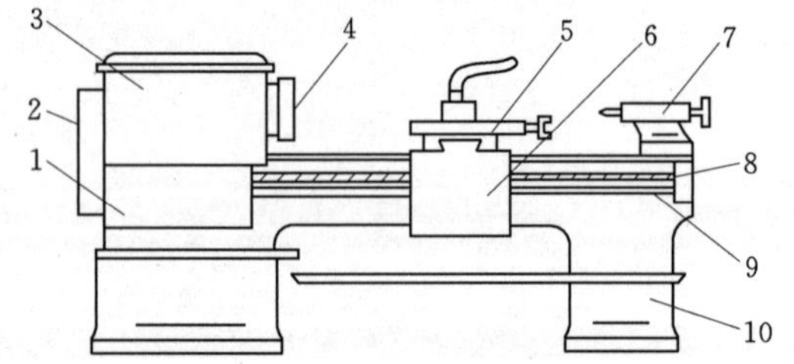

图 7.1 卧式车床的外形结构示意图
1—进给箱；2—挂轮箱；3—主轴变速箱；4—卡箱；5—溜板与刀架；6—溜板箱；7—尾座；8—丝杠；9—光杠；10—床身

2. 卧式车床的运动形式

为了加工各种旋转表面，车床必须进行切削运动和辅助运动。切削运动包括主运动和进给运动，而除此之外的其他运动皆为辅助运动。

(1) 主运动。指工件的旋转运动，是由主轴通过卡盘或顶尖带着工件旋转，主轴的旋转是由主轴电动机经传动机构拖动的。车削加工时，根据被加工工件的材料性质、加工方式等条件，要求主轴能在一定的范围内变速。另外，为了加工螺纹等工件，还要求主轴能够正、反转。

(2) 进给运动。指刀架的纵向或横向直线运动。刀架的进给运动也是由主轴电动机拖动的，其运动方式有手动和自动两种。在进行螺纹加工时，工件的旋转速度与刀架的进给速度之间应有严格的比例关系，因此，车床刀架的纵向或横向两个方向进给运动是由主轴箱输出轴依次经挂轮箱、进给箱、光杠传入溜板箱而获得的。

(3) 辅助运动。指刀架的快速移动、尾座的移动以及工件的夹紧与放松等。

3. 车床的控制要求

从车床加工工艺特点出发，对中、小型卧式车床的电气控制要求为：

(1) 主轴电动机一般选用三相笼形异步电动机。为了保证主运动与进给运动之间的严格比例关系，只采用一台电动机来驱动。为了满足调速要求，通常采用机械变速，由车床主轴箱通过齿轮变速箱与主轴电动机的连接来完成。

(2) 为车削螺纹，要求主轴能够正、反向运行。对于小型车床，主轴正反向运行由主轴电动机正反转来实现；当主轴电动机容量较大时，主轴的正反向运行则靠摩擦离合器来实现，电动机只作单向旋转。

(3) 主轴电动机的起动、停止能实现自动控制。一般中小型车床的主轴电动机均采用直接起动；当电动机容量较大时，通常采用 Y—△降压起动。为实现快速停车，一般采用机械或电气制动。

(4) 车削加工时，为防止刀具与工件温度过高，需用切削液对其进行冷却，为此设置有一台冷却泵电动机，驱动冷却泵输出冷却液，而带动冷却泵的电动机只需单向旋转，且与主轴电动机有联锁关系，即冷却泵电动机动作与否应在主轴电动机之后。当主轴电动机停车时，冷却泵电动机应立即停车。

(5) 为实现溜板箱的快速移动，应由单独的快速移动电动机来拖动，即采用点动控制。

(6) 电路应具有必要的短路、过载、欠压和零压等保护环节，并具有安全可靠的局部照明和信号指示。

7.1.2 CA6140 型普通车床电气控制电路

CA6140 型普通车床电气控制电路如图 7.2 所示，电气元件表如表 7.1 所示。

1. 主电路分析

M_1 为主轴电动机，完成主轴主运动和刀具的纵横向进给运动的驱动。该电动机为不调速的笼形异步电动机，主轴采用机械变速，正反向运行采用机械换向机构。

M_2 为冷却泵电动机，加工时提供冷却液，以防止刀具和工件的温升过高。

M_3 为刀架快速移动电动机，可根据使用需要，随时手动控制起动或停止。

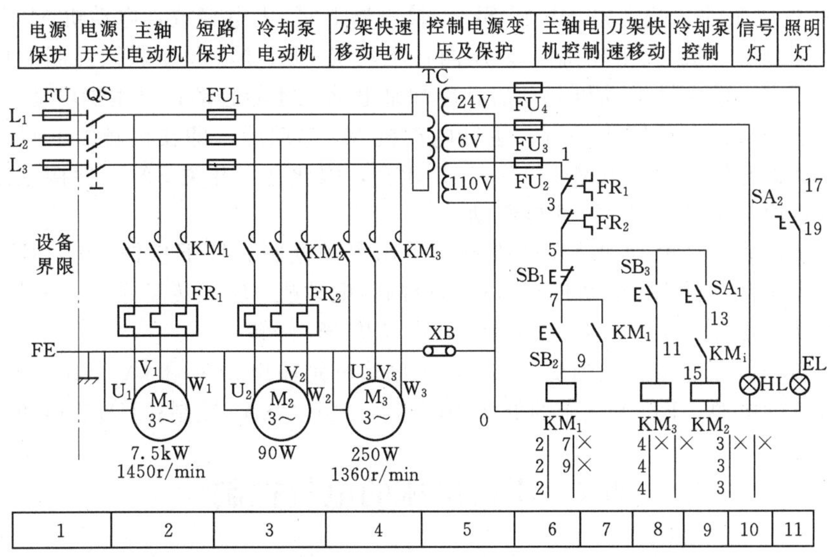

图 7.2 CA6140 型普通车床电气控制电路

表 7.1　　CA6140 型车床电气元件表

符　号	名称及用途	符　号	名称及用途
M_1	主轴电动机	SB_3	起动快速移动电动机按钮
M_2	冷却泵电动机	SA_1	控制冷却泵电动机开关
M_3	快速移动电动机	SA_2	控制照明灯开关
FR_1	M_1 的过载保护热继电器	HL	信号灯
FR_2	M_2 的过载保护热继电器	TC	控制电源变压器
KM_1	控制主轴电动机接触器	EL	照明灯
KM_2	控制冷却泵电动机接触器	FU_1	主电路保护熔断器
KM_3	控制快速移动电动机接触器	FU_2	控制电路保护熔断器
SB_1	停止主轴电动机按钮	FU_3	信号灯电路短路保护熔断器
SB_2	起动主轴电动机按钮	FU_4	照明电路短路保护熔断器

电动机 M_1、M_2、M_3 容量都小于 l0kW，均采用全压直接起动，皆为接触器控制的单向运行控制电路。三相交流电源通过转换开关 QS 引入，接触器 KM_1 的主触头控制 M_1 的起动和停止。接触器 KM_2 的主触头控制 M_2 的起动和停止。接触器 KM_3 的主触头控制 M_3 的起动和停止。KM_1 由按钮 SB_1、SB_2 控制，KM_3 由 SB_3 进行点动控制，KM_2 由开关 SA_1 控制。主轴正反向运行由摩擦离合器实现。

M_1、M_2 为连续运动的电动机，分别利用热继电器 FR_1、FR_2 作过载保护；M_3 为短期工作电动机，因此未设过载保护。熔断器 FU_1～FU_4 分别对主电路、控制电路和辅助电路实行短路保护。

2. 控制电路分析

控制电路的电源为由控制变压器 TC 次级输出的 110V 电压。

(1) 主轴电动机 M_1 的控制。采用了具有过载保护全压起动控制的典型环节。按下起动按钮 SB_2，接触器 KM_1 线圈得电吸合，其常开辅助触头 KM_1（7—9）闭合自锁，KM_1 的主触点闭合，主轴电动机 M_1 起动；同时其常开辅助触头 KM_1（13—15）闭合，作为 KM_2 得电的先决条件。按下停止按钮 SB_1，接触器 KM_1 失电释放，电动机 M_1 停转。

(2) 冷却泵电动机 M_2 的控制。采用两台电动机 M_1、M_2 顺序联锁控制的典型环节，以满足生产要求，使主轴电动机起动后，冷却泵电动机才能起动；当主轴电动机停止运行时，冷却泵电动机也自动停止运行。主轴电动机 M_1 起动后，即在接触器 KM_1 得电吸合的情况下，其常开辅助触头 KM_1（13—15）闭合，因此合上开关 SA_1，使接触器 KM_2 线圈得电吸合，冷却泵电动机 M_2 才能起动。

(3) 刀架快速移动电动机 M_3 的控制。采用点动控制。按下按钮 SB_3，KM_3 得电吸合，其主触头闭合，对 M_3 电动机实施点动控制。电动机 M_3 经传动系统，驱动溜板带动刀架快速移动。松开 SB_3，KM_3 失电释放，电动机 M_3 停转。

(4) 照明和信号电路。控制变压器 TC 的副边分别输出 24V 和 6V 电压，作为机床照明灯和信号灯的电源。EL 为机床的低压照明灯，由开关 SA_2 控制；HL 为电源的信号灯。

7.2　平面磨床的电气控制

磨床是利用砂轮的周边或端面对工件的外圆、内孔、端面、平面、螺纹及球面等进行

磨削加工的一种精密加工设备。

7.2.1　平面磨床的主要结构、运动形式和控制要求

1. 平面磨床的结构

平面磨床的结构如图 7.3 所示，由床身、工作台、电磁吸盘、砂轮箱、滑座、立柱等部分组成。

在箱形床身中装有液压传动装置，以使矩形工作台在床身导轨上通过压力油推动活塞杆作往复运动（纵向）。而工作台往复运动的换向是通过换向撞块碰撞床身上的液压手柄来改变油路实现的。工作台往返运动的行程长度可通过调节装在工作台正面槽中的撞块的位置来改变。工作台的表面是 T 形槽，用来安装电磁吸盘以吸持工件或直接安装大型工件。

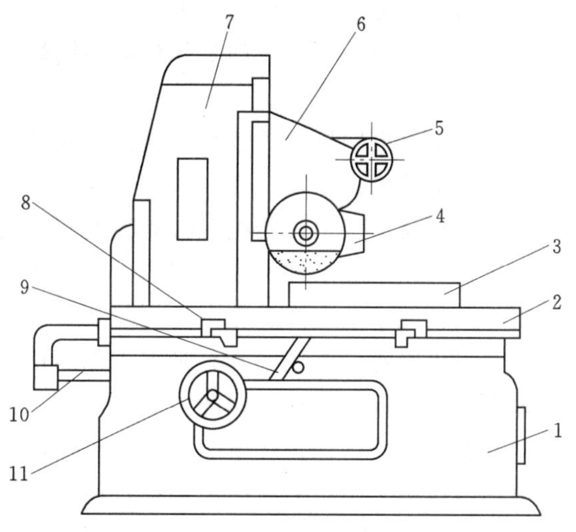

图 7.3　平面磨床结构图

1—床身；2—工作台；3—电磁吸盘；4—砂轮箱；5—砂轮横向移动手轮；6—滑座；7—立柱；8—工作台换向撞块；9—工作台往复运动换向手柄；10—活塞杆；11—砂轮箱垂直进刀手轮

在床身上固定有立柱，沿立柱的导轨上装有滑座，滑座可在立柱导轨上作上下移动，并可由垂直进刀手轮操纵，砂轮箱能沿滑座水平导轨作横向移动。它可由横向移动手轮操纵，也可由液压传动作连续或间断移动，连续移动用于调节砂轮位置或整修砂轮，间断移动用于进给。

2. 平面磨床的运动形式

矩形工作台平面磨床的工作示意图如图 7.4 所示，主运动是砂轮的旋转运动。

进给运动有垂直进给，即滑座在立柱上的上下运动；横向进给，即砂轮箱在滑座上的水平运动；纵向进给，即工作台沿床身的往复运动。工作台每完成一次往复运动时，砂轮箱便作一次间断性的横向进给，当加工完整个平面后，砂轮箱作一次间断性的垂直进给。

辅助运动是指砂轮箱在滑座水平导轨上作快速横向移动；滑座沿立柱上的垂直导轨作快速垂直移动，以及工作台往复运动速度的调整等。

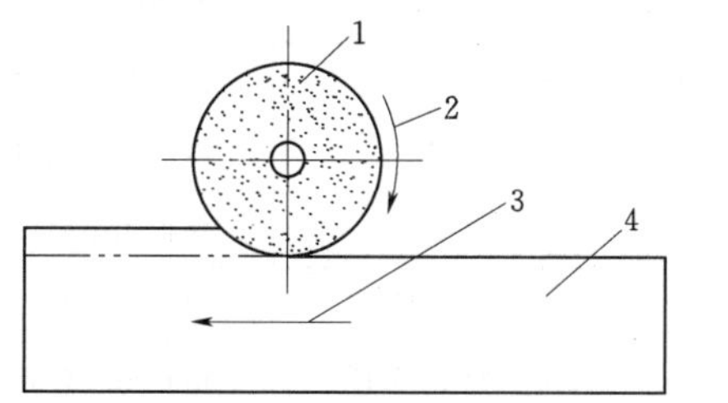

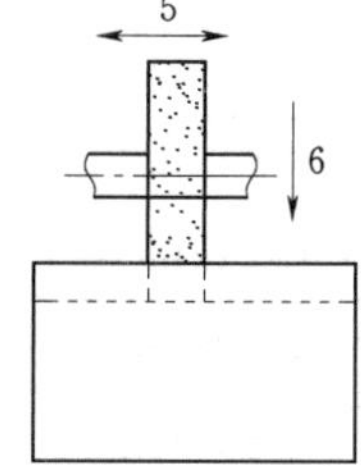

图 7.4　矩形工作台平面磨床工作图

1—砂轮；2—主运动；3—纵向进给运动；4—工作台；5—横向进给运动；6—垂直进给运动

3. 控制要求

平面磨床采用多台电动机拖动，其中砂轮电动机拖动砂轮旋转；液压电动机驱动油泵，供出压力油，经液压传动机械来完成工作台往复运动并实现砂轮的横向自动进给，还承担工作台导轨的润滑；冷却泵电动机拖动冷却泵，供给磨削加工时需要的冷却液。

平面磨床的电力拖动控制要求：

(1) 砂轮、液压泵、冷却泵3台电动机都只要求单方向旋转，砂轮升降电动机需双向旋转。

(2) 冷却泵电动机应随砂轮电动机的起动而起动，若加工中不需要冷却液，则可单独关断冷却泵电动机。

(3) 在正常加工中，若电磁吸盘吸力不足或消失时，砂轮电动机与液压泵电动机应立即停止工作，以防止工件被砂轮切向力打飞而发生人身和设备事故。不加工时，即电磁吸盘不工作的情况下，允许砂轮电动机与液压泵电动机起动，机床作调整运动。

(4) 电磁吸盘励磁线圈具有吸牢工作的正向励磁，松开工件的断开励磁以及抵消剩磁便于取下工件的反向励磁控制环节。

(5) 具有完善的保护环节。电路的短路保护，电动机的长期过载保护，零压、欠压保护，电磁吸盘吸力不足的欠电流保护，以及线圈断开时产生高电压而危及电路中其他电器设备的过压保护等。

(6) 机床安全照明电路与工件去磁的控制环节。

7.2.2　M7120型平面磨床电气控制电路

M7120型平面磨床电气控制电路如图7.5所示，电气元件表如表7.2所示。

表7.2　　M7120型平面磨床电气元件表

符　号	名称及用途	符　号	名称及用途
M_1	液压泵电动机 1.1kW 1410r/min	KM_5、KM_6	接触器，电磁吸盘用
M_2	砂轮电动机 3kW 2860r/min	$FR_1 \sim FR_3$	热继电器
M_3	冰却泵电动机 0.12kW	$FU_1 \sim FU_4$	熔断器
M_4	砂轮升降电动机 0.75kW	VC	硅整流器
QS_1	电源开关	YH	电磁吸盘
QS_2	照明灯开关	KUD	欠压继电器
KM_1	接触器，液压泵电动机用	T	整流变压器
KM_2	接触器，砂轮电动机用	TC	照明变压器
KM_3、KM_4	接触器，砂轮升降电动机用	SB_1	液压泵停止按钮
SB_2	液压泵起动按钮	XS_2	冷却泵电动机插头插座
SB_3	砂轮停止按钮	R、C	保护用电阻、电容
SB_4	砂轮起动按钮	HL	电源指示灯
$SB_5 \sim SB_6$	砂轮升降按钮	$HL_1 \sim HL_4$	电动机工作指示灯
$SB_7 \sim SB_9$	电磁吸盘控制按钮	EL	照明灯
XS_1	电磁吸盘插头插座		

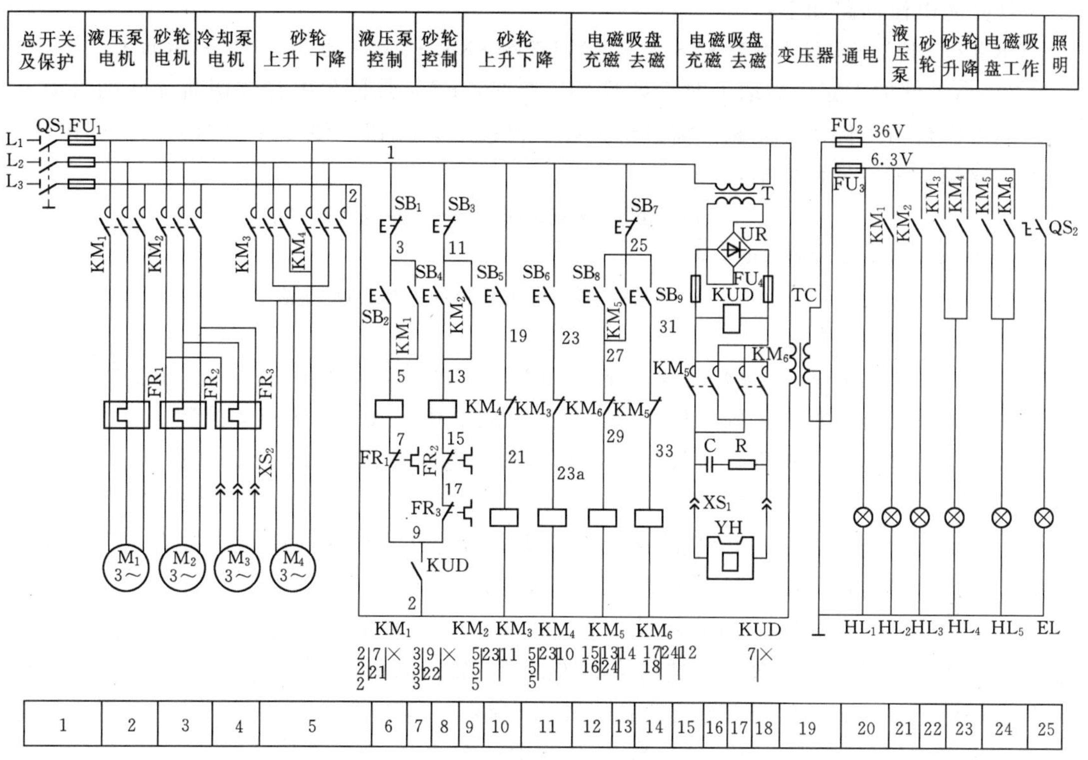

图 7.5 M7120 型平面磨床电气控制电路

1. 主电路

主电路共有 4 台电动机。其中 M_1 为液压泵电动机，实现工作台的往复运动，由接触器 KM_1 的主触头控制，单向旋转；M_2 为砂轮电动机，带动砂轮转动来完成磨削加工，M_3 是冷却泵电动机，M_2 和 M_3 共同由接触器 KM_2 控制，单向旋转，冷却泵电动机 M_3 只有在砂轮电动机 M_2 起动后才能运转。由于冷却泵电动机和机床床身是分开的，因此通过插头插座 XS_2 和电源接通；M_4 是砂轮升降电动机，用于在磨削过程中调整砂轮与工件之间的位置，由接触器 KM_3、KM_4 控制其正反旋转。

M_1、M_2、M_3 是长期工作，因此装有 FR_1、FR_2、FR_3 分别对其进行过载保护；M_4 是短期工作的，不设过载保护。4 台电动机共用一组熔断器 FU_1 作短路保护。

2. 电磁吸盘控制电路

电磁吸盘又名电磁工作台，是用来吸牢工件的，它的线圈通入直流电后产生磁场吸牢铁磁性材料的工件。当工件放在两个磁极之间时，使磁路构成回路，工件被吸住。

电磁吸盘整流电源电路，它包括三个部分：整流、控制和保护。

(1) 整流部分。整流部分由整流变压器 T 和桥式整流电路 UR 组成，提供 110V 直流电压。

(2) 控制部分。控制部分由接触器 KM_5 和 KM_6 的各两个主触头组成。

1) 当要使电磁吸盘具有吸力时，可按下按钮 SB_8，其充磁过程如下：

按下 SB_8 ⟶ KM_5 线圈得电（自保）
- ⟶ KM_5 主触头闭合 ⟶ 电磁铁 YH 得电。
- ⟶ KM_5 常闭触头分断 ⟶ 对 KM_6 互锁。

其充磁电流回路如下：

UR正极→FU_4→KM_5主触头→XS_1插座→YH线圈→XS_1→KM_5主触头→FU_4→UR负极。

2）当工件加工完毕需取下时，可按SB_7按钮，KM_5线圈失电释放切断YH的直流电源。但工作台与工件留有剩磁，需进行去磁。再按SB_9按钮，使YH线圈通入反向电流，产生反磁场。去磁过程如下：

按下SB_9 ⟶ KM_6线圈得电 ─┬→ KM_6主触头闭合 ⟶ 电磁铁YH得电。
　　　　　　　　　　　　　　└→ KM_6常闭触头分断 ⟶ 对KM_5互锁。

其去磁电流回路如下：

UR正极→FU_4→KM_6主触头→XS_1插座→YH线圈→XS_1→KM_6主触头→FU_4→UR负极。

去磁时间不能太长，否则工作台和工件会反向磁化，故SB_9为点动控制。

（3）保护部分。保护部分有放电电阻R和放电电容C以及欠电压继电器KUD。

1）由于电磁吸盘线圈是一个大电感，当断电瞬间，在线圈中会产生较大的自感应电动势，若无放电电路，将损坏线圈绝缘及其他电器元件。故在线圈两端接有RC放电回路，以吸收线圈在断电瞬间释放出储存的磁场能量。

2）欠电压继电器KUD的作用是：在加工中，若电源电压不足或电路发生故障，则电磁吸盘吸力不足，会导致工件被高速旋转的砂轮碰击高速飞出，造成事故。因此，设置了欠电压继电器，将其线圈并联在电磁工作台电路中，若电源电压不足，欠电压继电器释放，使串联在接触器KM_1和KM_2控制电路中的欠电压继电器常开触头分断，KM_1和KM_2线圈失电，使砂轮电动机M_2、冷却泵电动机M_3和液压泵电动机M_1都停转，以保证安全。

若在起动时，电压过低或电路有故障，欠电压继电器不会动作，其常闭触头不会闭合。这时虽按下起动按钮SB_2、SB_4，电动机不会转动，工作台不会移动，砂轮不会转动。

3. *电动机控制电路工作原理*

由于控制电路中设置了欠电压保护，因此在起动电动机之前，应按下按钮SB_8，在电压正常情况下，可使欠电压继电器KUD动作，其常闭触头闭合，电动机方能起动。

（1）液压泵电动机M_1的控制。其控制电路位于6、7区，起停过程为：按下SB_2→KM_1线圈得电自保→KM_1主触头闭合→M_1起动。停止时按下SB_1，KM_1线圈失电，M_1停转。

（2）砂轮电动机M_2和冷却泵电动机M_3的控制。冷却泵电动机经插座XS_2与接触器KM_2主触头相连，故M_3与M_2联动控制，同时起停。控制电路在8、9区，其起停过程为：按下SB_4→KM_2线圈得电自保→KM_2主触头闭合→M_2与M_3同时起动。若按下SB_3，则KM_2线圈失电，M_2和M_3同时停转。

（3）砂轮升降电动机M_4的控制。M_4需正反转，采用点动控制，控制电路在10、11区，其起停过程为：

1）砂轮箱上升（M_4正转）。按下SB_5→KM_3线圈得电→KM_3主触头闭合→M_4正转。当上升到预定位置，松开SB_5，KM_3线圈失电，M_4停转。

2）如按动SB_6，则KM_4线圈得电，M_4反转，砂轮箱下降。松开SB_6，M_4停转。

4. 辅助电路

辅助电路是信号指示和局部照明电路。

EL为局部照明灯，由变压器TC供电，工作电压为36V，由开关QS_2控制。

各信号指示灯工作电压为6.3V。HL_1为电源指示灯，HL_2为M_1运转指示灯，HL_3为M_2运转指示灯，HL_4为M_4运转指示灯；HL_5为电磁吸盘工作指示灯。

7.3　摇臂钻床电气控制电路

钻床是一种孔加工设备，可用来钻孔、扩孔、铰孔、攻丝及修刮端面等多种形式的加工。按用途和结构分类，钻床可分为立式钻床、台式钻床、多轴钻床、摇臂钻床及其他专用钻床等。在各类钻床中，摇臂钻床操作方便、灵活，适用范围广，具有典型性，特别适用于单件或批量生产带有多孔大型零件的孔加工，是一般机械加工车间常见的机床。

7.3.1　摇臂钻床的主要结构、运动形式及控制要求

1. 摇臂钻床的主要结构

摇臂钻床主要由底座、内立柱、外立柱、摇臂、主轴箱及工作台等部分组成，如图7.6所示。

内立柱固定在底座的一端，在它的外面套有外立柱，外立柱可绕内立柱回转360°。摇臂的一端为套筒，它套装在外立柱上，并借助丝杆的正反转，可沿着外立柱作上下移动。由于丝杆与外立柱连成一体，而升降螺母固定在摇臂上，因此摇臂不能绕外立柱转动，只能与外立柱一起绕内立柱回转。主轴箱是一个复合部件，由主传动电动机、主轴和主轴传动机构、进给和变速机构、机床的操作机构等部分组成。主轴箱安装在摇臂的水平导轨上，可以通过手轮操作，使其在水平导轨上沿摇臂移动。

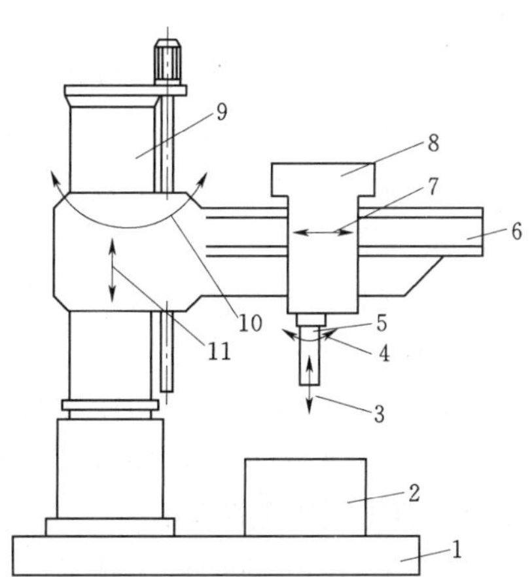

图7.6　摇臂钻床结构及动作情况示意图

1—底座；2—工作台；3—主轴纵向进给；4—主轴旋转主运动；5—主轴；6—摇臂；7—主轴箱沿摇臂径向运动；8—主轴箱；9—内外立柱；10—摇臂回转运动；11—摇臂垂直移动

机床各主要部件的装配关系为：

主轴 —安装在→ 主轴箱 —坐落在→ 摇臂 —套在→ 外立柱 —套在→ 内立柱 —固定→ 底座 ←固定— 工作台 ←固定— 工作

2. 摇臂钻床的运动形式

当进行加工时，由特殊的夹紧装置将主轴箱紧固在摇臂导轨上，而外立柱紧固在内立柱上，摇臂紧固在外立柱上，然后进行钻削加工。钻削加工时，钻头一边进行旋转切削，一边进行纵向进给，其运动形式为：

(1) 摇臂钻床的主运动为主轴的旋转运动。

(2) 进给运动为主轴的纵向进给。

(3) 辅助运动有：摇臂沿外立柱垂直移动，主轴箱沿摇臂长度方向的移动，摇臂与外立柱一起绕内立柱的回转运动。

3. 电气拖动特点及控制要求

(1) 摇臂钻床运动部件较多，为了简化传动装置，采用多台电动机拖动。例如Z3040型摇臂钻床采用4台电动机拖动，分别是主轴电动机、摇臂升降电动机、液压泵电动机和冷却泵电动机，这些电动机都采用直接起动方式。

(2) 为了适应多种形式的加工要求，摇臂钻床主轴的旋转及进给运动有较大的调速范围，一般情况下多由机械变速机构实现。主轴变速机构与进给变速机构均装在主轴箱内。

(3) 摇臂钻床的主运动和进给运动均为主轴的运动，为此这两项运动由一台主轴电动机拖动，分别经主轴传动机构、进给传动机构实现主轴的旋转和进给。

(4) 在加工螺纹时，要求主轴能正、反转。摇臂钻床主轴正、反转旋转一般采用机械方法实现。因此主轴电动机仅需要单向旋转。

(5) 摇臂升降电动机要求能正、反向旋转。

(6) 内外主轴的夹紧与放松、主轴与摇臂的夹紧与放松可采用机械操作、电气—机械装置，电气—液压或电气—液压—机械等控制方法实现。若采用液压装置，则备有液压泵电动机，拖动液压泵提供压力油来实现。液压泵电动机要求能正、反向旋转，并根据要求采用点动控制。

(7) 摇臂的移动严格按照摇臂松开→移动→摇臂夹紧的程序进行。因此摇臂的夹紧与摇臂升降按自动控制进行。

(8) 冷却泵电动机带动冷却泵提供冷却液，只要求单向旋转。

(9) 具有联锁与保护环节以及安全照明、信号指示电路。

7.3.2 液压系统工作简介

该机床采用先进的液压技术，具有两套液压控制系统，一套是操纵机构液压系统，由主轴电动机拖动齿轮输送压力油，通过操纵机构实现主轴正/反转、停车制动、空挡、预选与变速；另一套由液压泵电动机拖动液压泵输送压力油，实现摇臂的夹紧与松开，主轴箱和立柱的夹紧与松开。

1. 操纵机构液压系统

该系统压力油由主轴电动机拖动齿轮泵送出，由主轴操作手柄来改变两个操纵阀的相互位置，使压力油作不同的分配，获得不同动作。操作手柄有上、下、里、外和中间5个空间位置。其中上为“空挡”，下为“变速”，外为“正转”，里为“反转”，中间位置为“停车”。而主轴转速及主轴进给量各由一个旋钮预选，然后再操作主轴手柄。

主轴旋转时，首先按下主轴电动机起动按钮，主轴电动机起动旋转，拖动齿轮泵，送出压力油。然后操纵主轴手柄，扳至所需转向位置（里或外），于是两个操纵阀相互改变位置，使一股压力油将制动摩擦离合器松开，为主轴旋转创造条件；另一股压力油压紧正转（反转）摩擦离合器，接通主轴电动机到主轴的传动链，驱动主轴正转或反转。

在主轴正转或反转的过程中，可转动变速旋钮，改变主轴转速或主轴进给量。

主轴停车时，将操作手柄扳回中间位置，这时主轴电动机仍拖动齿轮泵旋转，但此时整个液压系统为低压油，无法松开制动摩擦离合器，而在制动弹簧作用下将制动摩擦离合器压紧，使制动轴上的齿轮不能转动，实现主轴停车。因此主轴停车时主轴电动机仍在旋

转，只是不能将动力传到主轴。

主轴变速与进给变速：将主轴操作手柄扳至“变速”位置，于是改变两个操纵阀的相互位置，使齿轮泵送出的压力油进入主轴转速预选阀和主轴进给量预选阀，然后进入各变速油缸。变速液压缸为差动液压缸，具体哪个液压缸上腔进压力油或回油，视所选择主轴转速和进给量大小而定。与此同时，另一油路系统推动拨叉缓慢移动，逐渐压紧主轴转速摩擦离合器，接通主轴电动机到主轴的传动链，带动主轴缓慢旋转（称为缓速），以利于齿轮的顺利啮合。当变速完成后，松开操作手柄，此时手柄在弹簧作用下由“变速”位置自动复位到主轴“停车”位置，然后再操纵主轴正转或反转，主轴将在新的转速或进给量下工作。

主轴空挡：当操作手柄扳向“空挡”位置时，压力油使主轴传动中的滑移齿轮处于中间脱开位置。这时，可用手轻便地转动主轴。

2. 夹紧机构液压系统

主轴箱、内外立柱和摇臂的夹紧与松开，是由液压泵电动机拖动液压泵送出压力油，推动活塞、菱形块来实现的。其中主轴箱和立柱的夹紧或放松由一个油路控制，而摇臂的夹紧或放松因要与摇臂的升降运动构成自动循环，因此由另一油路来控制。这两个油路均由电磁阀操纵。

如图 7.7 所示是这套夹紧机构液压系统工作示意图。

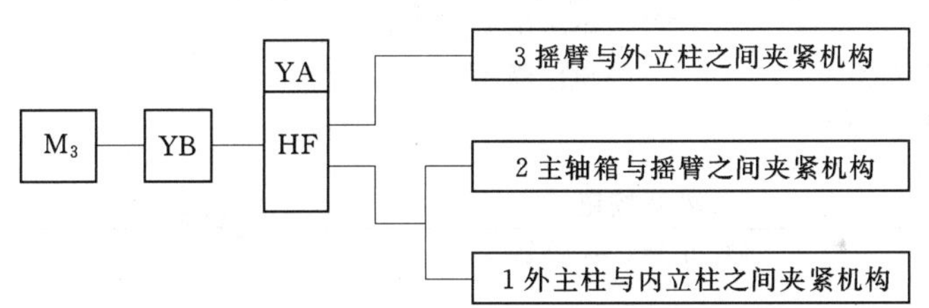

图 7.7 夹紧机构液压系统工作示意图

系统由液压泵电动机 M_3 拖动液压泵 YB 供给压力油，由电磁铁 YA 和二位六通液压阀 HF 组成的电磁阀分配油压给内外立柱之间、主轴箱与摇臂之间、摇臂与外立柱之间的夹紧机构。

如图 7.8 所示是夹紧机构液压系统工作简图，夹紧机构液压系统工作情况如下：

(1) YA 不通电时，HF 的（1—4）、(2—3) 相通，压力油供给主轴箱、立柱夹紧机构，如这时 M_3 正转，则液压使两个夹紧机构都夹紧，并压下微动开关 SQ_4；否则，夹紧机构放松，SQ_4 释放。有的 Z3040 钻床已做改进，这两个夹紧机构可分别单独动作，也可同时动作。

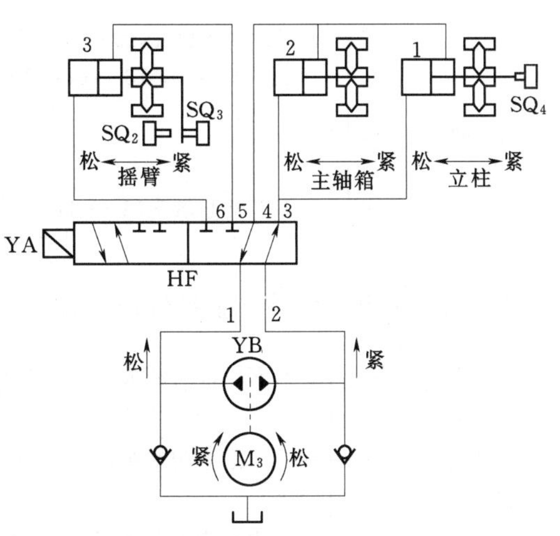

图 7.8 夹紧机构液压系统工作简图

(2) 如 YA 通电时，HF 的 (1—6)、(2—5) 相通，压力油供给摇臂夹紧机构。如这时 M_3 正转，使夹紧机构夹紧，弹簧片压下微动开关 SQ_3，而 SQ_2 释放。如 M_3 反转，则夹紧机构放松，弹簧片压下微动开关 SQ_2，而 SQ_3 释放。

可见，操纵哪一个夹紧机构松开或夹紧，既决定于 YA 是否通电，又决定于 M_3 的转向。

7.3.3 Z3040 型摇臂钻床电气控制电路

Z3040 型摇臂钻床电气控制电路如图 7.9 所示。M_1 为主轴电动机，M_2 为摇臂升降电动机，M_3 为液压泵电动机，M_4 为冷却泵电动机，QS 为总电源控制开关。

1. 主轴电动机 M_1 的控制

按动 SB_2 按钮，接触器 KM_1 线圈得电自保，M_1 转动。KM_1 的辅助常开触头闭合，指示灯 HL_3 亮。按动 SB_1 按钮，KM_1 失电，M_1 停转，HL_3 熄灭。这是单向长动控制电路。

2. 摇臂升降控制

摇臂通常处于夹紧状态，免致丝杠承担吊挂。在控制摇臂升降时，除升降电动机 M_2 需转动外，还需要摇臂夹紧机构、液压系统协调配合，完成夹紧→松开→夹紧动作。工作过程如下：

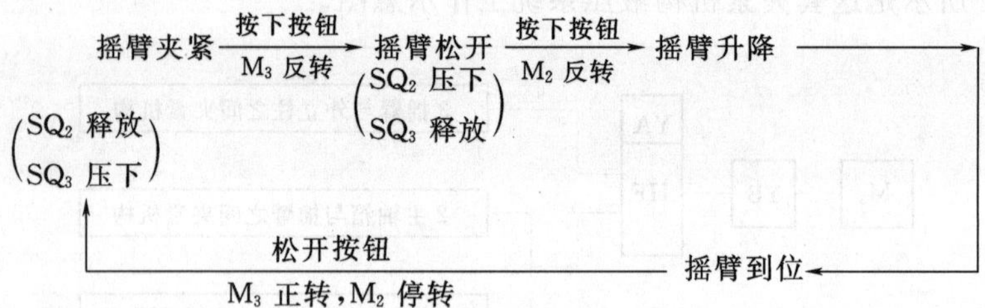

SQ_2 压下是 M_2 转动的指令，SQ_3 压下是夹紧的标志。

(1) 摇臂上升控制。按下摇臂上升按钮 SB_3 不松开，时间继电器 KT 线圈得电动作：

1) 摇臂松开阶段。

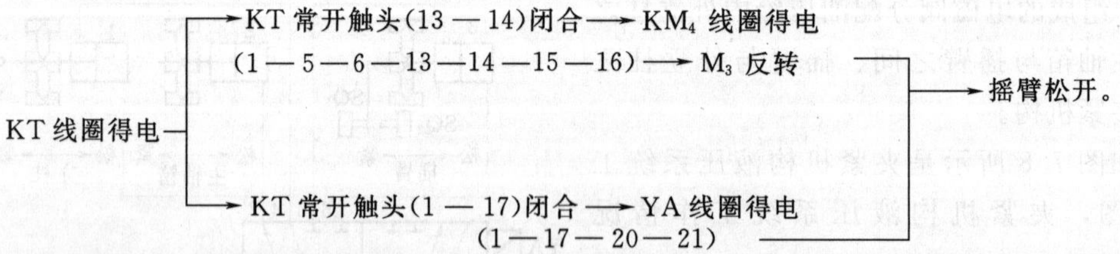

2) 摇臂上升。摇臂夹紧机构松开后，微动开关 SQ_3 释放，压下 SQ_2。

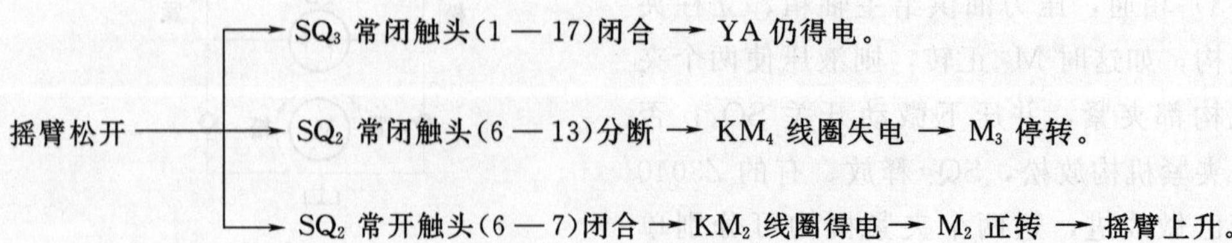

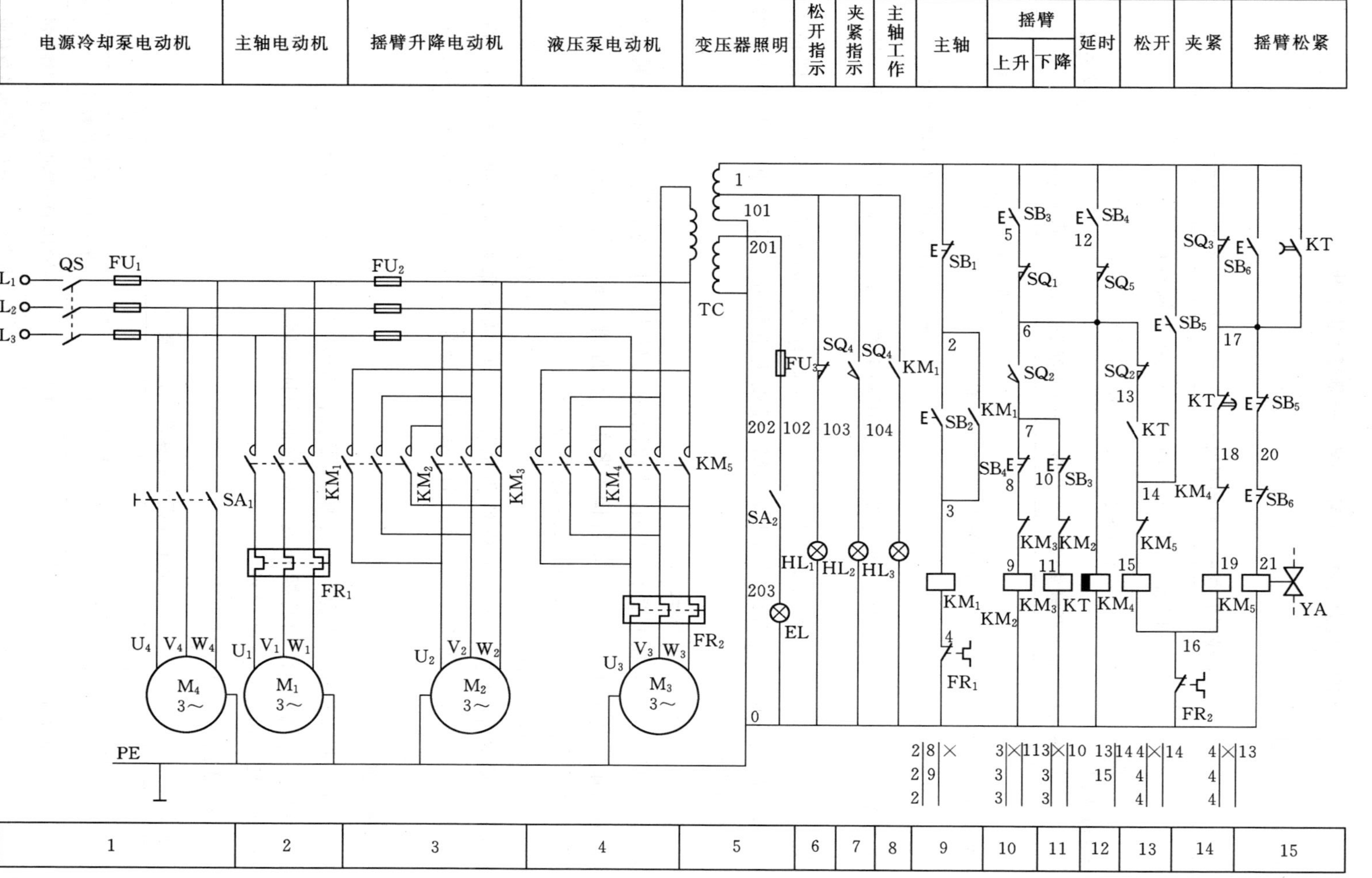

图 7.9 Z3040 型摇臂钻床电气控制电路

3）摇臂上升到位。松开按钮 SB_3，摇臂又夹紧。

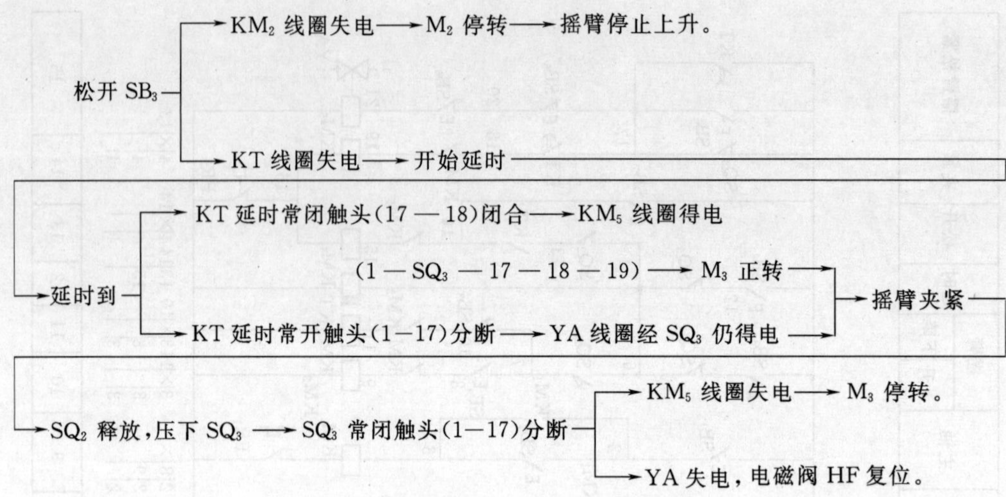

(2) 摇臂下降控制。其工作原理与摇臂上升控制电路相仿，只是要按下按钮 SB_4，请自行分析。

微动开关 SQ_1 和 SQ_5 是摇臂升降限位开关，它们是当摇臂上升或下降到极限位置时被压下，常闭触头分断，使 KM_2 线圈或 KM_3 线圈失电释放，M_2 停转不再带动摇臂升降，防止碰坏机床。

3. 主轴箱、立柱的松开和夹紧

这是由松开按钮 SB_5 和夹紧按钮 SB_6 控制的正反转点动控制电路。现以夹紧机构松开为例，分析电路的工作原理。夹紧机构夹紧的工作原理，请自行分析。

在机构处于夹紧状态时，微动开关 SQ_4 被压下，夹紧指示灯 HL_2 亮。

按动 SB_5→KM_4 线圈得电（1—SB_5—14—15—16）→M_3 反转。由于 SB_5 常闭分断，使 YA 线圈不能得电。液压油供给主轴箱、立柱两夹紧机构，使之松开；SQ_4 释放，指示灯 HL_1 燃亮，而夹紧指示灯 HL_2 熄灭。松开 SB_5，KM_4 线圈失电释放，M_3 停转。

4. 其他电路

(1) 机床照明及指示灯电路，由变压器 T 提供 380V/36V，6.3V 电压。

(2) 冷却泵电动机 M_4 由转换开关 SA_1 控制单向运转。

(3) 电路具有短路、过载保护。

Z3040 摇臂钻床电气元件见表 7.3。

表 7.3　**Z3040 摇臂钻床电气元件表**

符　号	名称及用途	符　号	名称及用途
M_1	主轴电动机	KM_1	主轴电动机起动接触器
M_2	摇臂升降电动机	KM_2	控制摇臂升降电动机正转接触器
M_3	液压泵电动机	KM_3	控制摇臂升降电动机反转接触器
M_4	冷却泵电动机	KM_4	控制液压泵电动机正转接触器

续表

符　号	名称及用途	符　号	名称及用途
KM_5	控制液压泵电动机反转接触器	SB_1	主轴电动机停止按钮
SQ_1	摇臂上升极限保护行程开关	SB_2	主轴电动机起动按钮
SQ_2	摇臂松开行程开关	SB_3	摇臂升降电动机正转按钮
SQ_3	摇臂夹紧行程开关	SB_4	摇臂升降电动机反转按钮
SQ_4	主轴箱、立柱松紧指示行程开关	SB_5	主轴箱、立柱松开按钮
SQ_5	摇臂下降极限保护行程开关	SB_6	主轴箱、立柱夹紧按钮
FU_1	总电源短路保护熔断器	T	控制变压器
QS	总电源开关	HL	照明灯泡、指示灯泡
SA_1	冷却泵电动机开关	FR_1	M_1 过载保护热继电器
KT	摇臂升降延时控制时间继电器	FR_2	M_3 过载保护热继电器
YA	控制液压阀		

7.4 铣床的电气控制

铣床可用来加工平面、斜面、沟槽，装上分度盘可以铣切齿轮和螺旋面，装上圆工作台还可以铣切凸轮和弧形槽，因此铣床在机械行业的机床设备中占有相当大的比重，是一种常用的通用机床。

一般中小型铣床都采用三相笼形异步电动机拖动，并且主轴旋转主运动与工作台进给运动分别由单独的电动机拖动。铣床主轴的主运动为刀具的切削运动，有顺铣和逆铣两种加工方式；工作台的进给运动有水平工作台左右（纵向）、前后（横向）以及上下（垂直）方向运动，此外还有圆工作台的回转运动。

7.4.1 铣床的主要结构、运动形式和控制要求

1. 铣床的主要结构

图 7.10 是卧式万能铣床外形结构示意图，主要由底座、床身、悬梁、刀杆支架、升降工作台、溜板及工作台等组成。在刀杆支架上安装有与主轴相连的刀杆和铣刀，以进行切削加工，顺铣时为一转动方向，逆铣时为另一转动方向；床身前面有垂直导轨，升降工作台带动工作台沿垂直导轨上下移动，完成垂直方向的进给；升降工作台上的水平工作台，还可在纵向和横向上移动进给；回转工作台可单向转动。进给电动机经机械传动链传动，通过机械离合器在选定的进给方向驱动工作台移动进给，进给运动传递示意图如图 7.11 所示。

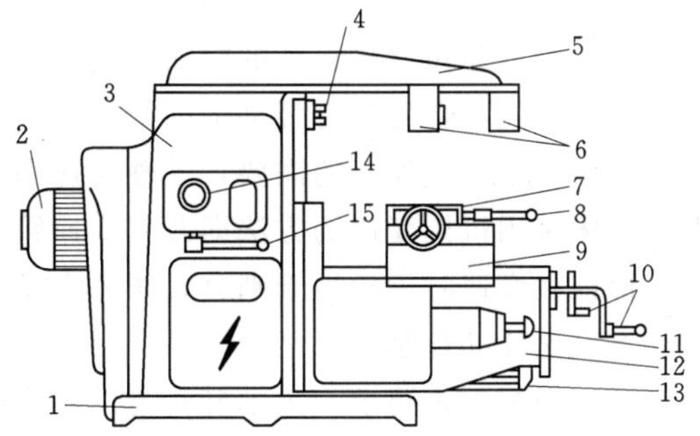

图 7.10　卧式万能铣床外形结构示意图

1—底座；2—主轴电动机；3—床身；4—主轴；5—悬梁；6—刀杆支架；7—工作台；8—工作台左右进给操作手柄；9—溜板；10—工作台前后、上下操作手柄；11—进给变速手柄及变速盘；12—升降工作台；13—进给电动机；14—主轴变速盘；15—主轴变速手柄

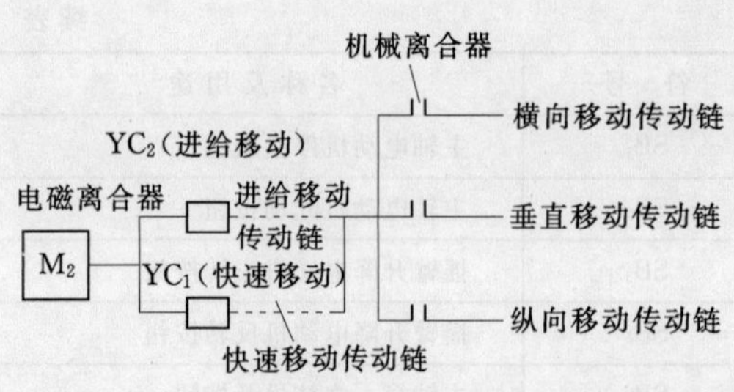

图 7.11 铣床进给运动传递示意图

此外，溜板可绕垂直轴线方向左右旋转 45°，使得工作台还能在倾斜方向进行进给，便于加工螺旋槽。该机床还可安装圆形工作台，以扩展铣削功能。

2. 铣床的运动形式

卧式万能铣床有 3 种运动形式：

(1) 主运动。铣床的主运动是指主轴带动铣刀的旋转运动。

(2) 进给运动。铣床的进给运动是指工作台带动工件在上、下、左、右、前和后 6 个方向上的直线运动或圆形工作台的旋转运动。

(3) 辅助运动。铣床的辅助运动是指工作台带动工件在上、下、左、右、前和后 6 个方向上的快速移动。

3. 铣床的电力拖动特点及控制要求

(1) 由于铣床的主运动和进给运动之间没有严格的速度比例关系，因此铣床采用单独拖动的方式，即主轴的旋转和工作台的进给，分别由两台笼形异步电动机拖动。其中进给电动机与进给箱均安装在升降台上。

(2) 为了满足铣削过程中顺铣和逆铣的加工方式，要求主轴电动机能实现正、反旋转，但这可以根据铣刀的种类，在加工前预先设置主轴电动机的旋转方向，而在加工过程中则不需改变其旋转方向，故采用倒顺开关实现主轴电动机的正反转。

(3) 由于铣刀是一种多刃刀具，其铣削过程是断续的，因此为了减小负载波动对加工质量造成的影响，主轴上装有飞轮。由于其转动惯性较大，因而要求主轴电动机能实现制动停车，以提高工作效率。

(4) 工作台在 6 个方向上的进给运动，是由进给电动机分别拖动三根进给丝杆来实现的，每根丝杆都应该有正反向旋转，因此要求进给电动机能正反转。为了保证机床、刀具的安全，在铣削加工时，只允许工件同一时刻作某一个方向的进给运动。另外，在用圆工作台进行加工时，要求工作台不能移动。因此，各方向的进给运动之间应有联锁保护。

(5) 为了缩短调整运动的时间，提高生产效率，工作台应有快速移动控制，这里通过快速电磁铁的吸合而改变传动链的传动比来实现。

(6) 为了适应加工的需要，主轴转速和进给转速应有较宽的调节范围，X6ZW 型卧式万能铣床采用机械变速的方法即改变变速箱的传动比来实现，简化了电气调速控制电路。为了保证在变速时齿轮易于啮合，减小齿轮端面的冲击，要求主轴和进给电动机变速时都应具有变速冲动控制。

(7) 根据工艺要求，主轴旋转与工作台进给应有先后顺序控制的联锁关系，即进给运动要在铣刀旋转之后才能进行。铣刀停止旋转，进给运动就该同时停止或提前停止，否则易造成工件与铣刀相碰事故。

(8) 为了使操作者能在铣床的正面、侧面方便地进行操作，对主轴电动机的起动、停止以及工作台进给运动的选向和快速移动，设置了两地控制方案。

(9) 冷却泵电动机用来拖动冷却泵，有时需要对工件、刀具进行冷却润滑，采用主令开关控制其单方向旋转。

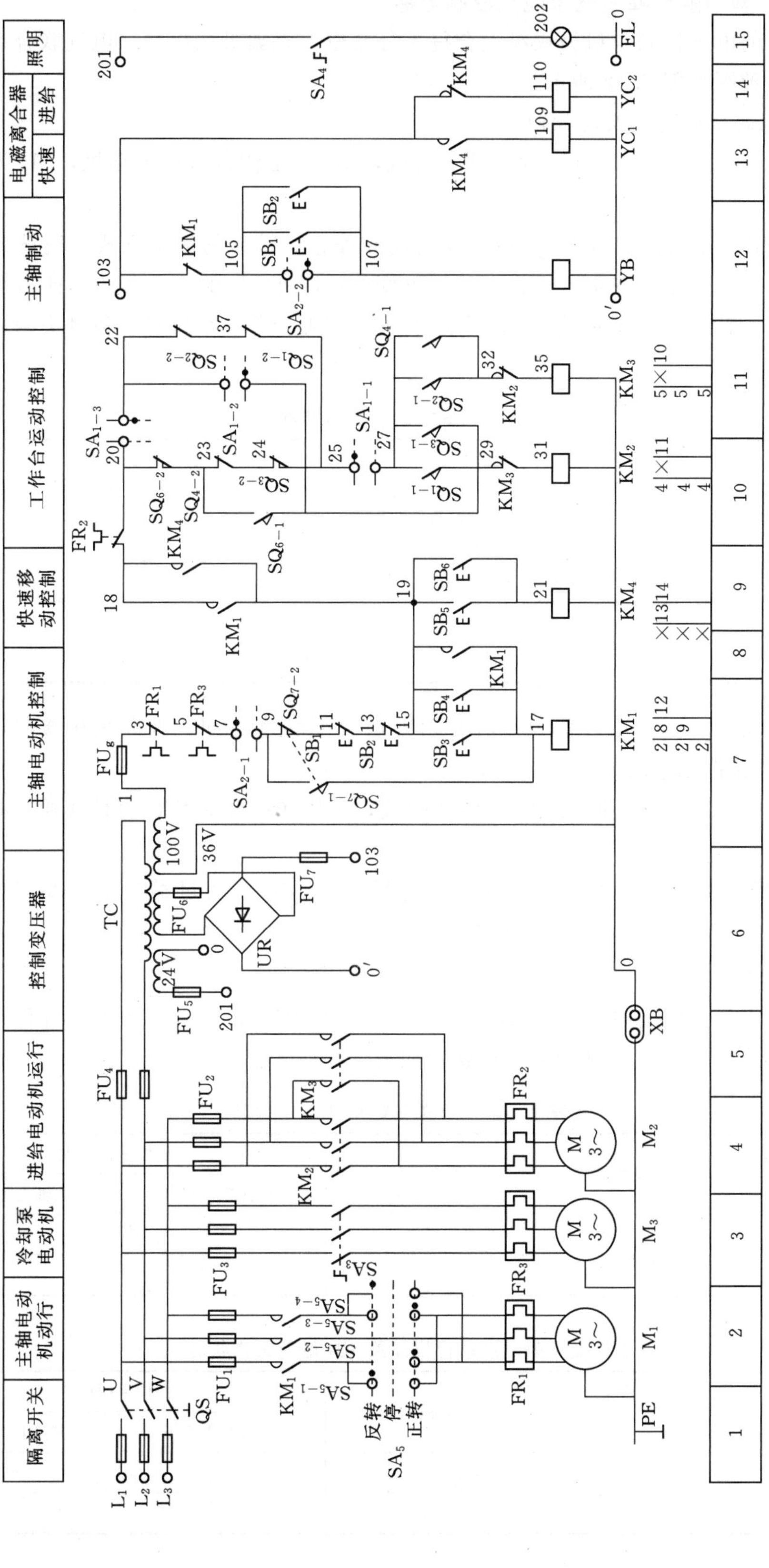

图 7-12 X62W 型万能升降台铣床电气控制电路

7.4.2　X62W 型万能升降台铣床电气控制电路

万能铣床的电气控制与机械操纵配合得十分紧密，是典型的机械—电气联合动作的控制。其电气原理图如图 7.12 所示。

1. 电动机的配置情况及其控制

主电路共有 3 台电动机，M_1 为主轴电动机，M_2 为工作台进给电动机，M_3 为冷却泵电动机。

主轴电动机 M_1 由接触器 KM_1 控制其起动和停止。铣床的加工方式（逆铣或顺铣），在开始工作前即已选定，在加工过程中是不改变的，因此 M_1 的正反转的转向由转换开关 SA_5 预先确定。转换开关 SA_5 有“正转”、“停止”、“反转”3 个位置，各触头的通断情况如表 7.4 所示。

表 7.4　　转换开关 SA_5 触头通断情况

触　头	所地图区	操作手柄位置		
		正转	停止	反转
SA_{5-1}	2	−	−	+
SA_{5-2}	2	+	−	−
SA_{5-3}	2	+	−	−
SA_{5-4}	2	−	−	+

进给电动机 M_2 在工作过程中，需要频繁地改变转动方向，因此采用接触器 KM_2、KM_3 组成正反转控制电路。

冷却泵电动机 M_3 根据加工需要提供切削液，采用转换开关 SA_3 直接接通或断开电动机电源。

热继电器 FR_1、FR_2、FR_3 分别作 M_1、M_2、M_3 的长期过载保护。熔断器 FU_1、FU_2、FU_3 分别作 M_1、M_2、M_3 的短路保护。

2. 主轴电动机 M_1 的控制

转换开关 SA_2 为主轴上刀制动开关，其触头工作状态如表 7.5 所示；行程开关 SQ_7 为主轴变速瞬时点动开关，其触头工作状态如表 7.6 所示。

表 7.5　　主轴上刀制动开关 SA_2 触头工作状态

触头	接线端标号	所在图区	操作手柄位置	
			主轴正常工作	主轴上刀制动
SA_{2-1}	7−9	7	+	−
SA_{2-2}	105−107	12	−	+

表 7.6　　主轴变速瞬时点动行程开关 SQ_7 触头工作状态

触头	接线端标号	所在图区	操作手柄位置	
			主轴正常工作	主轴上刀制动
SQ_{7-1}	9−17	7	−	+
SQ_{7-2}	9−11	7	+	−

（1）主轴电动机 M_1 的起动与停车制动。主轴电动机空载直接起动，起动前，由组合开关 SA_5 选定电动机的转向；控制电路中选择开关 SA_2 选定主轴电动机为正常工作方式，即触头 SA_{2-1} 闭合而 SA_{2-2} 断开，在非变速状态下，SQ_7 不受压，即 SQ_{7-1} 断开而 SQ_{7-2} 闭合。然后按下起动按钮 SB_3 或 SB_4，使接触器 KM_1 得电吸合并自锁，其主触点闭合，主轴电动机按给定方向起动旋转，KM_1 的辅助常闭触头 KM_1（103—105）断开，确保 YB 不能得电，其常开触头 KM_1（18—19）闭合，接通控制电路电源。按下停止按钮 SB_1 或 SB_2，主轴电动机停转。SB_3 与 SB_4、SB_1 与 SB_2 分别位于两个操作板上，一个在工作台上，一个在床身上，从而实现主轴电动机的两地操作控制。

为使主轴能迅速停车，控制电路采用电磁制动器 YB 进行主轴的停车制动。按下停车按钮 SB_1 或 SB_2，其常闭触点 SB_1（11—13）或 SB_2（13—15）断开，使接触器 KM_1 失电释放，电动机 M_1 定子绕组脱离电源，同时其常开触点 SB_1（105—107）或 SB_2（105—107）闭合，接通电磁制动器 YB 的线圈电路，对主轴实施停车制动。

这里需要指出的是，停止按钮 SB_1 或 SB_2 要按到底，否则电磁制动器 YB 不能得电，主轴电动机 M_1 只能实现自然停车。

（2）主轴电动机 M_1 换刀制动。当进行换刀和上刀操作时，为了上刀方便并防止主轴意外转动造成事故，主轴也需处在失电停车和制动的状态下。此时工作状态选择开关 SA_2 由正常工作状态位置扳到上刀制动状态位置，即触点 SA_{2-1} 断开，切断接触器 KM_1 线圈电路，使主轴电动机不能起动，触点 SA_{2-2} 闭合，接通电磁制动器 YB 的线圈电路，使主轴处于制动状态不能转动，保证上刀换刀工作的顺利进行。

当换刀结束后，将工作状态选择开关 SA_2 由上刀制动状态扳回到正常工作位置，这时触头 SA_{2-1} 闭合，触头 SA_{2-2} 断开，为起动主轴电动机 M_1 做准备。

（3）主轴变速冲动的控制。变速时，变速手柄被拉出，然后转动变速手轮选择转速，转速选定后将变速手柄复位。由于变速是通过机械变速机构实现的，变速手轮选定应进入啮合的齿轮后，齿轮啮合到位即可输出选定转速。但是当齿轮没有进入正常啮合状态时，则需要主轴有瞬时点动的功能，以调整齿轮位置，使齿轮进入正常啮合。主轴变速冲动是利用变速操纵手柄与冲动开关 SQ_7，通过机械上的联动机构进行点动控制的。主轴变速冲动既可以在停车时变速，也可以在主轴电动机 M_1 运行时进行变速，只不过在变速完成后，需要重新起动电动机。

具体操作过程为，首先将主轴变速手柄向下压并向外拉出，通过机械联动机构，压动冲动开关 SQ_7，其常开触头 SQ_{7-1} 闭合，使接触器 KM_1 得电吸合，主轴电动机 M_1 转动；SQ_7 的常闭触头 SQ_{7-2} 断开，切断 KM_1 的自锁，使电路随时可被切断。变速手柄复位后，松开冲动开关 SQ_7，其常开触头 SQ_{7-1} 断开，使 KM_1 失电，电动机停转，完成一次瞬时点动。

当主轴电动机 M_1 转动时，可以不按停止按钮 SB_1 或 SB_2 直接进行变速操作。由于变速手柄向前拉时，压合行程开关 SQ_7，SQ_{7-2} 首先断开，使接触器 KM_1 失电释放，并切除 KM_1 的自锁，然后 SQ_{7-1} 闭合，接触器 KM_1 得电吸合，主轴电动机 M_1 瞬时点动。当变速手柄拉到前面后，行程开关 SQ_7 复位，M_1 失电释放，主轴变速冲动结束。然后应重新按起动按钮 SB_3 或 SB_4，使 KM_1 得电吸合并自锁，电动机 M_1 继续转动。

主轴在变速操作时，手柄复位要求迅速、连续，以较快速度将手柄推入啮合位置。由

于 SQ_7 的瞬动是靠手柄上凸轮的一次接触达到的，如果推入动作缓慢，凸轮与 SQ_7 接触时间延长，便会使主轴电动机转速过高，从而使齿轮啮合不上，甚至损坏齿轮；一次瞬时点动不能实现齿轮良好的啮合时，应立即拉出复位手柄，重新进行复位瞬时点动的操作，直至完全复位，齿轮啮合工作正常。

3. 工作台进给电动机 M_2 的控制

根据联锁要求，工作台的进给运动需在主轴电动机 M_1 起动之后才可进行。当接触器 KM_1 得电吸合后，其辅助常开触头 KM_1（18—19）闭合，工作台进给控制电路接通。工作台的上、下、左、右、前、后6个方向的进给运动均由进给电动机 M_2 的正反转拖动实现，M_2 的正反转由正、反转接触器 KM_2 和 KM_3 控制，而 KM_2 和 KM_3 则是由两个操纵机构控制，其中一个为纵向机构操纵手柄，另一个为十字形（垂直与横向）机械操纵手柄。在操纵机械手柄的同时，完成机械挂挡（分别接通三根丝杆）和压下相应的行程开关 SQ_1～SQ_4，从而接通 KM_2 或 KM_3，起动进给电动机 M_2 拖动工作台按预定方向运动。两个机械操纵手柄各有两套，分别安装在工作台的前面和侧面，实现两地控制。

转换开关 SA_1 为工作台选择开关，其触头工作状态见表7.7。根据表7.7可得水平工作台控制电路和圆工作台控制电路，如图7.22所示。

SQ_1 为工作台向右进给行程开关，SQ_2 为工作台向左进给行程开关。水平工作台纵向进给运动由操作手柄与行程开关 SQ_1、SQ_2 组合控制。纵向操作手柄有左右两个工作位和一个中间不工作位。手柄扳到工作位时（左或右），带动机械离合器，接通纵向进给运动的机械传动链，同时压动行程开关 SQ_1 或 SQ_2，其常开触头 SQ_{1-1}（27—29）或 SQ_{2-1}（27—32）闭合，使接触器 KM_2 或 KM_3 得电吸合，其主触点闭合，进给电动机正转或反转，驱动工作台向左或向右移动进给，行程开关的常闭触点 SQ_{1-2}（37—25）、SQ_{2-2}（22—37）在运动联锁控制电路部分具有联锁控制功能。纵向操作手柄各位置对应的行程开关 SQ_1、SQ_2 的工作状态见表7.8。

表7.7　工作台状态选择开关 SA_1 触头工作状态

触头	接线端标号	所在图区	操作手柄位置	
			接通圆工作台工作	断开圆工作台
SA_{1-1}	25—27	10	－	＋
SA_{1-2}	22—29	11	＋	－
SA_{1-3}	20—22	11	－	＋

表7.8　工作台纵向操作手柄与离合器、纵向进给行程开关 SQ_1、SQ_2 工作状态

触头	左右（纵向）手柄操作位		
	右	中（停止）	左
纵向离合器 YC1	挂上	脱开	挂上
SQ_{1-1}	＋	－	－
SQ_{1-2}	－	＋	＋
SQ_{2-1}	－	－	＋
SQ_{2-2}	＋	＋	－

SQ_3 为工作台向前、向下进给行程开关，SQ_4 为工作台向后、向上进给行程开关。工

作台的横向和垂直进给运动由一个十字形操作手柄控制。该手柄共有 5 个位置，即上、下、前、后和中间零位，在扳动十字形开关操纵手柄时，其联动机构通过机械离合器，可使横向或垂直传动丝杆接通，同时压下行程开关 SQ_3 或 SQ_4。当操作手柄置于中间零位时，进给离合器处于脱开状态，SQ_3 和 SQ_4 都为原始状态，工作台不动作。各工作位置对应的行程开关 SQ_3、SQ_4 的工作状态见表 7.9 所示。

表 7.9　工作台横向和垂直操纵手柄与离合器、进给行程开关 SQ_3、SQ_4 的工作状态表

离合器和限位开关	垂直和横向操纵手柄				
	向上	向下	中间（停止）	向后	向前
垂直离合器	脱开	挂上	脱开	脱开	挂上
横向离合器	挂上	脱开	脱开	挂上	脱开
SQ_{3-1}	+	+	−	−	−
SQ_{3-2}	−	−	+	+	+
SQ_{4-1}	−	−	−	+	+
SQ_{4-2}	+	+	+	−	−

SQ_6 为进给变速瞬时点动开关，利用蘑菇形操纵手柄，通过机械上的联动压动 SQ_6，实现进给变速瞬时点动控制。在进给变速时，不允许工作台作任何方向的运动，保证此时 4 个行程开关不动作。SQ_6 的触头工作见表 7.10。

表 7.10　SQ_6 的触头工作表

触头	接线端标号	所在图区	开关位置	
			正常工作	瞬时点动
SQ_{6-1}	23—29	10	−	+
SQ_{6-2}	20—23	10	+	−

（1）水平工作台左右（纵向）进给运动的控制。由水平工作台纵向操作手柄和行程开关组合控制。

起动条件：十字（横向、垂直）操作手柄居中（行程开关 SQ_3、SQ_4 不受压）；控制圆工作台的选择开关 SA_2 置于“断开”圆工作台位置；SQ_6 置于正常工作位置（不受压）；主轴电动机 M_1 已起动，即接触器 KM_1 得电吸合并自锁，其辅助动合触头 KM_1（18—19）闭合，接通控制电路电源。

当纵向操纵手柄扳向“右”位置时，其联动机械通过机械离合器，使纵向传动丝杆接通，同时压下行程开关 SQ_1，其常开触头 SQ_{1-1} 闭合，使接触器 KM_2 得电吸合，其通路为 $SQ_{6-2} \rightarrow SQ_{4-2} \rightarrow SQ_{3-2} \rightarrow SA_{1-1} \rightarrow SQ_{1-1} \rightarrow KM_3$（29—31）$\rightarrow KM_2$ 线圈，进给电动机 M_2 正向起动旋转，拖动工作台向右移动，KM_2 的辅助常闭触头 KM_2（32—35）断开，确保 KM_3 不能得电。SQ_{1-2} 断开，切开横向和垂直进给运动联锁电路。

同理，当操纵手柄扳向“左”位置时，其联动机构仍然通过机械离合器接通纵向传动丝杆，并压下行程开关 SQ_2，其常开触头 SQ_{2-1} 闭合，使接触器 KM_3 得电吸合，其通路为 $SQ_{6-2} \rightarrow SQ_{4-2} \rightarrow SQ_{3-2} \rightarrow SA_{1-1} \rightarrow SQ_{2-1} \rightarrow KM_2$（32—35）$\rightarrow KM_3$ 线圈，进给电动机反向起动旋转，拖动工作台向左进给，KM_3 的辅助常闭触头 KM_3（29—31）断开，确保

KM_2 不能得电，SQ_2 的常闭触头 SQ_{2-2} 断开，切开横向和垂直进给运动的联动电路。

手柄扳到中间位时，纵向机械离合器脱开，行程开关 SQ_1 与 SQ_2 不受压复位，接触器 KM_2、KM_3 均处于失电状态，因此进给电动机不转动，工作台停止移动。工作台的两端安装有限位撞块，当工作台运行到达终点位置时，撞块撞击手柄，使其回到中间位置，实现工作台的终点停车。

工作台纵向进给过程的电器动作顺序表示如下：

（2）水平工作台横向和垂直进给运动控制。水平工作台横向和垂直进给运动是通过十字复式手柄进行的，十字复式操作手柄有上、下、前、后 4 个工作位置和 1 个中间不工作位置。扳动手柄到选定运动方向的工作位，即可接通该运动方向的机械传动链，同时压动行程开关 SQ_3 或 SQ_4，行程开关的常开触头闭合使控制进给电动机工作的接触器 KM_2 或 KM_3 得电吸合，电动机 M_2 转动，工作台在相应的方向上移动；行程开关的常闭触头如纵向行程开关一样，在电路中，构成运动的联锁控制。

起动条件：左、右（纵向）操作手柄居中（SQ_1、SQ_2 不受压），控制圆工作台选择开关 SA_2 置于“断开”圆工作台位置；SQ_6 置于正常工作位置（不受压），主电动机 M_1 已起动，接触器 KM_1 得电吸合。

工作台向上和向后的进给运动控制。工作台向上和向后运动的电气控制电路相同，仅是机械离合器接通的传动丝杆不同。将十字形手柄扳置“向上”或“向后”位置时，联动机构通过机械离合器，使垂直或横向传动丝杆接通，同时压下行程开关 SQ_4，其常开触头 SQ_{4-1} 闭合，使 KM_3 得电吸合，其通路为 $SA_{1-3} \rightarrow SQ_{2-2} \rightarrow SQ_{1-2} \rightarrow SA_{1-1} \rightarrow SQ_{4-1} \rightarrow KM_2$（32—35）$\rightarrow KM_3$ 线圈，进给电动机 M_2 反向起动旋转，工作台在向上或向后的方向上作进给运动，KM_3 的辅助常闭触头 KM_3（29—31）断开，确保 KM_2 不能得电。SQ_4 的常闭触头 SQ_{4-2} 断开，切断纵向进给联锁电路。

工作台向下和向前的进给运动控制。工作台向下和向前进给运动与工作台向上和向后进给运行的电气控制电路相同，仅是机械离合器接通的传动丝杆不同。将十字形手柄扳向“下”或“前”的位置时，联动机构通过机械离合器，使垂直或横向传动丝杆接通，同时压下行程开关 SQ_3，其常闭触头 SQ_{3-2} 断开，常开触头 SQ_{3-1} 闭合，使接触器 KM_2 得电吸合，进给电动机 M_2 正向起动旋转，工作台在向下或向前的方向上作进给运动。

十字复式操作手柄扳在中间位置时，横向与垂直方向的机械离合器脱开，行程开关 SQ_3 与 SQ_4 均不受压，因此进给电动机停转，工作台停止移动。工作台的上、下、前、后 4 个方向的进给运动都有终端限位保护，当工作台运动到极限位置时，通过固定在床身上的挡铁撞击十字形手柄，使其回到中间位置，切断电路，使工作台在进给终点停车，工

作台停止原来的进给运动。

工作台横向与垂直方向进给过程的电器动作顺序表示如下：

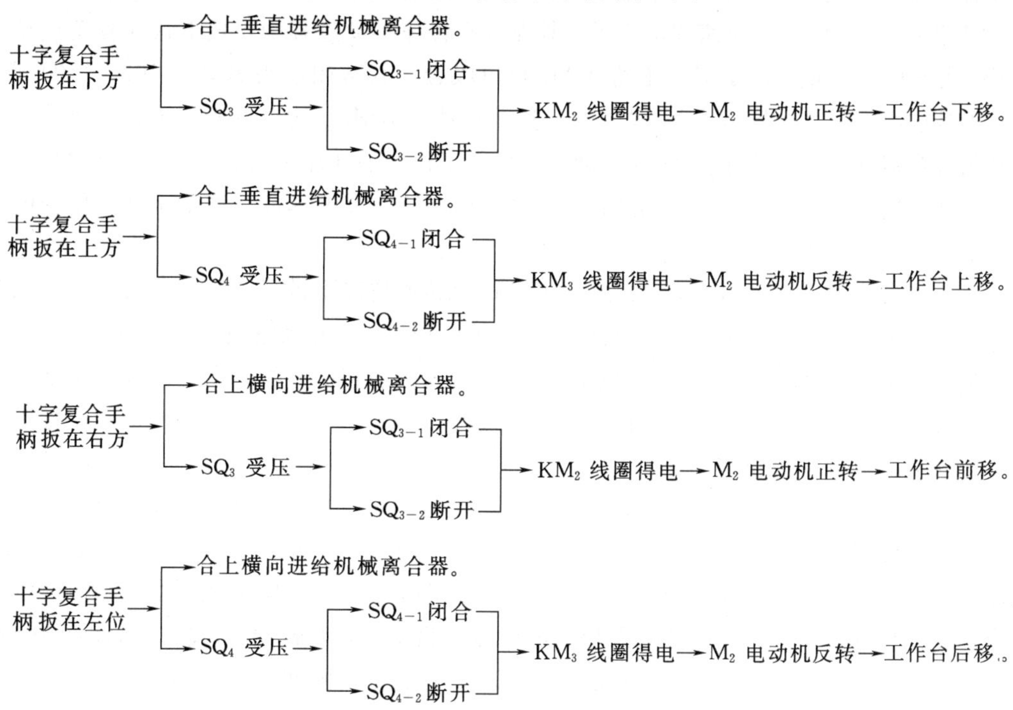

现将水平工作台在6个方向上的进给动作归纳成表见表7.11。

表7.11 工作台运动及操纵手柄位置表

手柄位置		工作台运动方向	离合器接通的丝杆	行程开关	动作的接触器	运转的电动机	工作台运行方向
纵向手柄	左	和左进给	纵向	SQ_2	KM_3	反	左
	右	向右进给	纵向	SQ_1	KM_2	正	右
	中	停止	—	—	—	—	—
十字形手柄	向上	向上进给（或快速向上）	垂直丝杆	SQ_4	KM_3	反	上
	向下	向下进给（或快速向下）	垂直丝杆	SQ_3	KM_2	正	下
	向前	向前进给（或快速向前）	横向丝杆	SQ_3	KM_2	正	前
	向后	向后进给（或快速向后）	横向丝杆	SQ_4	KM_3	反	后
	中间	垂直（或横向进给停止）	—	—	—	—	—

（3）水平工作台进给运动的联锁控制。由于操作手柄在工作时只存在一种运动选择，因此，只要铣床直线进给运动之间的联锁满足两操作手柄之间的联锁即可实现。联锁控制电路由两条电路并联组成，纵向操作手柄控制的行程开关 SQ_1、SQ_2 的常闭触头 SQ_{1-2} 或 SQ_{2-2} 串联在一条支路上，十字复合手柄控制的行程开关 SQ_3、SQ_4 常闭触头 SQ_{3-2}、SQ_{4-2} 串联在另一条支路上。扳动任一操作手柄，只能切断其中一条支路，另一条支路仍能正常得电，使接触器 KM_2 或 KM_3 不失电；若同时扳动两个操作手柄，则两条支路均被切断，接触器 KM_2 或 KM_3 都失电，工作台立即停止移动，从而防止机床设备事故。

(4) 水平工作台快速移动的控制。铣床工作台除能实现进给运动外，还可通过电磁离合器接通快速机械传动链，实现纵向、横向和垂直方向的快速移动。其工作原理如图7.21和图7.26所示。快速移动为手动控制，在慢速移动过程中，按下快速移动点动按钮SB_5或SB_6（两地控制），使接触器KM_4得电吸合，其常闭触头KM_4（103—110）断开，使正常进给电磁离合器YC_2线圈失电，其常开触头KM_4（103—109）闭合，使快速进给电磁离合器YC_1得电，接通快速传动链，水平工作台便在原来的移动方向上作快速移动。当松开快速移动点动按钮SB_5或SB_6时，接触器KM_4失电释放，恢复水平工作台的工作进给。

工作台快速进给也可以在主轴电动机M_1停转的情况下进行，这时需要先将主轴转换开关SA_5扳在“停止”位置上，然后按下主轴电动机M_1起动按钮SB_3或SB_4，使接触器KM_1得电吸合并自锁（主轴电动机不转），然后再扳动相应进给方向上的操纵手柄，进给电动机M_2起动旋转，最后按下快速移动点动按钮SB_5或SB_6，工作台便可在主轴电动机不转的情况下进行快速移动。

(5) 水平工作台变速时的瞬时冲动控制。变速时，先将变速手柄拉出，使齿轮脱离啮合，转动变速盘至所选择的进给速度挡，然后用力将变速手柄向外拉到极限位置，再将变速手柄复位。变速手柄在复位过程中压动瞬时点动行程开关SQ_6，使其常开触头SQ_{6-1}闭合，致使接触器KM_2短时得电吸合，进给电动机M_2短时转动；SQ_6的常闭触头SQ_{6-2}断开，切断KM_2的自锁。由于冲动开关SQ_6短时受压，因此进给电动机M_2只是瞬时转动一下，从而拖动进给变速机构瞬动，变速冲动过程到此结束。

(6) 圆工作台进给运动的控制。为了扩大机床加工能力，可在水平工作台上安装圆工作台。

起动条件：圆工作台选择开关置于“接通”位置、左右（纵向）和十字形（横向、垂直）操纵手柄置于中间零位（行程开关SQ_1～SQ_4均未受压，处于原始状态）；SQ_6置于正常工作位置。

圆工作台只做单方向运转。按下起动按钮SB_3或SB_4，接触器KM_1得电吸合并自锁，主轴电动机M_1起动旋转，KM_1的辅助常开触头KM_1（18—19）闭合，接通控制电路电源，并使KM_2得电吸合，其通路为SQ_{6-2}→SQ_{4-2}→SQ_{3-2}→SQ_{1-2}→SQ_{2-2}→SA_{1-2}→KM_3（29—31）→KM_2线圈，KM_2主触头闭合，使进给电动机M_2正转，并经传动机构带动圆工作台做单向回转运动。由于接触器KM_3无法得电，因此圆工作台不能实现正反向回转。

若要圆工作台停止工作，则只需按下主轴停止按钮SB_1或SB_2，此时接触器KM_1、KM_2相继失电释放，电动机M_2停转，圆工作台停止回转。

(7) 圆工作台和水平工作台6个进给运动间的连锁。圆工作台工作时，不允许机床工作台在纵向、横向、垂直方向上有任何移动。工作台转换开关SA_1扳到接通“圆工作台”位置时，SA_{1-1}、SA_{1-3}切断了机床工作台的进给控制回路，使机床工作台不能在纵向、横向、垂直方向上做进给运动。圆工作台的控制电路中还串联了SQ_{1-2}、SQ_{2-2}、SQ_{3-2}、SQ_{4-2}常闭触头，因此扳动工作台任一方向进给手柄，都将使圆工作台停止转动，实现了圆工作台和机床工作台纵向、横向及垂直方向运动的连锁控制。

4. 冷却泵电动机的控制和照明电路

由转换开关 SA_3 控制冷却泵电动机 M_3 的起动和停止。

机床的局部照明由变压器 T_2 输出 36V 安全电压，照明灯 EL 由开关 SA_4 控制。

X62W 万能铣床电气元件见表 7.12。

表 7.12　X62W 万能铣床电器元件明细表

符　号	名称及用途	符　号	名称及用途
M_1	主轴电动机	SA_4	照明灯开关
M_2	进给电动机	SA_5	主轴换向开关
M_3	冷却泵电动机	QS	电源隔离开关
KM_1	主电动机起动接触器	SB_1、SB_2	主轴停止按钮
KM_2	进给电动机正转接触器	SB_3、SB_4	主轴起动按钮
KM_3	进给电动机反转接触器	SB_5、SB_6	工作台快速移动按钮
KM_4	快速移动接触器	FR_1	主轴电动机热继电器
SQ_1	工作台向右进给行程开关	FR_2	进给电动机热继电器
SQ_2	工作台向左进给行程开关	FR_3	冷却泵电动机热继电器
SQ_3	工作台向前、向下进给行程开关	FU_1～FU_8	熔断器
SQ_4	工作台向后、向上进给行程开关	TC	变压器
SQ_6	进给变速瞬时点动开关	UR	整流器
SQ_7	主轴变速瞬时点动开关	YB	主轴制动电磁制动器
SA_1	工作台转换开关	YC_1	电磁离合器（快速传动链）
SA_2	主轴上刀制动开关	YC_2	电磁离合器（工作传动链）
SA_3	冷却泵开关		

7.5　镗床的电气控制电路

镗床是一种精密加工设备，主要用于加工精度要求高的孔或者孔与孔间距要求精确的工件，即主要用来进行钻孔、扩孔、铰孔和镗孔，并能进行铣削端平面和车削螺纹等加工，因此，镗床的加工范围非常广泛。

7.5.1　镗床的主要结构、运动形式和控制要求

1. 卧式镗床的主要结构

如图 7.13 所示为卧式镗床外形图，主要由床身、前立柱、镗头架、后立柱、尾座、下溜板、上溜板和工作台等部分组成。

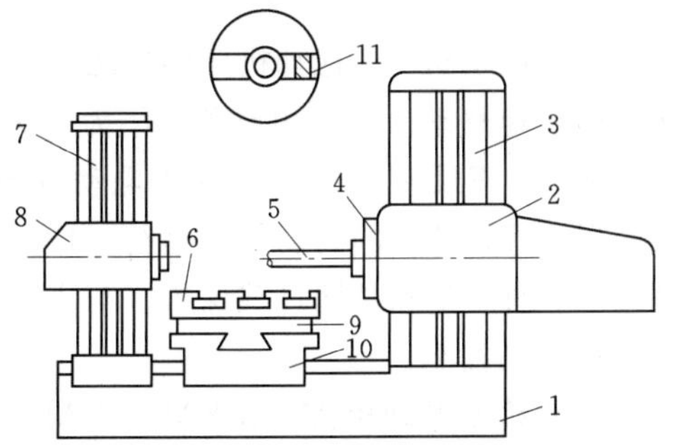

图 7.13　卧式镗床外形图

1—床身；2—镗头架；3—前立柱；4—平旋盘；5—镗轴；6—工作台；7—后立柱；8—尾座；9—上溜板；10—下溜板；11—刀具溜板

镗床的床身是一个整体的铸件，在它的一端固定有前立柱，在前立柱的垂直导轨上装有镗头架，镗头架可沿垂直导轨上下移动。镗头架里集中装有主轴、变速器、进给箱和操纵机

构等部件。切削工具一般安装在镗轴前端的锥形孔里，或装在花盘的刀具溜板上。在切削过程中，镗轴一面旋转，一面沿轴向做进给运动，而花盘只能旋转，装在它上面的刀具溜板可做垂直于主轴轴线方向的径向进给运动，镗轴和花盘轴分别通过各自的传动链传动，因此可以独立运动。

在床身的另一端装有后立柱，后立柱可沿床身导轨在镗轴轴线方向调整位置。在后立柱导轨装有尾座，用来支撑镗杆的末端，尾座与镗头架同时升降，保证两者的轴心在同一水平线上。

安装工件的工作台安置在床身中部的导轨上，可以借助上、下溜板做横向和纵向水平移动，工作台相对于上溜板可做回转运动。

2. 主要运动形式

（1）主运动。镗轴和花盘的旋转运动。

（2）进给运动。镗轴的轴向进给、花盘上刀具的径向进给、镗头架的垂直进给，工作台的横向和纵向进给。

（3）辅助运动。工作台的回转、后立柱的轴向水平移动、尾座的垂直移动及各部分的快速移动。

3. 控制要求

（1）卧式镗床的主运动与进给运动由一台电动机拖动。主轴拖动要求恒功率调速，且要求正反转，一般采用单速或多速三相笼形异步电动机拖动。

（2）为了满足加工过程调整工作的需要，主轴电动机应能实现正反转点动的控制。

（3）主轴及进给变速可在起动前进行预选，也可在工作进程进行变速。为了便于齿轮之间的啮合，应有变速冲动。

（4）为缩短辅助时间，机床各运动部件应能实现快速移动，并由单独的快速移动电动机拖动。

（5）为了迅速、准确地停车，要求主轴电动机具有制动过程。

（6）镗床运动部件较多，应设置必要的联锁及保护环节。

7.5.2　T68 型卧式镗床电气控制电路

T68 型卧式镗床电气控制电路如图 7.14 所示。

1. 电动机配置情况及其控制

主轴电动机 M_1 拖动机床的主运动和进给运动，快速移动电动机 M_2 实现主轴箱与工作台的快速移动。主轴电动机 M_1 为双速电动机，由 5 只接触器控制，其中 KM_1 和 KM_2 控制 M_1 的正反转；KM_3 在主轴电动机 M_1 正常运行时短接电阻 R；KM_4、KM_5（双线圈接触器）控制 M_1 的高、低速运行。R 为反接制动电阻，熔断器 FU_1 和热继电器 FR_1 分别做 M_1 的短路和长期过载保护。与主轴电动机 M_1 主轴相连接的速度继电器 KS 用于 M_1 的反接制动控制。

快速移动电动机 M_2 由 KM_6、KM_7 控制其正反转，用熔断器 FU_2 做其短路保护。由于 M_2 是短时工作，因此未设过载保护。

2. 主轴电动机 M_1 的控制

主轴电动机 M_1 的控制电路中有行程开关 SQ、SQ_1～SQ_6 和速度继电器 KS 的触头 KS_1（14—17）、KS_2（14—15）。SQ 为主轴电动机 M_1 的高速、低速选择开关，SQ_1 为主

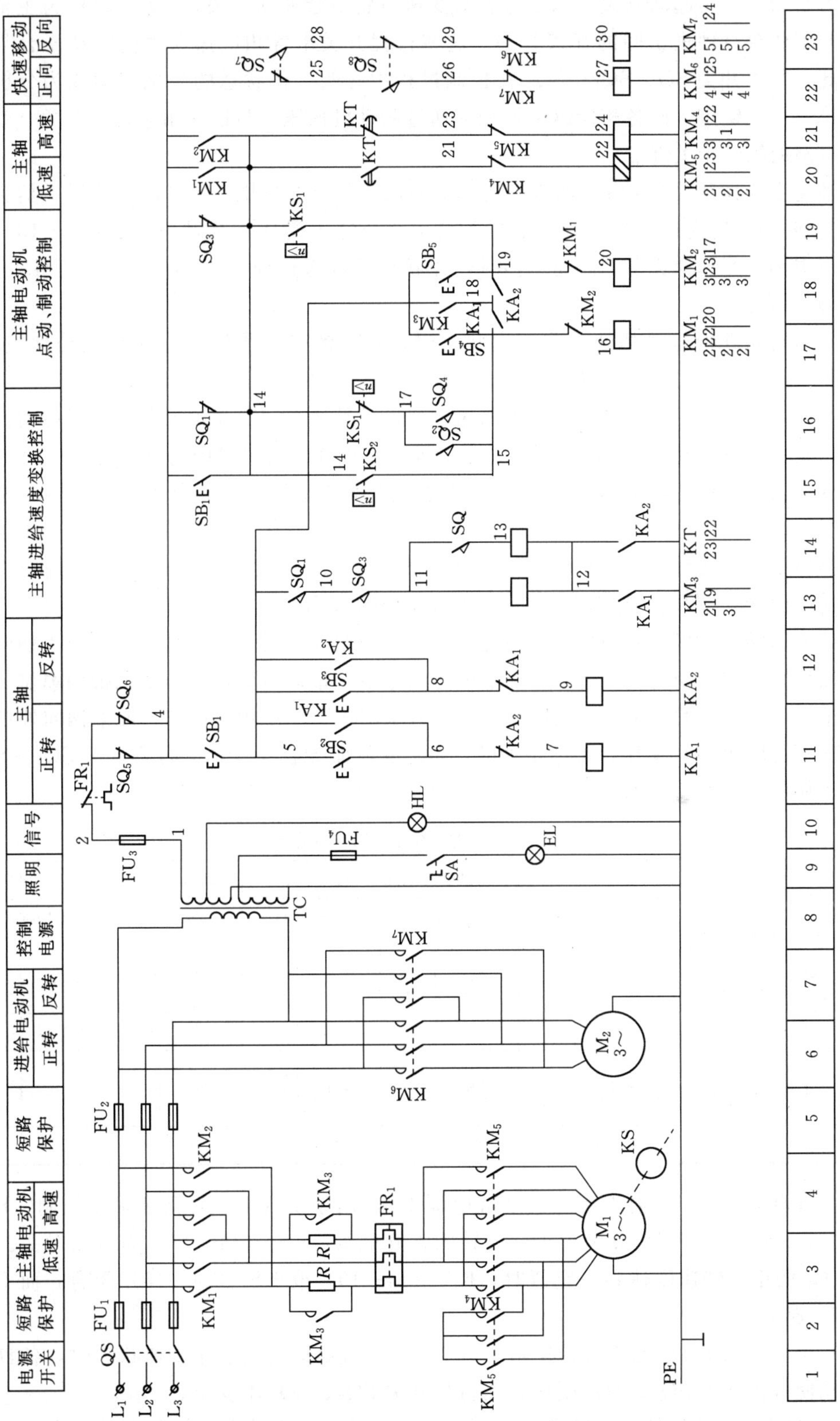

图 7.14 T68 型卧式镗床电气控制电路

轴变速时自动停车与起动开关，SQ_4 为进给变速齿轮啮合冲动开关，SQ_5、SQ_6 为主轴自动进刀与工作台自动进给间的互锁开关。这些行程开关由各相应操纵手柄联动压合与松开。因此，行程开关 SQ、SQ_1～SQ_6 在控制过程中触头工作状态的变化，就成为分析该电路的第一个关键点，而各相操纵手柄如何通过联动机构压合与松开相应行程开关，就成分析该电路的第二个关键点。

主轴速度选择开关 SQ 由主轴速度选择手柄联动压合与松开。当将速度选择手柄置于“低速”挡时，与速度选择手柄有关联的行程开关 SQ 不受压，其触头 SQ（11—13）断开，当将主轴速度选择置于“高速”挡时，经联动机构将行程开关 SQ 压下，使触头 SQ（11—13）闭合。

当主运动和进给运动都处于非变速状态时，各自的变速手柄通过联动机构使 SQ_1、SQ_3 受压，而行程开关 SQ_2、SQ_4 不受压。

T68 型卧式镗床主运动与进给运动的速度变换，是通过“变速操纵盘”改变传动比来实现的。它可在电动机 M_1 起动运行前进行变速，也可在运行过程中进行变速。

其变速操作过程是，主轴变速时，首先将变速操作盘上的主轴变速操纵手柄向外拉出，然后转动主轴变速盘，选择所需的速度，最后将变速操作手柄推回原位。在拉出与推回变速操纵手柄的同时，与其联动的行程开关 SQ_1、SQ_2 相应动作，即手柄向外拉出时，SQ_1 不受压而 SQ_2 受压；推回时，SQ_2 不受压而 SQ_1 受压。

进给变速操纵过程与主轴变速操纵过程相似。进给变速时，首先将进给变速手柄向外拉出，然后转动进给变速盘，选择所需要的进给速度，最后将变速操作手柄推回原位。在拉出或推回变速手柄的同时，与其联动的行程开关 SQ_3、SQ_4 相应动作，即手柄向外拉出时，SQ_3 不受压而 SQ_4 受压，推回手柄时，SQ_3 受压而 SQ_4 不受压。行程开关 SQ_1～SQ_4 的触头工作状态表见表 7.13。

表 7.13　行程开关 SQ_1～SQ_4 的触头工作状态表

操纵手柄	行程开关及其触头		非变速状态		主轴变速（压动 SQ_1、SQ_2）				进给变动（压动 SQ_3、SQ_4）			
					手柄拉出		手柄推回		手柄拉出		手柄推回	
主轴变速操纵手柄	SQ_1	SQ_1（5—10）	受压	+	不受压	−	受压	+	受压	+	受压	+
		$\overline{SQ_1}$（4—14）		−		+		−		−		−
	SQ_2	SQ_2（15—17）	不受压	−	受压	+	不受压	−	不受压	−	不受压	−
进给变速操纵手柄	SQ_3	SQ_3（1—11）	受压	+	受压	+	受压	+	不受压	−	受压	+
		$\overline{SQ_3}$（4—14）		−		−		−		+		−
	SQ_4	SQ_4（15—17）	不受压	−	不受压	−	不受压	−	受压	+	不受压	−

与主轴电动机 M_1 主轴相连的速度继电器 KS，用于实现 M_1 的反接制动控制。KS_1（14—19）、KS_2（14—15）分别为正、反转的常开触头，KS_1（14—17）为常闭触头。当电动机 M_1 的正反转速度达到一定值时，KS_1（14—19）或 KS_2（14—15）闭合，而 KS_1（14—17）断开。

（1）主轴电动机 M_1 的正反转控制。当主运动和进给运动处于非变速状态时，各自的变速手柄使行程开关 SQ_1、SQ_3 受压，而行程开关 SQ_2、SQ_4 不受压。

1）主轴电动机 M_1 的正反转点动控制。主轴电动机正反转点动控制电路，由正反转

接触器 KM_1、KM_2 与正反转点动按钮 SB_4、SB_5 组成，此时电动机定子串减压电阻 R，三相定子绕组接成△形进行低速点动。

按下正向点动按钮 SB_4 或反向点动按钮 SB_5，使接触器 KM_1 或 KM_2 得电吸合，其辅助常开触头 KM_1（4—14）或 KM_2（4—14）闭合，使接触器 KM_4 得电吸合。这样，KM_1 或 KM_2 和 KM_4 的主触头闭合，使电动机 M_1 接成△形并串接电阻 R，M_1 在低速下正或反向运行。松开按钮 SB_4 或 SB_5，接触器 KM_1 或 KM_2 和 KM_4 失电释放，电动机 M_1 失电停转。

2）主轴电动机 M_1 正反转低速旋转控制。由正反转起动按钮 SB_2、SB_3 与正反转中间继电器 KA_1、KA_2 及正反转接触器 KM_1、KM_2 构成电动机正反转起动电路。当选择主轴电动机低速运转时，高低速行程开关 SQ 释放，其常开触头 SQ（11—13）断开。主轴变速行程开关 SQ_1、进给变速行程开关 SQ_3 均被压下，触头 SQ_1（5—10）、SQ_3（10—11）闭合。按下 SB_2 或 SB_3，KA_1 或 KA_2 得电吸合并自锁，其辅助常闭触头 KA_1（8—9）或 KA_2（6—7）断开，KA_2 或 KA_1 不能得电，实现互锁；其辅助常开触头 KA_1（12—0）或 KA_2（12—0）闭合，KM_3 得电吸合，KM_3 的主触头闭合，将制动电阻 R 短接，KM_3 的辅助常开触头 KM_3（5—18）闭合，又 KA_1 的常开触头 KA_1（15—18）或 KA_2 的常开触头 KA_2（18—19）闭合，使 KM_1 或 KM_2 得电吸合，而 KM_1 或 KM_2 的辅助常开触头 KM_1（4—14）或 KM_2（4—14）闭合，使 KM_4 得电吸合，其主触头闭合，接通主轴电动机 M_1 的正相序电源，其辅助常闭触头 KM_4（21—22）断开，确保高速转动接触器 KM_5 不能得电，实现互锁。主电动机定子绕组接成△形，在全压下直接起动获取低速旋转。

3）主轴电动机 M_1 高速正、反转的控制。若需主轴电动机高速起动旋转时，将主轴速度选择手柄置于高速挡位，此时速度选择手柄经联动机构将行程开关 SQ 压下，常开触头 SQ（11—13）闭合。这样，按下正转起动按钮 SB_2 或反转起动按钮 SB_3，KA_1 或 KA_2 得电吸合并自锁，其辅助常开触头 KA_1（12—0）或 KA_2（12—0）闭合，使接触器 KM_3 和通电延时时间继电器 KT 同时得电吸合。KA_1 或 KA_2 与 KM_3 得电吸合，又使 KM_1 或 KM_2 得电动作。由于 KT 的两副触头 KT（14—21）、KT（14—23）延时动作，因此低速转动接触器 KM_4 先得电吸合，电动机 M_1 接成△形低速起动。KT 经过 3s 延时，延时常闭触头 KT（14—23）断开，使 KM_4 失电释放，延时常开触头 KT（14—21）闭合，使高速转动接触器 KM_5 得电吸合，KM_5 主触头闭合，将主电动机 M_1 定子绕组接成 YY 形并重新接通三相电源，从而使主轴电动机由低速旋转转为高速旋转，实现电动机由低速挡起动再自动换接成高速挡运行的自动控制。

（2）主轴电动机 M_1 停车与制动的控制。主轴电动机 M_1 运行中可按下停止按钮 SB_1 实现主轴电动机的停车与制动。由 SB_1、速度继电器 KS、接触器 KM_1、KM_2 和 KM_3 构成主轴电动机正反转反接制动控制电路。

以主轴电动机正向运行时的停车制动为例，此时速度继电器 KS 的正向常开触头 KS_1（14—19）闭合。停车时，按下复合停止按钮 SB_1，其常闭触头 SB_1（4—5）断开。若原来处于低速正转状态，这时 KA_1、KM_3、KM_1、KM_4 相继失电释放；若原来为高速正转，则 KA_1、KM_3、KT、KM_1、KM_5 相继失电释放，限流电阻 R 串入主轴电动机定子电路。虽然此时电动机已与电源断开，但由于惯性作用，M_1 仍以较高速度正向旋转。而停止按钮的常开触头 SB_1（4—14）闭合，接通以下电路：SB_1（4—14）→KS_1（14—19）

→KM_1（19—20）→KM_2线圈和SB_1（4—14）→KT（14—23）→KM_5（23—24）→KM_4线圈，使KM_2、KM_4得电吸合，KM_2的辅助常开触头KM_2（4—14）闭合，对停止按钮起自锁作用。KM_2、KM_4的主触头闭合，经限流电阻R接通主轴电动机三相电源，主电动机进行反接制动，电动机转速迅速下降。当主轴电动机转速下降到速度继电器KS复位转速120r/min以下时，触头KS_1（14—19）断开，KM_2、KM_4先后失电释放，其主触头断开，切断主轴电动机三相电源，反接制动结束，电动机自由停车。

由上述分析可知，在进行停车操作时，将停止按钮SB_1按到底，使SB_1（4—14）触头闭合，否则无反接制动，电动机只是自由停车。

若电动机M_1反转，当速度达120r/min以上时，速度继电器KS的常开触头KS_2（14—15）闭合，为反转停车制动做准备。以后动作过程与正转制动相似，但参与控制的接触器为KM_1、KM_4。

（3）主轴电动机在主轴变速与进给变速时的连续低速冲动控制。T68型卧式镗床的主轴变速与进给变速既可在主轴电动机停车时进行，也可在电动机运行中进行。变速时为便于齿轮的啮合，主轴电动机在连续低速状态下运行。

1）主轴电动机在主轴变速时的连续低速冲动控制。起动条件：主轴变速时，SQ_1不受压，即SQ_1（5—10）断开，SQ_1（4—14）闭合；SQ_2受压，即SQ_2（15—17）闭合。而进给运动处于非变速状态，SQ_3受压，即SQ_3（10—11）闭合，SQ_3（4—14）断开，SQ_4不受压，即SQ_4（15—17）断开。

变速操作过程：主轴变速时，首先将变速操纵盘上的操纵手柄拉出，然后转动主轴变速盘，选好速度后，再将变速手柄推回。在拉出或推回变速手柄的同时，与其联动的行程开关SQ_1、SQ_2相应动作。在手柄拉出时SQ_1不受压，SQ_2压下，当手柄推回时，SQ_1压下，SQ_2不受压。

主轴运行中的变速控制过程。主轴在运行中变速，拉出变速操作手柄，则SQ_1不受压，即SQ_1（5—10）断开、SQ_1（4—14）闭合；SQ_2受压，即SQ_2（15—17）闭合。于是：

SQ_1（5—10）断开→KM_3线圈失电→KM_3（5—18）断开→KM_1或KM_2线圈失电→KM_1或KM_2主触头断开→切断M_1电源→M_1主电路串入电阻R→M_1由于惯性继续运转→

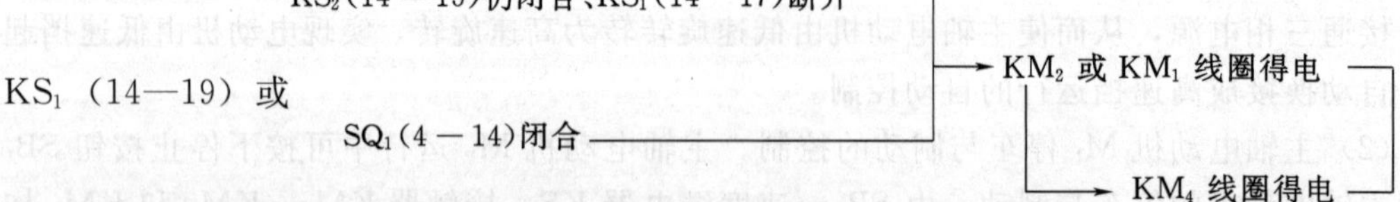

→M_1串电阻R反接制动→此时电动机转速急速下降，以利于齿轮啮合。

若主轴电动机M_1原来运行在低速挡，则此时KM_4仍保持得电，主轴电动机接成△形，串入电阻R进行反接制动；若主轴电动机原来运行在高速挡，则此刻由时间继电器KT的断电延时触头使KM_5失电而KM_4得电，将M_1定子绕组由YY自动切成△连接低速串入电阻R进行反接制动。

随后转动变速盘，选择所需要的速度，最后将操纵手柄推回原位，则SQ_1受压，即SQ_1（5—10）闭合，SQ_1（4—14）断开，SQ_2不受压，即SQ_2（15—17）断开。由于

KA_1 或 KA_2 仍保持吸合，同时由于 SQ_3（10—11）的闭合，使 KM_3 得电吸合，相继使 KM_1 或 KM_2 得电吸合，电动机 M_1 自行起动，拖动主轴在新的转速下运转。

如果变速齿轮不能啮合而造成变速手柄推不回去，则此时行程开关 SQ_1 仍不受压，SQ_2 仍受压，即 SQ_2（15—17）仍闭合。以 M_1 正转为例，当 M_1 的转速降低到速度继电器的释放值时，则 KS_1（14—19）断开，使 KM_2 失电释放，切除 M_1 制动电源；而 KS_1（14—17）闭合，使 KM_1 得电吸合，其通路为：SQ_1（4—14）→KS_1（14—17）→SQ_2（17—15）→KM_2（15—16）→KM_1 线圈，而此时 KM_4 仍保持吸合，电动机 M_1 在△连接下串入电阻 R 正向起动，当 M_1 的转速升高到速度继电器 KS 的动作值时，KS_1（14—17）断开，使 KM_1 失电释放，KS_1（14—19）闭合，使接触器 KM_2 得电吸合，接通主轴电动机反相序电源，于是 M_1 又处于反接制动状态。如果变速手柄还没有推回去，则重复上述过程，M_1 处于反复起动、制动的循环中，使主轴电动机处于连续低速运转状态，有利于变速齿轮的啮合。一旦齿轮啮合后，便可将变速手柄推回原位，使 SQ_1 受压，SQ_2 不受压，变速过程结束。此时 SQ_2（17—15）断开，切断了变速冲动电路，而 SQ_1（5—10）闭合，由于 KA_1 的常开触头 KA_1（12—0）仍闭合，SQ_3（10—11）也闭合，因此 KM_3、KM_1 相继得电重新吸合，主轴电动机 M_1 自动起动，拖动主轴在新转速下运转。停车状态的变速，操作方法及控制过程与运行状态变速完全一样，但变速结束后主轴恢复停止状态。

由上分析可知，如果变速前主轴电动机处于停转状态，那么变速后主轴电动机也处于停转状态。若变速前主轴电动机处于正向低速（△形连接）状态运转，由于中间继电器 KA_1 仍保持得电状态，变速后主轴电动机仍处于△形连接下运转。同样，如果变速前电动机处于高速（YY 连接）正转状态，那么变速后，主轴电动机仍先接成△形连接，再经过 3s 左右的延时，才进入 YY 连接的高速正转状态。

2）主轴电动机 M_1 在进给变速时的连续低速冲动控制。

起动条件：SQ_1、SQ_4 受压，SQ_2、SQ_3 不受压。

进给变速控制与主轴变速控制相同，其变速过程相似，即首先将进给变速手柄向外拉出，然后转动进给变速盘，选择所需要的进给速度，最后将进给变速手柄推回原位。在拉出或推回进给变速操纵手柄的同时，与其联动的行程开关 SQ_3、SQ_4 相应动作，即在手柄向外拉出时，SQ_3 不受压而 SQ_4 受压；手柄推回时，SQ_3 受压而 SQ_4 不受压。如果变速齿轮不能啮合而造成变速手柄推不动，则主轴电动机 M_1 处于间歇起动和制动状态，获得变速时的低速控制，有利于齿轮的啮合，直到变速手柄推回原位为止。

手柄推回原位后，压下 SQ_3，而 SQ_4 不再受压，上述变速冲动结束，整个进给变速控制过程完成。

3. 镗头架和工作台快速移动的控制（如图 7.14 的图区 6、7 和图区 22、23 所示）

机床各部件的快速移动，由快速移动操作手柄控制，快速移动电动机 M_2 拖动。运动部件及其运动方向的选择由装设在工作台前方的手柄操纵。快速操作手柄有“正向”、“反向”、“停止”3 个位置。在“正向”与“反向”位置时，将压下行程开关 SQ_7 或 SQ_8 使接触器 KM_6 或 KM_7 得电吸合，实现 M_2 电动机的正反转，并通过相应的传动机构使预选的运动部件按选定方向做快速移动。当快速移动控制手柄置于“停止”位置时，行程开关 SQ_7、SQ_8 均不受压，接触器 KM_6 或 KM_7 处于失电状态，M_2 快速移动电动机失电，快速移动结束。

4. 联锁保护环节

(1) 镗头架和工作台与主轴（或花盘）自动进给的联锁。由于T68型卧式镗床部件较多，为防止机床或刀具损坏，保证主轴进给和工作台进给不能同时进行，为此设置了两个联锁保护开关SQ_5与SQ_6。其中SQ_5是与工作台和镗头架自动进给手柄联动的行程开关，SQ_6是与主轴和平旋盘刀架自动进给手柄联动的行程开关。将这两个行程开关的常闭触头并联后串接在控制电路中。当以上两个操作手柄中的任何一个动作时，行程开关SQ_5和SQ_6中只有一个常闭触头断开，主轴电动机M_1和快速移动电动机M_2仍可以起动。同时扳动这两个自动进给手柄，使SQ_5、SQ_6都被压下，其常闭触头断开，将控制电路切断，于是两种进给都不能进行，从而实现了联锁保护。

(2) 其他联锁控制。主轴电动机M_1的正反转控制电路，高、低速控制电路以及快速移动电动机M_2的正反转控制电路都设有联锁环节，以防止误操作而造成事故。

T68型卧式镗床电器元件表见表7.14。

表7.14　T68型卧式镗床电器元件表

符　号	名　称	作　用
M_1	双速异步电动机	主轴旋转及进给
M_2	异步电动机	进给快速移动
FU_1	熔断器	总电源短路保护
FU_2	熔断器	M_2短路保护
FU_3	熔断器	控制电路短路保护
FU_4	熔断器	照明电路短路保护
KM_1	接触器	主轴正转
KM_2	接触器	主轴反转
KM_3	接触器	主轴制动
KM_4	接触器	主轴低速
KM_5	接触器	主轴高速
KM_6	接触器	M_2正转快速
KM_7	接触器	M_2反转快速
FR	热继电器	M_1过载保护
KA_1	中间继电器	接通主轴正转
KA_2	中间继电器	接通主轴反转
KT	时间继电器	主轴高速延时
KS_1	速度继电器	主轴反向速度起动控制
KS_2	速度继电器	主轴正向速度起动控制
TC	变压器	控制和照明用
QS_2	开关	
EL	照明灯	
HL	信号指示灯	电源接通指示

续表

符 号	名 称	作 用
SB_1	按钮	
SB_2	按钮	
SB_3	按钮	
SB_4	按钮	
SB_5	按钮	
SQ_1	行程开关	主轴进刀与工作台移动联锁
SQ_2	行程开关	主轴进刀与工作台移动联锁
SQ_3	行程开关	进给速度变换
SQ_4	行程开关	进给速度变换
SQ_5	行程开关	主轴自动进刀与工作台自动进给间的互锁
SQ_6	行程开关	主轴自动进刀与工作台自动进给间的互锁
SQ_7	行程开关	快速移动正转
SQ_8	行程开关	快速移动反转
SQ	行程开关	主轴高、低速切换开关
XS	插座	工作照明
QS_1	转换开关	总电源开关

7.6 组合机床的电气控制电路

组合机床是以独立的通用部件为基础，配以部分专用部件组成的高效率专用机床。通常采用多刀、多面、多工位和多工序的加工方式，多用于加工大、中型箱体类工件，可完成钻孔、扩孔、铰孔，加工各种螺纹、镗孔、车端面和凸台，在孔内镗各种形状槽，以及铣削平面和成形面等。

组合机床的通用部件有动力部件如动力箱、动力滑台等，支承部件如床身、滑座、立柱等，输送部件如回转工作台、回转鼓轮等，控制部件如液压部件、控制板、按钮台等，以及辅助部件如机械扳手、润滑装置、夹紧装置等。

组合机床的电气控制系统大多采用机械、液压或气动、电气相结合的控制方式，是典型的机电或机电液一体化的自动化加工设备。动力部件采用电动机液压传动系统驱动，由电气系统进行自动循环控制。因此，在了解组合机床的电气控制系统时，应注意分析机、电、液或气之间的相互关系。

多动力部件构成的组合机床，其控制通常有三方面的工作要求：一是动力部件的点动及复位控制；二是动力部件的单机自动循环控制，也称半自动控制；三是整批全自动工作循环控制。

7.6.1 液压动力滑台的电液控制及其控制电路

液压动力滑台是组合机床上用以实现进给运动的通用动力部件。滑台由液压缸拖动工

件做进给运动，根据被加工工件的要求实现不同的工作循环。液压动力滑台通过液压传动系统可方便地进行无级调速，且正反向平衡，冲击力小，便于频繁地换向工作。

液压动力滑台是一种他驱式动力部件，由滑台、滑座和液压缸三部分组成，由于其自身不带液压泵、油箱等装置，需设专门的液压站及其配套装置，由电动机带动液压泵送出压力油，经电气、液压元件的控制，推动油缸中的活塞来带动工作台的运动。

根据加工工艺要求，液压动力滑台可组成一次工作进给、二次工作进给、死挡铁停留、跳跃式进给、反向进给和分级进给等多种工作循环。

如图 7.15 所示为液压动力滑台二次进给液压传动系统图，图中圆圈内的数为油路号码；如图 7.16 所示为其工作循环图。

如图 7.17 所示为具有二次工作进给电气控制电路，表 7.15 为元件动作表。

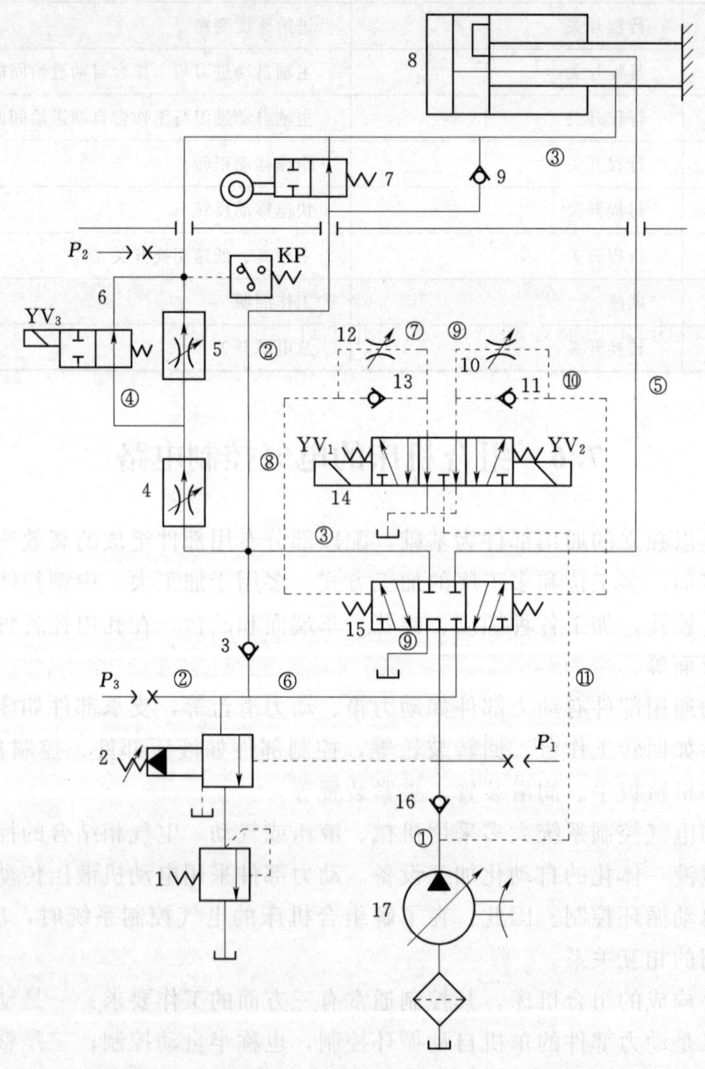

图 7.15　液压动力滑台二次进给液压传动系统图

1—背压阀；2—顺序阀；3、9、11、13、16—单向阀；4、5—调速阀；6—二位二通电磁阀；7—二位二通行程阀；8—液压缸；10、12—节流阀；14、15—三位五通换向阀；17—变量泵

表 7.15 二次工作进给电气控制电路元件动作表

工步＼元件	YV_1	YV_2	YV_3	行程阀	KP
快进	+	−	−	−	−
Ⅰ工进	+	−	−	+	−
Ⅱ工进	+	−	+	+	−
死挡铁停留	+	−	+	+	−/+
快退	−	+	−	+/−	−
原位	−	−	−	−	−

注 "+"为得电，"−"为失电。

1. 液压动力滑台液压传动系统中各液压元件的作用

(1) 液压泵 (17)。该泵为限压式变量泵，随负载的变化而输出不同流量的油液，以适应快速运动和工作进给（慢速）的要求。

(2) 液压缸 (8)。该液压缸为活塞杆固定的差动液压缸。活塞杆较粗，无杆腔与有杆腔的有效工作面积之比为 2∶1，使快速进给和快速退回的速度相等。

(3) 电液换向阀。由三位五通液动换向阀 (15) 和三位五通电磁换向阀组成，用以控制液压缸的运动方向。

(4) 调速阀 (5 和 4)。这两个阀串联在进油路上，实现节流调速。由调速阀 (4) 控制Ⅰ工进速度（慢速），由调速阀 (5) 控制Ⅱ工进速度（更慢速），由二位二通阀 (6) 控制两种工进速度的换接。

(5) 行程阀 (7)。用于控制快进和工进的速度换接。

(6) 背压阀 (1)。由于采用进口节流调速，液压缸运动的平稳性差，因此在回油路上设置背压阀，用以提高液压缸运动的平稳性。

(7) 顺序阀 (2)。液压缸快进时，系统压力低，顺序阀 (2) 关闭，使液压缸形成差动连接；在工进时，由于系统压力升高，顺序阀 (2) 打开，回油经背压阀 (1) 流回油箱。

(8) 单向阀 (3)。液压缸工进时，单向阀 (3) 将进油路与回油路隔开。

(9) 单向阀 (16)。除防止油液倒流，保护液压泵外，在该回路中，主要是使控制油路具有一定的压力，用以控制三通五位换向阀 (14、15) 的起动。

(10) 压力继电器 (KP)。控制电液换向阀 (14、15)，使液压缸快速退回。

2. 液压动力滑台液压传动系统可完成的工作循环

液压动力滑台液压传动系统可完成的工作循环：快进→Ⅰ工进→Ⅱ工进→死挡铁停留→快退→原位停止，如图 7.16 所示。

3. 工作原理分析

下面参照图 7.15 和图 7.17 进行分析。

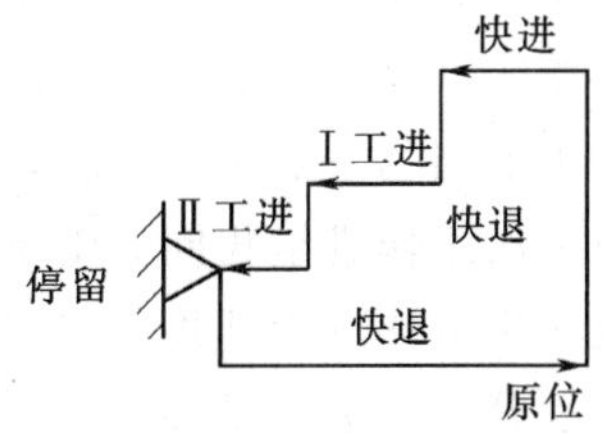

图 7.16 液压动力滑台液压传动系统工作循环图

(1) 快进。液压泵 (17) 起动后，按下起动按钮 SB_1，使中间继电器 KA_1 得电吸合并自锁，其常开触头 KA_1 (101—103) 闭合，使电磁铁 YV_1 得电，其常闭触头 KA_1 (101—109) 断开，使电磁铁 YV_2 不能得电。由于 YV_1 得电，YV_2 不能得电，使电磁换向阀 (14) 左位工作，进而使

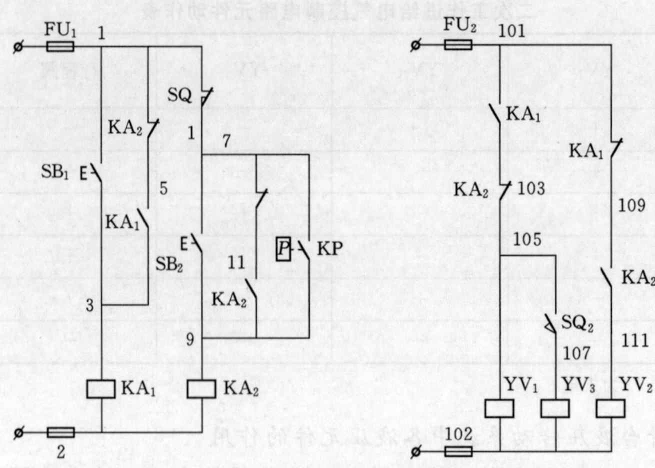

图 7.17 二次工作进给电气控制电路

液动换向阀（15）左位工作，变量泵（17）输出的压力油，沿主油路①→辅助油路（11）→电磁换向阀（15）的左位→辅助油路⑦→单向阀（13）→辅助油路⑧→液动换向阀（15）的左位→把三通五位阀（15）推向右端→右端的回油经辅助的油管⑩→节流阀（10）→辅助油路⑨→回油箱。于是接通工作油路，液压泵输出的压力油→单向阀（16）→液动换向阀（15）的左位→主油路②→行程阀（7）右位→主油路③→液压缸（8）左位，液压缸带动滑台滑向右运动。液压缸右腔的油液经主油路⑤→液动换向阀（15）的右位→主油路⑥→单向阀（3）→主油路②→行程阀（7）的右位→主油路③→又进入液压缸（8）的左腔，实现差动连接。由于液压缸快进时不进行切削加工，滑台负载小，系统压力较低，因此顺序阀关闭，变量泵在低压控制下输出最大流量，使滑台快速进给。

（2）一次工作进给。当滑台快速前进到预定位置，滑台上的挡铁压下行程阀（7），切断主油管②、③之间的通路。这时来自液压泵的压力油→主油管①→单向阀（16）→液位换向阀（15）的左位→主油路②→调速阀（4）→主油路④→二位二通阀（6）左位→主油路③→液压缸左腔。滑台由快进转入一次工作进给，进给速度由调速阀（4）来控制。

由于系统压力较高，工作进给时负载大，油压升高，顺向阀被打开，液压缸右腔的回油→主油路⑤→换向阀（15）→主油路⑥→顺向阀（2）→背压阀1→油箱。

这时变量泵由于系统压力升高而自动减小其输出流量，刚好适应一次工作进给的需要。由于油路工作状态的改变是由行程阀（7）来实现的，因此电路工作状态并未改变。

（3）二次工作进给。当滑台一次进给结束时，挡铁压下行程开关 SQ_2，其常开触头 SQ_2（105—107）闭合，使电磁铁 YV_3 得电吸合，二位二通阀（6）的左位工作，切断主油路④、③之间的通路，使液压泵的压力油→液动换向阀（15）的左位→调速阀（4、5）→主油路③→液压缸左腔，滑台由一次工作进给转为二次工作进给。液压缸右腔回油路线与一次工作进给相同。由于调速阀（5）的通油截面比阀（4）小，因此二次工作进给速度较一次工作进给速度慢，其速度大小由调速阀（5）调节。在整个二次工作进给过程中，行程开关 SQ_2 一直受压。

（4）死挡铁停留。当工作进给结束时，滑台碰上死挡铁，滑台不再前进，停留在死挡铁处。设置死挡铁可提高滑台停留时的位置精度。

（5）快速退回。滑台碰上死挡铁停止运动时，液压泵仍向液压缸中供油，因此系统压力进一步升高。当液压缸左腔压力升高到压力继电器 KP 的整定值时，其常开触头 KP（7—9）闭合，发出信号，使中间继电器 KA_2 得电吸合：

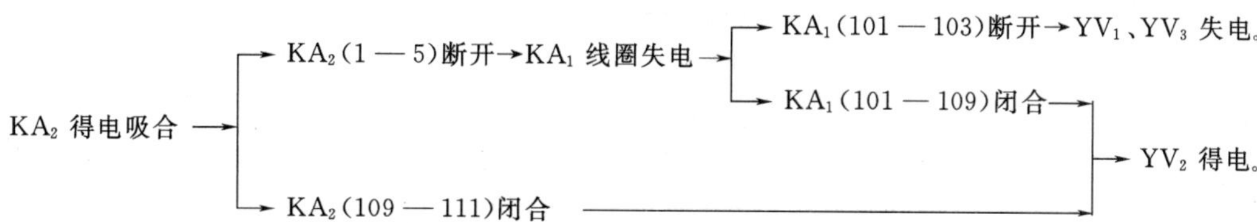

由于 YV_1 失电、YV_2 得电，电磁阀（14）和液动换向阀（15）换向，处于右路工作。此时，液压泵的压力油→主油路①→单向阀（16）→换向阀（15）右位→主油路⑤→液压缸右腔，液压缸左腔的油经单向阀（9）→主油路②→换向阀（15）左位→流回油箱。液压缸带动工作台快速退回。这个过程由于进油管路、回油管路均未经过调速阀，且滑台退回时负载小，油压低，变量泵输出流量最大，滑台快速退回。

（6）原位停止。当滑台退到原位时，挡铁压下原位行程开关 SQ_1，其常闭触头 SQ_1（1—7）断开，使 KA_2 失电释放，其常开触头 KA_2（109—111）复位断开，使电磁铁 YV_2 失电。由于 YV_1、YV_2 均失电，因此液动换向阀（14）在其两边弹簧力的平衡力作用下回到中间位置。同时，液动换向阀（15）封闭，滑台停止运动。其他阀也回到工作前的状态。这时液压泵输出的油经单向阀（16）、液动换向阀（15）排回油箱，液压泵在低压卸荷。

7.6.2 带定位夹紧的一次进给系统控制电路

在组合机床中，往往要求几个执行机构按一定的工艺要求和顺序工作。如加工开始时，先将工件定位夹紧，而后开始加工，当加工结束退回原位时，自动拔销松开工件，实现整个加工过程的自动循环。

带定位夹紧的一次进给油路系统如图 7.18 所示，其电气控制电路如图 7.19 所示，元件工作状态见表 7.16。

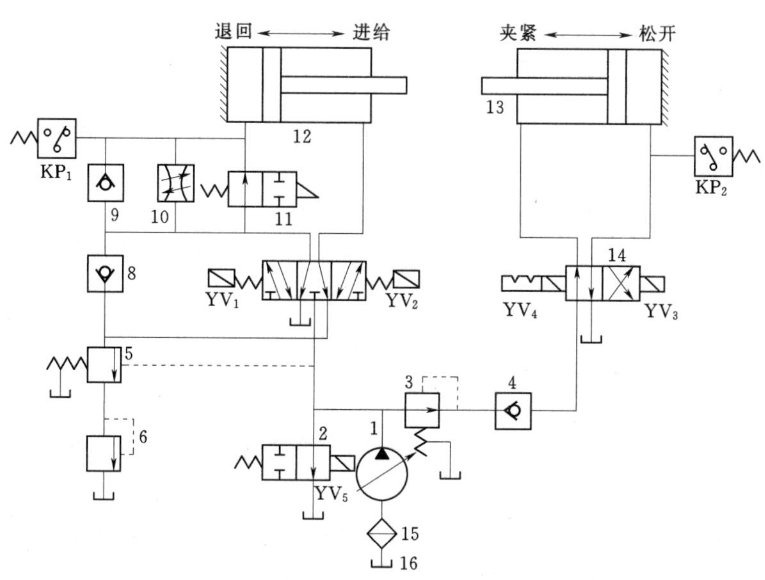

图 7.18 带定位夹紧的一次进给油路系统图

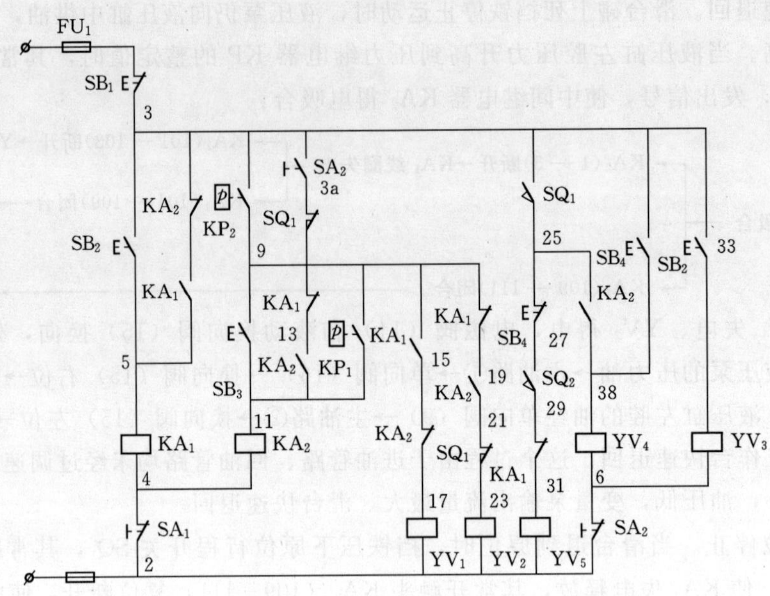

图 7.19　带定位夹紧的一次进给电气控制电路

表 7.16　　　　元 件 动 作 表

工步 \ 元件	YV_1	YV_2	YV_3	YV_4	YV_5	行程阀	KP_1	KP_2
原位	−	−	−	(+)	+	−	−	−
定位夹紧	−	−	+	−	−	−	−	+
快进	+	−	(+)	−	−	−	−	+
工进	+	−	(+)	−	−	+	−	+
死挡铁停留	+	−	(+)	−	−	+	−/+	+
快退	−	−	(+)	−	−	+/−	−	+
松开拔销	−	−	−	+	−	−	−	−

注　“(+)”为可继续保持通电。

带定位夹紧的一次工作进给的液电控制工作情况：液压泵电动机起动后，液压泵打出高压油，液压部件尚未开始工作，滑台停在原位，SQ_1 处于被压下状态，卸荷电磁阀 YV_5 得电，使液压泵打出的高压油经卸荷阀流回油箱。

系统开始工作时，按下工作开始按钮 SB_2（SB_2 为复合按钮），其常开触头 SB_2（3—5）闭合：

按下 SB_2 →
- → SB_2(3－5)闭合 → KA_1 得电 →
  - → KA_1(9—15)闭合，为滑台向前进给电磁铁 YV_1 得电做准备。
  - → KA_1(29—31)断开，切断 YV_5 通路→卸荷阀关闭，停止卸荷，压力油进入油路开始工作。
- → SB_2(3－33)闭合→YV_3 得电→ 压力油打入夹紧液压缸右腔，实现工件定位夹紧。

工件夹紧后，油路压力逐渐升高，压力继电器（KP_2）工作，其常开触头 KP_2（3—9）闭合，发出信号，使电磁铁（YV_1）得电，电磁换向阀（7）工作在左位，压力油经换

向阀（7）左位打入液压缸的左腔，滑台快速进给。

当挡铁压下行程阀时，调速阀接入油路，进油量减少，滑台转入工作进给。此时，电路工作状态不变。

加工至终点，死挡铁停留，滑台停止前进，压力继电器（KP_1）动作，其常开触头 KP_1（9—11）闭合，使 KA_2 得电吸合：

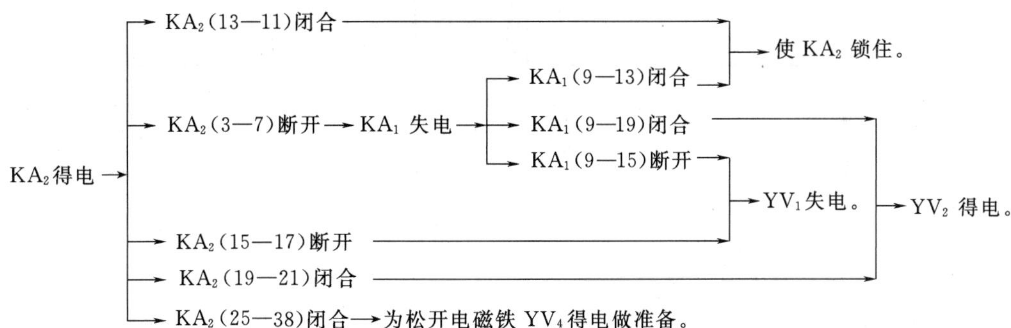

YV_1 失电、YV_2 得电，使电磁换向阀（17）改变进给油路工作状态，压力油打入液压缸右腔，滑台快速退回。

当滑台退回至原位时，压下行程开关 SQ_1，其常闭触头 SQ_1（21—23）断开，使 YV_2 失电，使换向阀 2 工作在中位，进油路被切断，滑台停在原位。SQ_1 的常开触头 SQ_1（3—25）闭合，使 YV_4 得电，压力油打入夹紧液压缸左腔，进行拔销、松开，油路压力降低，KP_2 的常开触头 KP_2（3—9）断开，使 KA_2 失电释放，其常开触头 KA_2（25—33）复位断开，使 YV_4 失电。工件被松开后，压下 SQ_2，其常开触头 SQ_2（27—29）闭合，使卸荷电磁铁 YV_5 得电，油路系统卸荷，加工循环结束。

卸荷电磁阀是液压泵的保护环节。当液压系统采用变量泵时，在各液压部件尚未工作、液压泵电动机又不停机的情况下，使液压泵打出的高压油有一条回油通道，保护液压泵不因过负荷而损坏。当液压系统投入工作后，必须使其立即停止卸荷，使压力油进入油路工作。

电路中调整开关 SA_1、SA_2 作为定位夹紧和滑台进给单独调整用。按钮 SB_2、SB_4、SB_3 同时也作为滑台夹紧、松开和退回的调整用。

7.6.3 双面单工位组合机床电气控制电路

1. 双面单工位组合机床的结构及工作循环

如图 7.20 所示为由两个 HY 型液压滑台、动力箱、固定式夹具、底座、床身和液压站等部件组成的双面单工位组合机床的结构示意图。

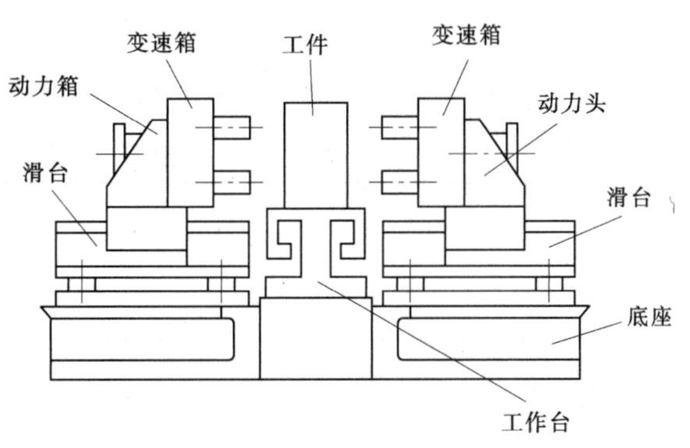

图 7.20 双面单工位组合机床结构

组合机床可完成“半自动”和“调整”两种工作方式，其半自动工作循环如图 7.21 所示，加工时，将工件放在工作台上并夹紧，当工件夹紧后，发出加工指令，左、右滑台开始快进，当接近加工位置时，左、右滑台变为工作进给，直至终点后再快退返回，至原位左右滑台分别停止，并将工件松开取下，工作循环结束。

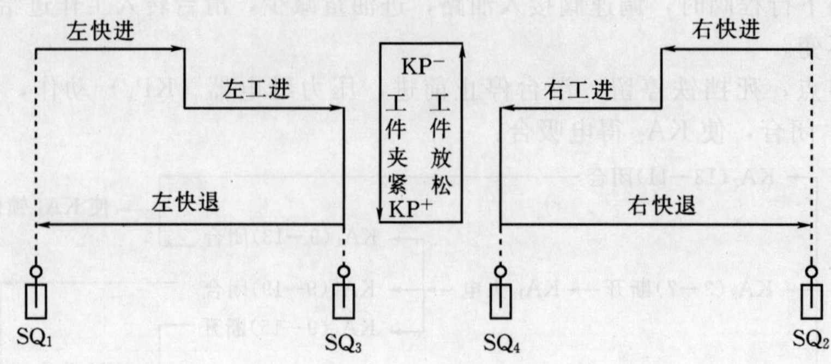

图 7.21　工作循环示意图

2. 双面单工位组合机床液压系统

如图 7.22 所示为双面单工位组合机床的液压系统图，由于左、右液压滑台工作油路相同，因此图中只画出一个液压滑台的油路。系统液压元件动作情况见表 7.17。

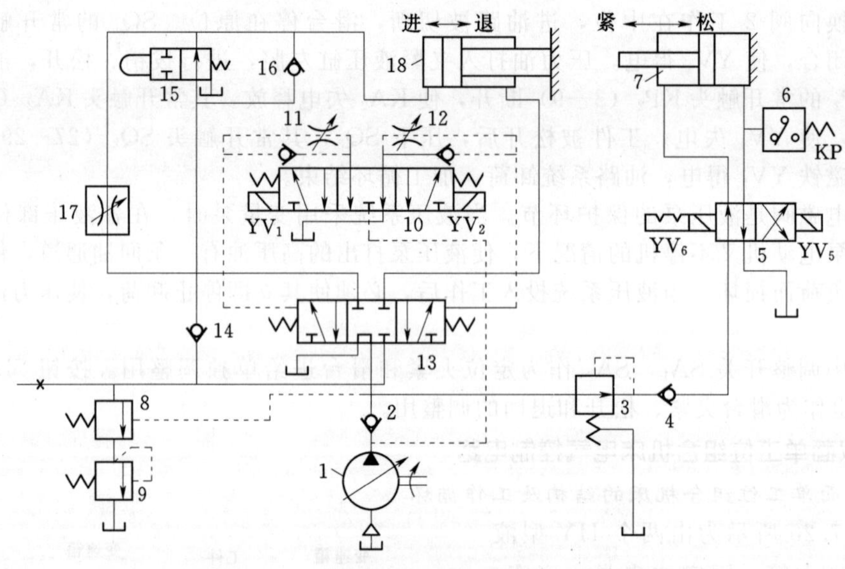

图 7.22　双面单工位组合机床液压系统图

表 7.17　液压元件动作表

工步 \ 元件	YV_1	YV_2	YV_3	YV_4	YV_5	YV_6	KP
原位	−	−	−	−	−	(+)	−
工件夹紧	−	−	−	+	−	+	
滑台向前	+	−	+	−	(+)	−	+
滑台向后	−	+	−	+	(+)	−	+
工件松开	−	−	−	−	−	+	−

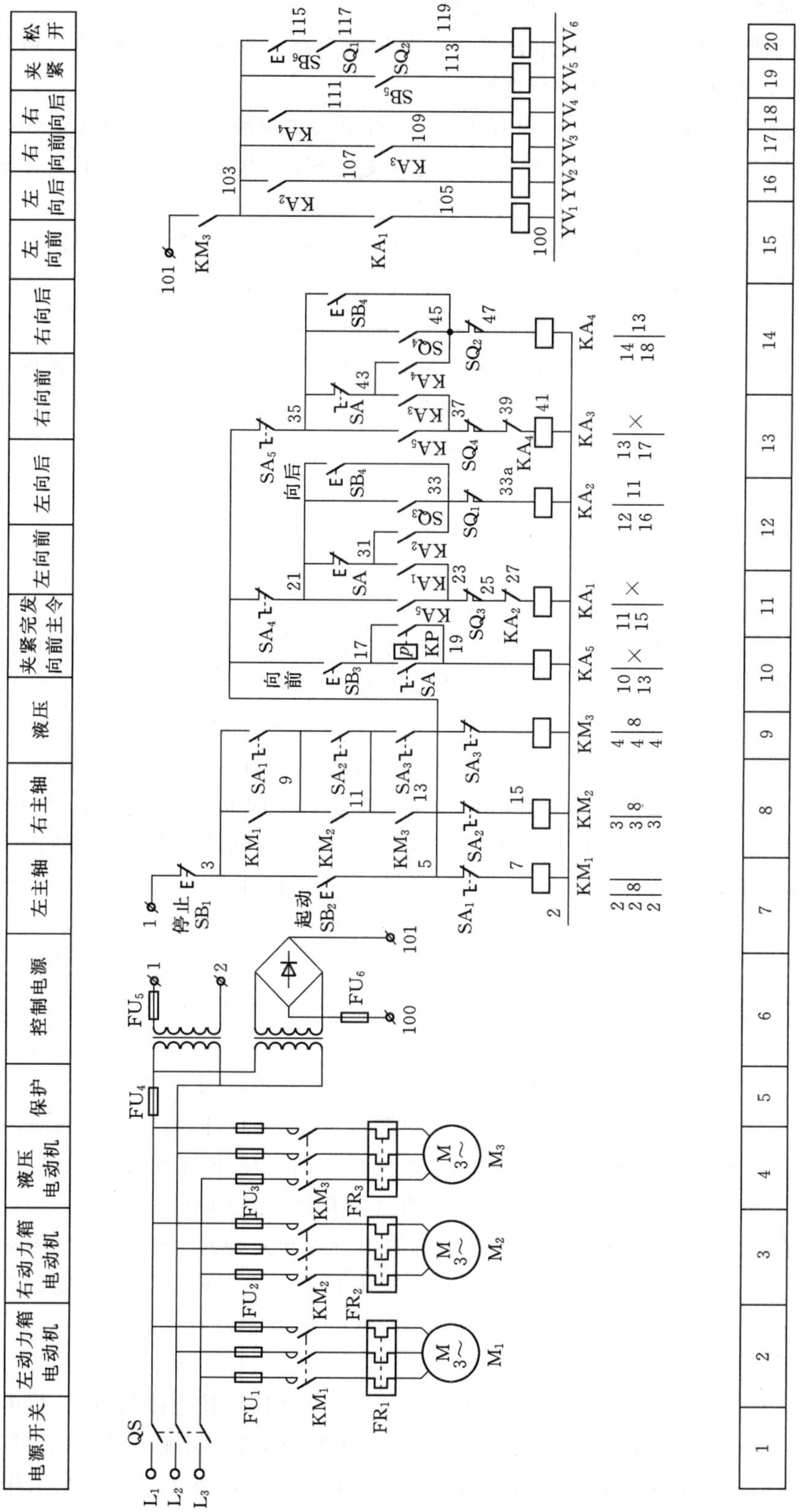

电源开关	左动力箱电动机	右动力箱电动机	液压电动机	保护	控制电源	左主轴	右主轴	液压	夹紧完发向前主令	左向前	左向后	右向前	右向后	左向前	左向后	右向前	右向后	夹紧	松开
1	2	3	4	5	6	7	8	9	10	11	12	13	14	15	16	17	18	19	20

图 7.23 双面单工位组合机床电气控制电路

3. 双面单工位组合机床的电气控制电路

如图7.23所示为双面单工位组合机床电气控制电路。机床有“半自动”和“调整”两种工作循环，由转换开关SA进行选择。

准备工作：装上工件，合上电源开关QS，将电动机单独调整开关SA_1、SA_2、SA_3置于其常开触头断开、常闭触头闭合。按下起动按钮SB_2，接触器KM_1、KM_2、KM_3得电吸合并自锁，其主触头闭合，电动机M_1、M_2、M_3起动运转。

(1) 工件夹紧。液压泵电动机起动后，按下按钮SB_5发出工件夹紧信号，使电磁阀YV_5得电，二位四通阀5右位工作，压力油经阀3、单向阀4进入夹紧油缸7的大腔，而小腔回油至油箱，工件夹紧。当夹紧到位后压力继电器KP工作，表示工件已夹紧，其常开触头KP（17—19）闭合，为KA_5得电做准备。注意，由于电磁阀具有机械保持功能，虽然按下SB_5后放开，又使YV_5失电，但电磁阀还是处于夹紧工作位置。

(2) 快速趋近。工件夹紧后，再按向前按钮SB_3，发出滑台快速移动信号，KA_5得电吸合，其常开触头KA_5（21—23）、KA_5（35—37）闭合，使左、右滑台的向前继电器KA_1、KA_3分别得电吸合并自锁，同时分别接通向前电磁阀YV_1、YV_3，左、右滑台快进。

电磁阀YV_1（YV_3）得电，三位五通阀10左位工作，使液控阀13左位工作，接通工作油路，压力油经行程阀15进入进给液压缸18大腔，而小腔内回油经过阀13、阀14、阀15再进入液压缸18大腔，使滑台向前快速移动。

(3) 工件进给。液压滑台快速移动到接近加工位置时，滑台上挡铁压下行程阀15，切断压力油通路，压力油只能通过调速阀17进入进给液压缸大腔，减少进油量，降低滑台移动速度，滑台转为工作进给。此时由于负载增加，工作油路油压升高，顺序阀8打开，液压缸小腔回油不再经过单向阀14流入液压缸大腔，而是经顺序阀8流回油箱。

(4) 快速退回。当滑台工作到终点，压终点限位行程开关SQ_3、SQ_4，其常闭触头SQ_3（23—25）、SQ_4（39—37）断开，KA_1、KA_3失电释放，使YV_1、YV_3失电，同时SQ_3、SQ_4的常开触头SQ_3（21—33）、SQ_4（35—45）闭合，又使左、右滑台的向后继电器KA_2、KA_4得电吸合并各自自锁，分别接通向后电磁阀YV_2、YV_4，使左、右滑台快退。

电磁阀YV_1（YV_3）失电，而电磁阀YV_2（YV_4）得电，阀10右位工作，使液控阀13右位工作，压力油直接进入液压缸小腔，使滑台快速退回。同时大腔内的回油经单向阀16、阀13直接流回油箱。当滑台快速退回原位时，压下行程开关，电磁阀YV_2（YV_4）失电，液压阀回中间位置，切断工作油路，滑台停止于原位。

当左、右滑台停止于原位后，压下各自的原位行程开关SQ_1、SQ_2，其常闭触头SQ_1（33—33a）、SQ_2（45—47）断开，KA_2、KA_4失电释放，使YV_2、YV_4失电，左、右滑台停止于原位；其常开触头SQ_1（115—117）、SQ_2（117—119）闭合，为YA_6得电做准备。

(5) 工件松开。当滑台回到原位停止后，按动按钮SB_6，使电磁阀YV_6得电，二位四通阀5左位工作，改变油路的方向，压力油进入夹紧液压缸7小腔，大腔内的回油经阀5直接流回油箱，使工件松开，同时压力继电器KP复位，取下工件，一个工作循环结束。再装上工件，准备下次加工。

(6) 调整工作循环的控制。将转换开关 SA 扳至“调整”位置，即 SA（17—19）闭合，SA（21—31）断开，再操作开关 SA_1～SA_5，按相应按钮，进行各部件单独调整。例如，在电动机旋转且不装工件的情况下，左滑台单独调整的过程是，断开开关 SA_1、SA_2 和 SA_5，按 SB_2，液压泵电动机起动工作，再按下 SB_3，即进行左滑台的向前点动调整；按 SB_4，进行左滑台的向后点动调整。同理也可进行右滑台的单独调整。

7.7 交流桥式起重机的电气控制

起重机是一种用来吊起和下放重物，以及在固定范围内装卸、搬运物料的起重机械，广泛应用于工矿企业、车站、码头、港口、仓库、建筑工地等场所。本节以 20t/5t（重量级）桥式起重机为例，分析起重设备的电气控制电路。

7.7.1 桥式起重机的结构和运动形式

桥式起重机主要由大车（桥架）、小车（移动机构）和起重提升机构组成，如图 7.24 所示。大车在轨道上行走，大车上架有小车轨道，小车在小车轨道上行走，小车上装有提升机。这样，起重机就可以在大车的行车范围内进行起重运输。

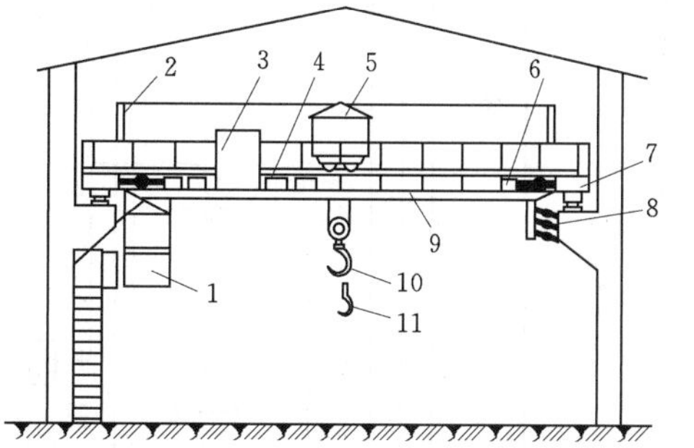

图 7.24 桥式起重机的主要结构

1—驾驶室；2—辅助滑线架；3—交流磁力控制盘；4—电阻箱；5—起重小车；6—大车拖动电动机；7—端架；8—主滑线；9—主梁；10—主钩；11—副钩

7.7.2 桥式起重机的电力拖动特点及控制要求

(1) 提升用的电动机，经常是有载起动，起动转距要大，起动电流要小，有一定的调速范围，因此用绕线转子式异步电动机。

(2) 要有合理的升降速度，空载、轻载要快，重载要慢。

(3) 要有适当的低速区，这在起吊和重物快要下降到地面时特别有用。

(4) 提升的第一挡作为预备级，用以消除传动间隙、张紧钢丝绳，以避免过大的机械冲击。

(5) 当负载下放时，根据负载大小，电动机可自动转换到电动状态、倒拉反接状态或再生制动状态。

(6) 有完备的保护环节：短路、过载和终端保护等。

(7) 采用电气、机械双重制动。为了安全，起重机采用失电制动方式的机械抱闸制动，以避免由于停电造成的无制动力矩，导致重物自由下落而引发事故。

一般来讲，起重量在 10t 以下的桥式起重机只有一只吊钩，用一台绕线式异步电动机拖动。当起重量在 10t 以上时，就需要主钩和副钩，需要用两台绕线式异步电动机拖动。这些吊钩的调速和制动的要求都比较高，调速时采用转子串电阻的方法，有些起重机用反接制动等方法来满足制动要求。吊钩、钢丝卷筒及机械变速结构都安装在小车上。

大车、小车、吊钩提升机构运行时由行程限位开关进行限位保护。每台电动机上都装有过电流继电器进行过流保护。另外，每台电动机上还接有电磁制动器，以保证运行位置的准确、可靠。电动机转子中串接的电阻安装在大车上。在驾驶室内装有各种操纵机构，

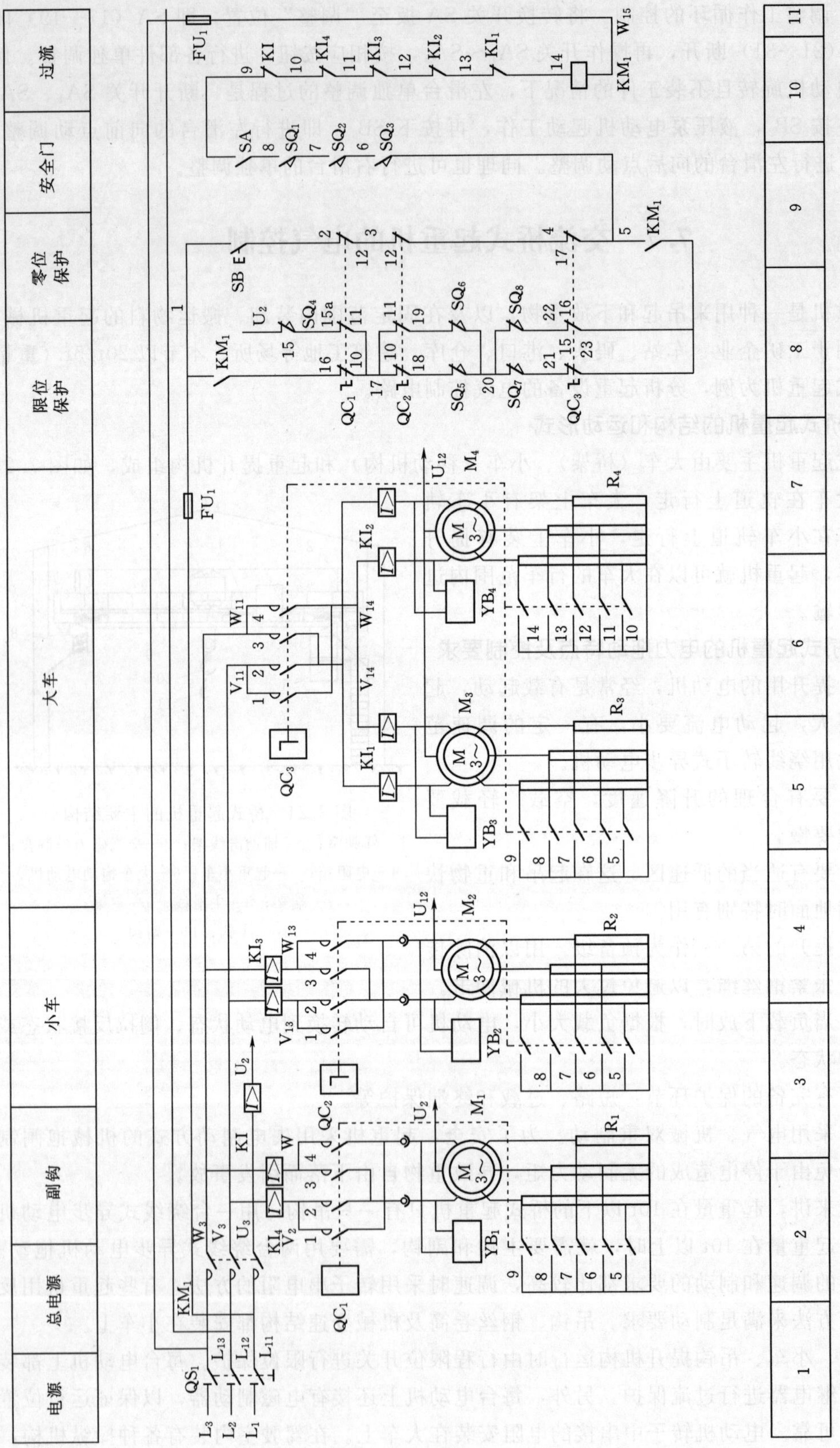

(a)

图 7.25(一)　20t/5t 桥式起重机电气控制电路

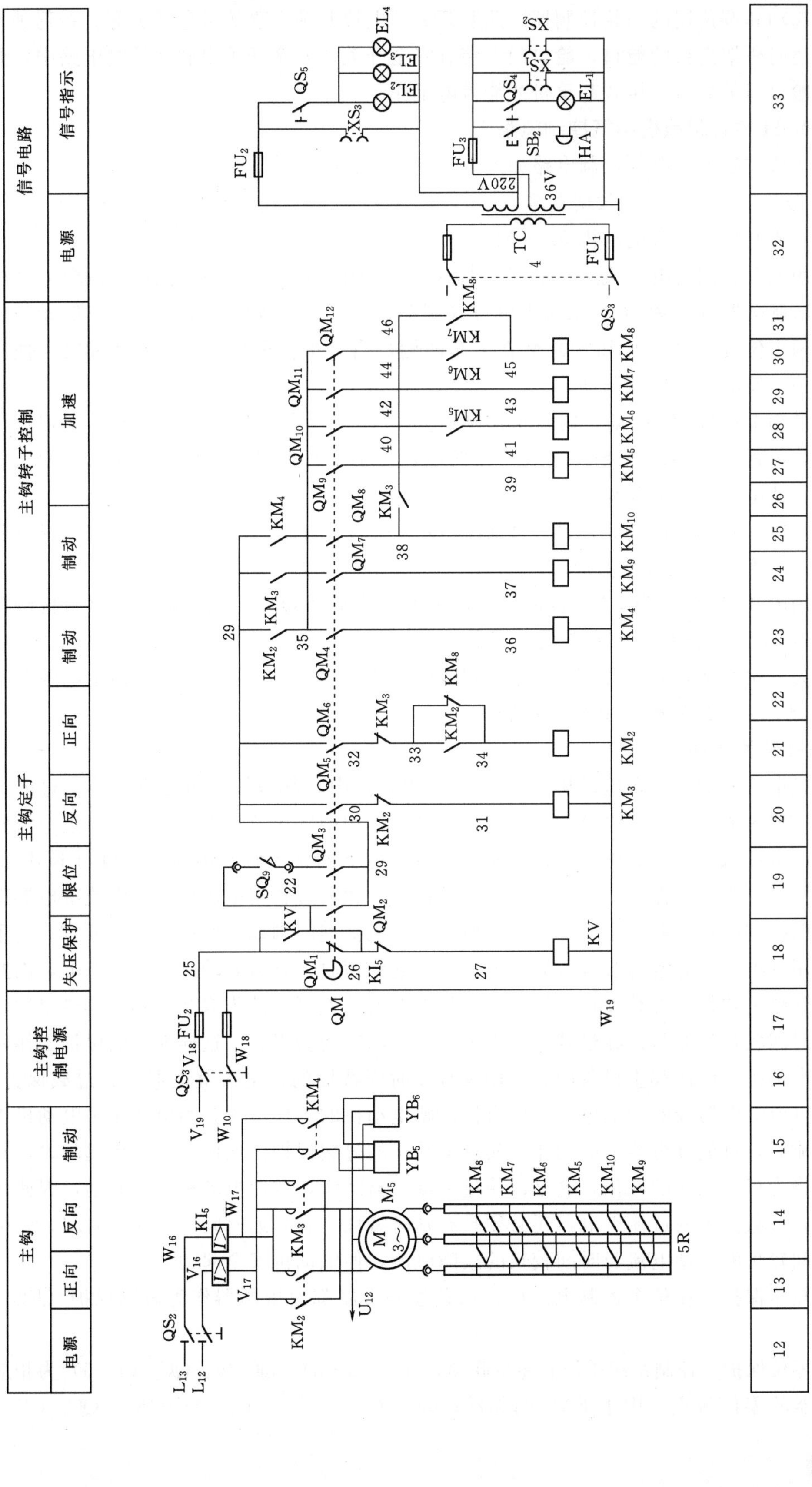

主钩				主钩控制电源	主钩定子					主钩转子控制		信号电路	
电源	正向	反向	制动		失压保护	限位	反向	正向	制动	制动	加速	电源	信号指示

12	13	14	15	16	17	18	19	20	21	22	23	24	25	26	27	28	29	30	31	32	33

(*b*)

图 7.25(二) 20t/5t 桥式起重机电气控制电路

如电动机起动和调速用的凸轮控制器、照明开关、电铃开关、事故紧急开关等。在驾驶室的上方有通向桥架走台的舱口，舱口门上装有安全开关，安全开关串联在控制电路中，要求只有在舱口门关好后，桥式起重机才能得电工作。

7.7.3　20t/5t 桥式起重机电气控制电路

20t/5t 桥式起重机电气控制电路如图 7.25 所示。

1. 电动机配置情况及其控制电路

该起重机共配置 5 台电动机 M_1～M_5。

大车用两台相同的电动机 M_3 和 M_4 同速拖动，用凸轮控制器 QC_3 控制。两台电动机分别由电磁制动器 YB_3 和 YB_4 采用失电方式制动，这样可以保障停电时，停车制动，保证安全。两个位置开关 SQ_7 和 SQ_8 装在大车两侧，当大车行至终点与挡铁相撞时，便压下位置开关，使电动机失电制动。

小车是用电动机 M_2 拖动，用凸轮控制器 QC_2 控制，采用电磁制动器 YB_2 实现机械抱闸制动，位置开关 SQ_5 和 SQ_6 装在小车两端，当小车行到终端与挡铁相撞时，便压下位置开关，使电动机失电制动。

副钩用电动机 M_1 拖动，用凸轮控制器 QC_1 控制，电磁制动器 YB_1 控制机械抱闸，位置开关 SQ_4 作为上限行程保护。

主钩用电动机 M_5 拖动，M_5 容量较大，用主令控制器 QM 控制接触器，再由接触器控制电动机 M_5，位置开关 SQ_9 作为上限保护。

QS_1 为三相电源开关，大车、小车、副钩电源用接触器 KM_1 控制，主钩主电源开关用 QS_2 控制，主钩控制电源由 QS_3 控制。

2. 安全保护措施

(1) 过电流保护。每台电动机的 W、V 两相电路中，都串接过电流继电器。过电流整定值，一般为电动机额定电流的 2.25～2.5 倍；U 相中串接总过电流继电器，过电流整定值为全部电动机额定电流的 1.5 倍。所有过流继电器的常闭触头串联后，再与 KM_1 的线圈相串联。作为电流保护，只要有一台电动机的一相超过整定电流值，过电流继电器就动作，切断控制电源，并将主电源切断，所有电动机被抱闸制动，使吊车停在原位。起重设备中所用的电动机通常为绕线式异步电动机，处于短时、频繁起动的工作状态下，因此不能使用热继电器作为过载保护元件。由于热继电器的检测元件为双金属片，其热惯性较大，动作时间较长，尤其是在过载电流不大时动作的时间会很长，这样就无法保护工作时间较短的电动机，因此起重设备中常采用具有反时限特性的过电流继电器作为过载保护。电磁式过电流继电器线圈中的电流可以直接反映电动机的工作电流，当电流超过电动机正常工作电流时，过流继电器就会动作，实现电动机的过载保护。然而，电动机起动时，其起动电流将为正常工作的几倍，这足以使过流继电器动作，致使电动机无法起动，因此作为起重设备过载保护的过流继电器还必须具有延时特性。若延迟时间大于起动时间，就可以区别时间较短的起动电流与时间较长的故障电流，使电动机安全起动。

(2) 短路保护。在整个控制电路中，每条控制支路都由熔断器作为短路保护（FU_1、FU_2）。

(3) 零位保护。控制系统中设有零位联锁，QC_1（2—3）、$QC_2$4）、QC_3（4—5）为相应凸轮控制器的零位触点，用于 KM_1 的起动；QC_1（16—17）、QC_2（17—18）、QC_3（21—

23）以及 QC_1（15a—17）、QC_2（17—19）、QC_3（22—23）也为相应凸轮控制器的零位触点，用于 KM_1 的自锁。因此，必须将控制器的控制手柄全部置于零位，合上紧急开关SA，按下起动按钮SB，才能使 KM_1 得电吸合并自锁，接通电源，这样可以保证各电动机转子都能串接电阻起动。

（4）极限位置保护。限位开关 SQ_4～SQ_9 分别被安装在不同的极限位置上，起极限保护作用。其中，SQ_7 和 SQ_8 与大车凸轮控制器 QC_3 的限位保护触头15、16［QC_3（21—23）、QC_3（22—23）］串并联，实现对大车左右两个方向的极限保护；SQ_5 和 SQ_6 与小车凸轮控制器 QC_2 的限位保护触头10、11［QC_2（17—18）、QC_2（17—19）］串并联，实现对小车向前向后两个方向的极限保护；SQ_4 与副钩凸轮控制器 QC_1 的限位保护触头11［QC_1（15a—17）］串联，实现对副钩提升时的上限终端保护，SQ_9 串接在主钩上升接触器 KM_3 线圈电路中，实现对主钩提升时的上限终端保护。

（5）停车保护。为使桥式起重机及时、准确地停车，常采用电磁制动器（YB_1～YB_6）作为准确停车装置，进行停车保护，使被起吊的重物在停车后可靠地停住。

（6）人身安全保护。桥式起重机驾驶室的门、盖及横梁栏杆门上分别装有安全限位开关（SQ_1～SQ_3），它们的常开触头均与起动按钮SB串联。只要一处没有关紧，其触头就处于断开位置，起动按钮就不能使 KM_1 得电吸合，起重机就不能得电起动运行，从而保证人身安全。

（7）应急触电保护。桥式起重机的驾驶室内，在司机操作时便于触到的地方装有一只单刀单掷紧急开关SA，它在控制电路中与电源接触器 KM_1 的线圈串联，当发生意外情况时，驾驶员可立即拉下SA，迅速使 KM_1 失电释放，切断系统电源，使吊车停下（电动机制动），以避免事故的发生。

3. 凸轮控制器 QC_1、QC_2、QC_3 和主令控制器 QM

凸轮控制器 QC_1、QC_2、QC_3 和主令控制器QM的触头通断情况见表7.18～表7.20。

表7.18　　副卷扬、小车凸轮控制器 QC_1、QC_2 的触头闭合表

触头号	向左					零位	向右				
	5	4	3	2	1	0	1	2	3	4	5
1							+	+	+	+	+
2	+	+	+	+	+						
3							+	+	+	+	+
4	+	+	+	+	+						
5	+	+	+	+				+	+	+	+
6	+	+	+						+	+	+
7	+	+								+	+
8	+									+	+
9	+										+
10						+	+	+	+	+	+
11	+	+	+	+	+	+					
12						+					

表 7.19　　　　大车凸轮控制器 QC_3 触头闭合表

触头号	向后					零位	向前				
	5	4	3	2	1	0	1	2	3	4	5
1							+	+	+	+	+
2	+	+	+	+	+						
3							+	+	+	+	+
4	+	+	+	+	+						
5	+	+	+	+				+	+	+	+
6	+	+	+						+	+	+
7	+	+								+	+
8	+										+
9	+										+
10	+	+	+	+				+	+	+	+
11	+	+	+						+	+	+
12	+	+								+	+
13	+										+
14	+										+
15						+	+	+	+	+	+
16	+	+	+	+	+	+					
17						+					

表 7.20　　　　主卷扬主令控制器 QM 触头闭合表

触头号	下降						零位	上升					
	强力			制动									
	6	5	4	3	2	1	0	1	2	3	4	5	6
1							+						
2	+	+	+										
3				+	+	+		+	+	+	+	+	+
4	+	+	+	+	+			+	+	+	+	+	+
5	+	+	+										
6				+	+	+		+	+	+	+	+	+
7	+	+	+		+	+		+	+	+	+	+	+
8	+	+	+			+			+	+	+	+	+
9	+	+								+	+	+	+
10	+										+	+	+
11	+											+	+
12	+												+

4. 控制电路分析

(1) 主接触器 KM_1 的控制（如图 7.25 所示）。先合上总电源开关 SQ_1。在起重机投入运行前，合上紧急开关 SA，司机室舱口关好，其安全开关 SQ_1～SQ_3 均闭合，然后将所有的凸轮控制器 QC_1～QC_3 的手柄置于“0”，它们在主接触器 KM_1 线圈电路中的常闭触头 QC_{1-10}～QC_{1-12}、QC_{2-10}～QC_{2-12}、QC_{3-15}～QC_{3-17} 均处于闭合状态，然后按下起动按钮 SB，主接触器 KM_1 得电吸合并自锁，其主触头闭合，接通总电源，由于各凸轮控制器手柄都置于“0”位，只有 L_1 相电源送至电动机的定子绕组，而 L_2 和 L_3 两相电源未送入电动机定子绕组，因此电动机还不会运转。

KM_1 电路得电通路为：

L_{11}→FU_1→SB→QC_{1-12}→QC_{2-12}→QC_{3-17}→SQ_3→SQ_2→SQ_1→SA→KI→KI_4→KI_3→KI_2→KI_1→KM_1 线圈→FU_1→L_{13}。

KM_1 自锁通路为：

KM_1 (1－16) →QC_{1-10}→QC_{2-10}→SQ_5→SQ_7→QC_{3-15}→KM_1 (23－5) 或 U_2→SQ_4→QC_{1-11}→QC_{2-11}→SQ_6→SQ_8→QC_{3-16}→KM_1 (23—5)（此时限位开关 SQ_4～SQ_8 都是闭合的）。

(2) 凸轮控制器对大、小车和副钩的控制（如图 7.25 所示）。现以小车为例介绍凸轮控制器 QC_2 的工作情况。当主接触器 KM_1 吸合后，总电源被接通，然后将 QC_2 的手柄从“0”转到“向前”位置的任一挡时，触头 QC_{2-11}、QC_{2-12} 都断开而触头 QC_{2-10} 闭合，接触器 KM_1 线圈经 L_{11}→FU_1→KM_1 (1—16) →QC_{1-10}→QC_{2-10}→SQ_5→SQ_7→QC_{3-15}→KM_1 (23—5) →SQ_3→SQ_2→SQ_1→SA→KI→KI_4→KI_3→KI_2→KI_1→KM_1→FU_1→L_{13} 形成通路，继续保持吸合，QC_2 的另两副主触头 QC_{2-1} 和 QC_{2-3} 闭合，电动机 M_2 正转，小车向前移动。

当将 QC_2 的手柄扳到“向后”位置的任一挡时，触头 QC_{2-10}、QC_{2-12} 都断开而 QC_{2-11} 闭合，接触器 KM_1 线圈经 U_2→SQ_4→QC_{1-11}→QC_{2-11}→SQ_6→SQ_8→QC_{3-16}→KM_1 (5—23) →SQ_3→SQ_2→SQ_1→SA→KI→KI_4→KI_3→KI_2→KI_1→KM_1 线圈→FU_1→L_{13} 形成通路，继续保持闭合状态；QC_2 的另两副主触头 QC_{2-2} 和 QC_{2-4} 闭合，电动机反转，小车向后移动。若小车向后或向前运行到极限位置，则压下行程开关 SQ_6 或 SQ_5，切断 KM_1 的自锁回路，使 KM_1 失电释放，电磁制动器 YB_2 失电制动，电动机失电停转。这时若想使小车向前或向后移行，则必须先将 QC_2 转回到“0”位，才能使 KM_1 重新得电吸合，即实现“0”位保护。

这样，当凸轮转向正或反时，触头 12 打开而接触器 KM_1 仍得电吸合。

凸轮控制器的正转触头在正向操作时，一经闭合将不再打开，反向操作时，一经打开将不再闭合，不会出现接触器失电现象。反转触头与之相同。其他触头只有在打黑点和不打黑点间进行断开与闭合的切换。

当将手柄 QC_2 扳到第 1 挡时，5 副常开触头（QC_{2-5}～QC_{2-9}）全部断开，小车电动机 M_2 的转子绕组串接全部电阻，此时电动机 M_2 的转速最慢；当 QC_2 的手柄扳到第 2 挡时，常开触头 QC_{2-5} 闭合，切除一段电阻 $2R_5$，电动机 M_2 加速。这样 QC_2 的手柄从一挡转到下一挡的过程中，触头 QC_{2-5}～QC_{2-9} 逐个闭合，依次切除转子电路中的起动电阻 $2R_5$～$2R_1$，直至电动机 M_2 达到预定的转速。

大车凸轮控制器 QC_3 的工作状况与小车基本类似。但由于大车的一台凸轮控制器同

时控制两台电动机 M_3 和 M_4，因此多了 5 副常开触头，供切除第 2 台电动机转子绕组串联电阻用。

副钩的凸轮控制器 QC_1 的工作情况与小车相似，但由于副钩吊有重负载，并考虑到负载的重力作用，在下降负载时，应把手柄逐级扳到“下降”的最后一挡。

(3) 主令控制器对主钩的控制（如图 7.25 所示）。

1) 主钩提升重物上升过程（此过程通常分 3 个阶段完成）。准备和低速上升阶段。将 M_5 主电路电源开关 QS_2 及其控制回路电源开关 QS_3 合上，主令控制器 QM 的手柄置于“0”位，其触头 QM_1 闭合，便零压继电器 KV 通过过流继电器 KI_5 的常闭触头 KI_5 (26—27) 得电吸合并通过 KV (25—26) 自锁，接通控制电源，为起动电动机 M_5 做准备。当重新起动时，必须将 QM 手柄扳回到“0”位，其他任何位置均不能起动，实现了“0”位保护作用。

当 QM 手柄置于上升“1”位时，触头 QM_3、QM_4、QM_6、QM_7 闭合。QM_3 闭合，为各接触器得电做好准备。QM_6 闭合，使接触器 KM_2 得电吸合，电动机 M_5 得电。若此时 KM_8 得电吸合，则其主触头闭合，电动机 M_5 的转子回路中所串电阻过小，将会影响电动机的正常起动，同时，KM_8 的常闭触头 KM_8 (33—34) 断开，致使 KM_2 不能得电吸合，因此确保电动机 M_5 在此种情况下不能得电起动。同时，KM_2 的辅助常开触头 KM_2 (29—35) 闭合，又 QM_4 闭合，使接触器 KM_4 得电吸合并自锁，电磁制动器 YB 得电并松开制动闸，电动机 M_5 开始做上升运动。QM_7 闭合，使接触器 KM_9 得电吸合，切除转子回路的第一段电阻 $5R_1$，这样电动机在串电阻 $5R_2 \sim 5R_7$ 下正向起动运转，主钩低速运行。

变速上升阶段。当控制器手柄被推到上升“2、3、4、5”挡位时，其对应的触头 QM_8、QM_9、QM_{10}、QM_{11} 分别闭合，使 KM_{10}、KM_5、KM_6、KM_7 得电吸合，分别切除电阻 $5R_2 \sim 5R_5$，使电动机转子回路中所串电阻逐级减小，主钩处于变速上升运行。为了防止加速电阻切除顺序错误，在每一个加速电阻接触器 $KM_6 \sim KM_8$ 线圈电路都串接有前一级接触器 $KM_5 \sim KM_7$ 的常开辅助触头 KM_5 (40—41)、KM_6 (42—43)、KM_7 (44—45)，这样只有前一级接触器投入工作后，后一级接触器才有可能工作，从而避免事故的发生。

高速提升阶段。控制器的控制手柄被推至上升第“6”挡后，触头 QM_{12} 闭合，使 KM_8 得电吸合，切除电阻 $5R_6$，即电动机转子回路的电阻被最后切除一段，使电动机达到最大转速，起重机主钩也随即高速上升，直达预定的位置，完成重物提升过程。应当注意的是，在电动机达到最大转速后，电动机各相转子回路中仍保留一段为软化特性而接入的固定电阻 $5R_7$，以保证电机安全运行。

触头 QM_3 闭合，使上升限位开关 SQ_9 串接于控制电路的电源中。若常闭触头 SQ_9 断开，则切断所有接触器的电源，起到上升极限的保护作用。

QM 手柄置于强力下降 4～6 挡，可以重新起动电动机，使上升机构退出极限位置。

2) 主钩下降过程（一般分为 3 个阶段）。准备阶段。QM 手柄置于“1”位时，其触头 QM_3、QM_6、QM_7、QM_8 闭合，上升限位开关 SQ_9 也闭合。QM_3 闭合，接通各接触器的供电电源，各接触器处于准备工作状态。QM_6 闭合，使接触器 KM_2 得电吸合并自锁，电动机 M_5 接通正序电源，电动机 M_5 可以正向起动，产生提升的电磁转矩（吊钩上

升状态）。但此时由于 QM_4 仍未闭合，制动接触器 KM_4 未得电吸合，电磁制动器 YB_4、YB_5 抱闸未松开，因此尽管 KM_2 已得电吸合，M_5 已得电并产生了提升方向的电磁转矩，但在制动器 YB_5、YB_6 的抱闸和载重重力作用下，迫使电动机 M_5 不能起动旋转，这样重物保持一定位置不动，为重物的下降做好准备（制动下降）。同时，QM_7、QM_8 闭合，使 KM_9、KM_{10} 得电吸合，切除转子回路中相应电阻 $5R_1$、$5R_2$。应特别注意的是，此段时间不宜过长，以免造成电动机发热损坏。

下降方向的前三挡为制动下降挡，其中第一挡为准备下降挡，此时电磁制动器尚未松开，而电动机已产生提升重物的力矩，但转子却不能转动，形成僵持，为此在主令控制器下降方面的“1”挡，不允许滞留过长时间，最多不要超出 3s，否则将造成电动机发热，使其绝缘性能下降。

这种操作用于吊钩上吊了很重的货物停留在空中或在空中移动时，为防止机械抱闸抱不住而打滑，因此使电动机产生一个向上提升的力，帮助抱闸克服过分重的货物所产生的下降力。

制动下降阶段。手柄拨到下降位置“2”时，QM 的触头 QM_3、QM_6、QM_4、QM_7 闭合，接触器 KM_2、KM_4、KM_9 得电吸合，此时由于 KM_4 得电吸合，电磁抱闸 YB_5、YB_6 得电，将抱闸装置打开，电动机可以转动，但由于触头 QM_8 断开，使 KM_{10} 失电释放，转子中又接入一段电阻，使电动机产生的上升力减小。这时重物产生的下降力大于电动机的上升力，则在负载力的作用下，电动机做反向（重物下降）运转，电磁力成为制动力矩，重负载低速下降。

手柄拨到下降位置“3”时，触点 QM_3、QM_6 和 QM_4 闭合，接触器 KM_2、KM_4 得电吸合，但由于触头 QM_7 打开，使 KM_9 失电释放，电动机转子回路的电阻全部接入，反接制动转矩减小，重物以稍快的速度下降，若重物较轻时也可能被提升，这时可将制动器的手柄推到下一挡，便重物下降，这样就可以根据负载的轻重不同，选择不同的下降速度。

强力下降阶段。当控制器手柄推到下降的第“4”、“5”、“6”挡（强力“1”、“2”、“3”挡）时，为强力下降阶段。

手柄拨到下降位置“4”时，QM 的触头 QM_2、QM_5、QM_4、QM_7 和 QM_8 闭合，QM_3、QM_6 断开。QM_3 断开，使上升行程开关 SQ_9 从控制电路切除；而 QM_2 闭合，接通控制电路电源；QM_6 断开，提升接触器 KM_2 失电释放。QM_5 闭合，接触器 KM_3 得电吸合，电动机反转（向下降方向）。QM_4 闭合，KM_4 得电吸合，电磁抱闸松开。KM_9 和 KM_{10} 得电吸合，切除转子中最初两段电阻。这时轻负载在电动机下降转矩作用下开始强行下降，又称强力下降。为了保证在 KM_2 和 KM_3 换接过程中，KM_4 始终得电，电磁抱闸不动作，因此在控制电路上有 KM_2、KM_3、KM_4 的 3 个常开触点 KM_2（29—35）、KM_3（29—35）、KM_4（29—35）并联。

手柄拨到下降位置“5”时，QM 的触点 QM_2、QM_5、QM_4、QM_7、QM_8、QM_9 闭合，和上一步相比较，多了一个接触器 KM5 得电吸合，转子电阻再切除一段，电动机加速下降，进一步提高下降速度。

手柄拨到下降位置“6”时，QM 的触点 QM_2、QM_5、QM_4、QM_7、QM_8、QM_9、QM_{10}、QM_{11}、QM_{12} 全部闭合，接触器 KM_3～KM_{10} 全部得电吸合，转子电阻全部切除，

电动机以最高速度运转，负载加速下降。若在这个位置上下放较重的负载，负载力矩大于电磁力矩，转子转速大于同步转速，电磁力矩又变为制动力矩而使电动机起制动下降作用。

如果要取得较低的下降速度，就需要将主令控制器手柄拨回下降位置“1”或“2”，进行反接制动下降。为了避免在转换过程中，可能发生过高的下降速度，因此在KM_8的线圈电路中用KM_8（46—45）自锁。同时，为了不影响提升的调速，在该支路中再串一个KM_3的常开触头，这样，当手柄拨到“1”或“2”时，KM_8得电吸合。否则，如果没有以上的联锁装置，则当手柄向“1”位置方向回转时，如果下降中停下或要求降低下降速度，而操作人员却错把手柄停留在位置“3”或“4”上，那么下降速度反而会加大，便可能会造成事故。

串联在接触器KM_2电路中的KM_2的常开触点和KM_8的常闭触点（这两个触点并联），使接触器KM_3失电释放以后，在接触器KM_8失电情况下，保证只有在转子电路中保持一定的附加电阻的前提下，接触器KM_2才能得电吸合并自锁，以防止反接时直接起动而造成危险。

当下降轻负载时，不能在位置“1”或“2”下放，否则负载反而被提升上去了。因此负载太轻时，应该用副钩吊起而不用主钩吊起。

（4）电路的联锁与保护。

1）由强力下放过渡到倒拉反接制动下放，避免重载时高速的保护。对于轻型载荷，允许将控制器手柄置于“4”、“5”、“6”挡位进行强力下放，且下降速度依次提高。若此时重物并不是轻型载荷，而司机估计失误，将控制器手柄拨在下放“6”挡位，那么货物会在自身重力力矩与电动机下降电磁转矩作用下加速下降，速度越来越快，使电动机转速超过其同步转速，电动机将运行在再生发电制动状态。以高速下放重物是很危险的，这时，应迅速将控制器手柄从下放“6”位挡扳回下放至“3”位挡，以使重物低速下降。在转换过程中，触头QM_{12}～QM_7依次断开，使接触器KM_8～KM_5、KM_{10}、KM_9依次失电释放，转子回路电阻$5R_1$～$5R_6$依次串入转子回路，使电动机再生发电制动速度越来越快。为避免这样的高速，制动器手柄由下放“6”位挡扳回至下放“3”位挡时，应避开下放“5”挡与下放“4”挡。为此，在控制电路中将触头KM_3（38—46）、KM_8（46—45）串接后接在控制器触头QM_8与接触器KM_8线圈之间，当手柄置于下降“6”位时，触头QM_{12}闭合，接触器KM_8得电吸合并自锁［通过KM_3（38—46）、KM_8（46—45）］，这样，当控制器手柄由“6”位扳回至“3”位时，虽然QM_{12}断开，但经触头QM_8、KM_3（38—46）、KM_8（46—45）仍使KM_8得电吸合，转子始终串入电阻$5R_7$，使电动机仍工作在强力下降“6”上，不致产生高速下放，实现由强力下降过渡到制动下降。在该支路中串入触头KM_3（38—46）是为了在电动机正相序接线时，QM_5断开，使KM_3失电释放，KM_8不能形成自锁电路，从而使保护环节在提升重物时不起作用。

2）保证反接制动电阻串入情况下进行制动下放的环节。当控制器手柄由下放“4”扳到下放“3”时，触头QM_5断开，QM_6闭合。接触器KM_3失电释放，而KM_2得电吸合，电动机处于反接制动状态。为保证正确进入下放“3”位的反接特性，避免反接时过大的冲击电流，应使接触器KM_9立即失电释放，以便接入反接电阻，而只有在KM_8失电释放后才允许KM_2得电吸合。为此，一方面在控制器触头闭合顺序上保证在QM_8断开后，

QM_6 才闭合；另一方面增设了常开触头 KM_2（33—34）与常闭触头 KM_8（33—34）相并联的联锁触头。这就保证了在 KM_8 失电释放后 KM_2 才能得电吸合并自锁。该环节还可防止由于 KM_8 主触头因电流过大而发生熔焊接触头分不开，将转子电阻 $5R_1 \sim 5R_6$ 短接，只剩下常串电阻 $5R_7$，此时若将控制器手柄扳于提升挡位，将造成转子只串入 $5R_7$，发生电动机正向直接起动事故。

3）制动下放挡位与强力下放挡位相互转换时断开机械制动的环节。在控制器下放“3”挡位与下放“4”挡位转换时，接触器 KM_2、KM_3 之间设有电气互锁。在换接过程中，必有一瞬间这两个接触器均处于失电状态，将使制动接触器 KM_4 失电释放，造成电动机在高速下进行机械制动。为此，在 KM_4 线圈电路中设有 KM_2、KM_3、KM_4 的 3 个副动合触头 KM_2（29—35）、KM_3（29—35）、KM_4（29—35）构成的并联电路。这样，由 KM_4 的常开触头 KM_4（29—35）实现自锁，确保在 KM_2、KM_3 转接过程中 KM_4 始终得电吸合，避免了上述情况的发生。

4）顺序联锁保护环节。在加速接触器 KM_6、KM_7、KM_8 线圈电路中串接了前一级加速接触器 $KM_5 \sim KM_7$ 的常开辅助触头 KM_5（40—41）、KM_6（42—43）和 KM_7（44—45），确保转子电阻 $5R_3 \sim 5R_6$ 按顺序依次短接，实现特性平滑过渡，电动机转速逐级提高。

5）由过电流继电器实现过电流保护。零电压继电器 KV 与主令控制器 QM 实现零电压保护与零位保护；行程开关 SQ_9 实现上升的限位保护等。

本　章　小　结

本章介绍了几种典型机床和生产机械的电气控制电路和故障分析。在实际工作中，我们还会遇到其他的机床控制电路。即使是与本章相同型号的机床，由于制造厂的不同，其控制电路也有差别，因此，我们应该抓住各机床电气控制的特点，学会分析电气原理图和诊断故障的方法。

CA6140 型车床控制电路简单，被控电动机的电气要求不高，只有一般的顺序、互锁控制。

M7120 型平面磨床砂轮电动机和液压泵电动机控制电路都不复杂，相对而言电磁吸盘对电气要求略高一些。使有了欠电压继电器 KUD 保证电磁吸盘只有在足够的吸力时，才能进行磨削加工，以防止工件损坏或人身事故。电磁吸盘由整流装置供给直流电工作，“充磁”和“退磁”只是经电磁吸盘线圈的电流方向不同。

Z3040 型摇臂钻床以摇臂升降运动的控制较复杂。由液压泵配合机械装置，完成“松开摇臂→上升→（或下降）→夹紧摇臂”这一过程，在此过程中要注意行程开关和时间继电器的动作情况。主轴和立柱的夹紧与放松是以点动控制为主，配合手动完成的。

X62W 型万能铣床主要有三种运动方式：主轴运动、进给运动和辅助运动，其中进给运动较复杂，六个方向（上、下、左、右、前、后）运动靠两个手柄、三根丝杆、四个行程开关进行控制。另外，为了解决齿轮变速带来的啮合不好部题，电路中以增设了“瞬进冲动”环节，通过压合行程开关，瞬时接通电动机，达到便于啮合的目的。

T68 型卧式镗床介绍了主轴电动机的正反向起动、变速、点动、反接制动和变速冲动的控制电路以及快速成电动机的控制电路和联锁电路。

组合机床的电气与液压配合动作较多，所以液压控制图应认真阅读，配合机床动作才能真正理解组合机床的控制。

桥式起重机是工矿企业应用十分广泛的典型生产机械，本章对桥式起重机中各种电气设备作了详细介绍，对典型的凸轮控制器控制电路，主令控制器控制系统作了重点分析，学习桥式起重机控制电路时，对凸轮控制器控制电路和主令控制器控制电路应熟练掌握，特别应注意下降重物时的特殊控制。

思考题与习题

7.1　试分析 CA6140 型普通车床的控制电路。

7.2　在 M7120 型平面磨床中为什么采用电磁吸盘来夹持工件？电磁吸盘线圈为何要用直流供电而不能用交流供电？

7.3　M7120 型平面磨床电路中具有哪些保护环节？

7.4　在 Z3040 型摇臂钻床电路中，时间继电器 KT 与电磁阀 YV 在什么时候动作？YV 动作时间比 KT 长还是短？YV 什么时候不动作？

7.5　试叙述 Z3040 型钻床操作摇臂下降时电路的工作情况。

7.6　X62W 型万能铣床电路由哪些基本环节组成？

7.7　X62W 型万能铣床控制电路中具有哪些联锁与保护？为什么要有这些联锁与保护？它们是如何实现的？

7.8　X62W 型万能铣床中，主轴旋转工作时变速与主轴未转时变速其电路工作情况有何不同？

7.9　T68 型卧式镗床能低速起动，但不能高速运行，故障的原因是什么？

7.10　试分析液压动力滑台的控制过程。

7.11　桥式起重机对电气控制有哪些要求？

7.12　桥式起重机上的电动机为何不采用熔断器和热继电器作保护？

7.13　20t/5t 桥式起重机有哪些保护？

参　考　文　献

［1］顾绳谷．电机及拖动基础．北京：机械工业出版社，1980.

［2］冯欣南．电机学．北京：机械工业出版社，1985.

［3］周定颐．电机及电力拖动．北京：机械工业出版社，1999.

［4］赵承荻．电机与电气控制．北京：高等教育出版社，2002.

［5］谭维瑜．电机与电气控制．北京：机械工业出版社，2003.

［6］机械工业部．维修电工操作技能与考核．北京：机械工业出版社，1996.

［7］许翏．工厂电气控制设备．北京：机械工业出版社，2004.

［8］隋振有．中低压电控实用技术．北京：机械工业出版社，2004.

［9］闫和平．常用低压电器应用手册．北京：机械工业出版社，2005.

［10］简明电气安装工手册编写组．简明电气安装工手册．北京：机械工业出版社，1992.

参考文献

[1] 顾绳谷. 电机及拖动基础. 北京: 机械工业出版社, 1980.
[2] 汤蕴璆. 电机学. 北京: 机械工业出版社, 1985.
[3] 周希章. 电机及电力拖动. 北京: 机械工业出版社, 1999.
[4] 赵承荻. 电机与电气控制. 北京: 高等教育出版社, 2002.
[5] 刘启新. 电机与电气控制. 北京: 机械工业出版社, 2004.
[6] 机械工业部. 维修电工工艺学与技能训练. 北京: 机械工业出版社, 1996.
[7] 孙敏. 工厂电气控制设备. 北京: 机械工业出版社, 2004.
[8] 何焕山. 工厂电气控制技术. 北京: 机械工业出版社, 2005.
[9] [illegible]. 常用低压电器应用手册. 北京: 机械工业出版社, 2005.
[10] 常用电气安装工手册编写组. 常用电气安装工手册. 北京: 机械工业出版社, 1992.